W0406099

Fred Kurt

DAS ELEFANTENBUCH

Wie Asiens letzte Riesen leben

Rasch und Röhring Verlag

CIP-Kurztitelaufnahme der Deutschen Bibliothek

Kurt, Fred:
Das Elefantenbuch: wie Asiens letzte Riesen leben /
Fred Kurt. – Erw. Neuaufl. –
Hamburg; Rasch und Röhring; 1992.
ISBN 3-89136-441-5

© 1986, 1992 by Rasch und Röhring Verlag, Hamburg
Schutzumschlaggestaltung: Peter Albers
Satz: KCS GmbH, Buchholz/Hamburg
Repro: Albert Bauer KG, Hamburg
Druck und Bindung: Uhl GmbH, Radolfzell
Printed in Germany

INHALT

7 Vorwort
9 Einleitung
10 Über das Elend des Elefanten
17 Elefanten sind keine Haustiere
32 Elefantenkulturen
43 Sri Lanka: Rettung um fünf vor zwölf?
51 Handelskrieg in Birma
59 Khedda in Kakankote
67 Karnataka und Tamil Nadu: Einbrechen und Arbeit
77 Hoffen auf Kurumbistan
85 Malaysia und Sumatra: die Gummi-Lösung
89 Der Rückzug
95 Forschen für Vertriebene
100 Wie Elefanten sich pflegen
105 Fressen will gelernt sein
112 Alter, Größe und Gewicht
121 Über das Leben der Mutterfamilien
131 Wenn Bullen gefährlich werden
147 Paarung
159 Wie Elefanten geboren werden
171 Elefantenalltag
176 Herdendemokratie
187 Ein sparsamer Verschwender
195 Die Fernstraßen der Elefanten
201 Gegen Büffel ist kein Kraut gewachsen
211 Gestörter Wald zerstört sich selbst
219 Wie Menschen und Elefanten zusammenleben könnten
232 Glossar
233 Literatur
236 Register

VORWORT

Fred Kurt hatte in seinem Leben viel mit Elefanten zu tun. In den fünfziger Jahren arbeitete er sogar praktisch mit den grauen Riesen und zwar als Volontär beim Zirkus Knie. Kurt war der erste, der schlafende Elefanten fotografieren konnte. Das heißt, er mußte wenigstens solange bei Knie als Hilfskutscher (im Zirkus heißen Tierpfleger Kutscher) arbeiten, bis ihn die Zirkuselefanten in ihre Sozialstruktur aufgenommen hatten. Denn betritt ein Fremder einen Elefantenstall, stehen alle Tiere unverzüglich auf, noch ehe er einen Blick auf sie werfen kann.

1957 fing ich im Züricher Zoo als Tierpfleger an. Zu dieser Zeit begann sich die moderne Tiergartenbiologie durchzusetzen. Professor Heini Hediger, ihr Begründer, hat damals mir und auch dem Studenten Fred Kurt beigebracht, daß es keine Menagerien und keine Zwinger mehr geben darf. Oft waren damals zoologische Gärten noch reine Verbraucher von Tieren, und nur wenige Zootiere wurden gezüchtet.

Damals waren die Elefanten in den meisten Zoos zu lange an den Ketten. Elefanten eignen sich eben dazu, angebunden zu werden; das kann gut oder schlecht sein. Fred Kurt schimpft von »Kettenhaft«, wenn jemand seine Elefanten zu lange an Ketten hält. Auch ich habe mir seit langem dazu meine Gedanken gemacht:

1971 wurde im Züricher Zoo zwar ein modernes Elefantenhaus gebaut. Aber es war damals selbstverständlich, daß unsere Elefanten nachts angekettet wurden. Neu war dagegen, daß der Stall groß genug war und die Elefanten tagsüber immer frei sein konnten. Das war auch im Winter der Fall, wenn wir sie nicht ins Außengehege lassen konnten. Da aber nachts niemand im Elefantenhaus ist, binden wir die Tiere an.

Will man Elefanten ganz ohne Ketten halten, so muß die Möglichkeit bestehen, sie in Boxen zu halten. Das heißt nicht, daß jeder jede Nacht allein stehen müßte. Sicher sollten sie aber voneinander getrennt werden, wenn Futterneid und Rangrempeleien überhand nehmen. Um sich anbahnende Spannungen rechtzeitig erkennen zu können, müßten Elefantenpfleger besser ausgebildet werden, als das heute häufig der Fall ist. Ich bin sicher, daß Zoos ihre Elefanten über kurz oder lang nicht mehr anketten werden. Heute schon werden sogar Zirkuselefanten tagsüber und manchmal auch in der Nacht in einem Gehege mit elektrischem »Viehhüter« frei gehalten. Natürlich nur unter Aufsicht. Trotzdem setze ich mich dafür ein, daß Elefanten jeden Tag einmal für kurze Zeit an Ketten gehalten werden. Das schadet keinem von ihnen. Ganz im Gegenteil:

Elefanten sind schwere Tiere und deshalb anfällig für Erkrankungen der Füße und Nägel. Freilebende nützen bei ihren Wanderungen und bei der Futterbeschaffung Sohlen und Nägel genügend ab. In Menschenobhut brauchen sie regelmäßige Pflege. Was aber, wenn ein kranker Fußnagel während Tagen regelmäßig geschnitten und desinfiziert werden muß? Tägliche Narkose überlebt kein Elefant. So bleibt nichts anderes als die Tiere anzuketten. Und daran kann man Elefanten gewöhnen. Erhält das Tier dabei immer besondere Leckerbissen, so empfindet er die kurze Zeitspanne an der Kette sogar als etwas Positives.

Die Fußpflege ist nur eines der Probleme der Elefantenhaltung. Musth, der periodisch auftretende, äußerst aggressive Zustand der Bullen, ist ein anderes. Maxi, der Stoßzahnträger aus dem Züricher Zoo, versucht dann jeweils auch mich anzugreifen. Musth, so sagt Fred Kurt, ermöglicht wildlebenden Bullen die Anwesenheit in der Herde. Er sagt auch, daß sich Bullen praktisch nur während der Musth fortpflanzen. Bei Maxi ist dies anders: Er ist einmal viel länger als seine wildlebenden Artgenossen in Musth, nämlich drei bis neun Monate. Zudem bezweifle ich, daß Maxi sich während seiner aggressiven Phase fortpflanzen könnte. Dazu machten wir ein Experiment und ließen Maxi – er war in Musth – zur brünftigen Chukha. Zwar ritt Maxi sofort auf, konnte aber seinen Penis nicht ausschachten. Schließlich verprügelte er die Kuh. Ich weiß, daß jeder Elefant eine eigene Persönlichkeit ist, und ich würde deshalb auch nie etwas verallgemeinern, nur weil ich es gelegentlich bei unseren Elefanten gesehen habe. Trotzdem glaube ich, daß wir das Phänomen der Musth noch nicht richtig begriffen haben. Über dieses und viele andere Probleme möchten Praktiker wie ich mit Fred Kurt diskutieren. Seine Erfahrungen mit wildlebenden Elefanten und die Meinung von Elefantenpflegern wie mir ließen sich dann vielleicht auf einen Nenner bringen. Und Fred Kurts nicht immer besonders feinfühlig vorgetragene Kritik an der Elefantenhaltung im Zoo und besonders im Zirkus würde erst richtig ernstgenommen. Daraus könnte eine fruchtbare Zusammenarbeit entstehen, was auch den Elefanten in Menschenobhut zugute käme.

Fred Kurt schwärmt von den »Elefantenmenschen« in Südasien, deren Arbeitselefanten den größten Teil ihres Lebens im Dschungel verbringen. Auch ich hatte oft Gelegenheit, diese Gebiete zu besuchen. Dabei wurde ich stets ein wenig neidisch, und ich machte mir Gedanken über die Haltung der Tierriesen im Zoo. Jedenfalls möchte ich jeden Elefanten, der bei mir geboren wurde und hoffentlich noch geboren werden wird, eher in ein südasiatisches Camp zurückbringen, als ihn in einen jener europäischen Zoos oder Zirkusse abgeben, wo Elefanten immer noch nicht artgerecht gehalten werden. Solche Unternehmen werden zwar seltener, es gibt sie leider aber immer noch.

Artgerechte Tierhaltung ist aber nicht nur eine Frage des Wissens, sondern auch eine Frage des Geldes. Und das fehlt in den meisten Zoos, so wie es meist auch bei der Schaffung von Reservaten fehlt. Da bleibt nur die Hoffnung, daß möglichst viele Menschen möglichst viel über die Elefanten erfahren. Denn: Nur was man kennt, will man auch erhalten. Fred Kurts Buch schließt viele Wissenslücken – auch bei mir. Obwohl ich seit mehr als 30 Jahren Elefantenpfleger bin, möchte ich immer noch mehr lernen über den geradezu erschreckend menschenähnlichen Tierriesen.

Zürich, im August 1992
Ruedi Tanner, Elefantenpfleger

EINLEITUNG

Im Schweizer Nationalzirkus der Gebrüder Knie begann ich 1956 mit meinen ersten Beobachtungen an Asiatischen Elefanten. Zwischen 1967 und 1969 studierte ich im Rahmen des Forschungsprojekts der Smithsonian Institution of Washington und des World Wildlife Fund WWF-International erstmals das Verhalten wildlebender Elefanten auf Sri Lanka. Auch in den folgenden Jahren, als ich im Auftrag des WWF-International, der International Union for Conservation of Nature and Natural Resources (IUCN) auf Sumatra, in Zentral- und Südindien, in Assam und Manipur andere bedrohte Tierarten wie das Sumatranashorn, den Orang-Utan und verschiedene tropische Hirscharten studierte und Schutzkonzepte für sie entwarf, kreuzten die grauen Riesen immer wieder meine Wege: als seltene Wildtiere oder als unentbehrliche Gehilfen der Menschen in den großen wilden Wäldern. Von diesen Begegnungen will ich in diesem Buch berichten, von den letzten Fangaktionen in Südindien, der legendären Khedda von Kakankote, von den Stammesangehörigen, die wissen, wie man Elefanten fängt und führt, vom Alltag und sozialen Verhalten der letzten wilden Herden und von den Überlebenschancen, die sie haben.

Während dreißig Jahren sammelte ich Wissenswertes über den Asiatischen Elefanten. Möglich war dies dank der Unterstützung vieler Menschen und Institutionen, denen ich zu tiefem Dank verpflichtet bin. Dazu gehören Heini Hediger, der frühere Direktor, und Ruedi Tanner, der »Elefantenchef« des Züricher Zoos, die Familie Knie vom Schweizerischen Nationalzirkus, Helmut K. Buechner und John Eisenberg von der Smithsonian Institution of Washington, Fritz Vollmar, ehemaliger Direktor des WWF-International, Claude Martin und Roland Wiederkehr vom WWF-Schweiz, Bernhard Grzimek und Richard Faust von der Frankfurter Zoologischen Gesellschaft, Sir Peter Scott, Collin Holloway und Hartmut Jungius von der IUCN, Lyn de Alwis, der ehemalige Wildlife Warden von Sri Lanka, Thilo W. Hoffmann von der Wildlife Protection Society of Sri Lanka, Walman Sinaga, der ehemalige Chef des Indonesischen Wildlife Department, S. Poniran, der Wildlife Officer von Atjeh, Nordsumatra, und Narasiman, der Oberförster von Mudumalai, Walter Raunig vom Völkerkundemuseum in München und Dieter Schlingloff vom Indologischen Institut der Universität München. Mein Dank gilt aber auch all jenen einfachen Menschen, die mich monatelang durch die Wälder und in die Nähe wilder Elefanten führten: Pydase und Eckanayaka im Yala-Nationalpark von Sri Lanka, Samudin, Hussein, Poran und Bangun in Nordsumatras Leuser-Reservat, den Kurumbas von Nardi; ganz besonders Soman und Ittiwili, dem Schamanen.

Heini Hediger sei das Elefantenbuch gewidmet.

ÜBER DAS ELEND DES ELEFANTEN

Jeder große Zirkus hält Elefanten an Ketten. Viele zoologische Gärten tun es auch. Das gilt als selbstverständlich. Selbstverständlich fesseln aber weder Zoo- noch Zirkusdirektoren Löwen, Tiger oder Nashörner an je einem Vorder- und Hinterfuß und präsentieren sie in Reih und Glied auf einem blankgefegten Holzpodest.

Löwen und Tiger, mag der Laie glauben, könnte man allein schon deshalb nicht an Ketten halten, weil sie zu gefährlich seien: Denn die Fesseln dürften nicht ständig am selben Fuß bleiben – Pfleger müßten sie gelegentlich wechseln. Elefanten sind aber noch gefährlicher als Großkatzen. »Gelegentlich wechseln.« Das gilt besonders für erwachsene Bullen, die in Kettenhaft notorisch aggressiv sind. Deshalb stehen sie äußerst selten in den Elefantenställen. In der Bundesrepublik zum Beispiel lebten Ende 1990 in 25 Zoos und Safariparks insgesamt 85 Asiatische Elefanten. Davon waren sechs Bullen. Zur gleichen Zeit hielten 16 deutsche Zirkusse 56 Asiatische Elefantenkühe, aber nur einen Bullen. Ähnliches fanden Alexander Haufellner und seine Mitarbeiter von der Münchner Zoologischen Gesellschaft in der Schweiz (1 Bulle: 17 Kühe), in Österreich (1:9), in der Tschechoslowakei (1:7), in Polen (1:19), in England (7:51) oder den Niederlanden (5:35). Auch in den USA und in Kanada werden vom Asiatischen (und übrigens auch vom Afrikanischen) Elefanten viel mehr Kühe als Bullen gehalten. Von dieser Regel machen lediglich die Zoos und Zirkusse der GUS eine Ausnahme. In ihnen leben gleich viele Männchen wie Weibchen, nämlich je 13.

Hielte man Nashörner in Kettenhaft, dann würde mancher Tierfreund fordern, diese brauchten einen größeren Freiraum, da sie keine Haustiere, sondern Wildtiere seien. Wildtiere sind aber auch die Elefanten. Mehr noch: Sie sind fast ausnahmslos Wildfänge. Denn in Europa wurden seit der ersten Geburt eines Asiatischen Elefanten in Menschenobhut – sie fand am 31. August 1902 im Londoner Zoo statt – bis zum 25. November 1990, als im Rotterdamer Zoo Yasmin zur Welt kam, lediglich 108 Asiatische Elefanten geboren. Yasmin ist übrigens erst der zweite in zweiter Generation gezüchtete Elefant in Gefangenschaft. Denn die meisten der in Zoo und Zirkus geborenen Elefanten erreichen die Geschlechtsreife nicht. Deshalb mußte bisher fast jeder Zoo- und Zirkuselefant eingefangen werden.

Auch die Prunk-, Tempel- und Arbeitselefanten in Südasien sind meist Wildfänge. Das erstaunt, denn spätestens in der Mitte des ersten vorchristlichen Jahrtausends entstand am Jangtsekiang, in Nord- und Südindien sowie auf Sri Lanka die Kunst des Elefantenführens und breitete sich spätestens im Mittelalter in Indien und nach Sumatra, Südostasien und Birma aus. Trotzdem wurde der Elefant nie zum Haustier, ist es dem Menschen nicht gelungen, ihn zu

Arbeitseinsatz eines erwachsenen Bullen in einem Holzfällerlager im Norden Thailands. Schwere Baumstämme werden vom Elefanten mit einem Zuggestell gezogen.

einem Kunstprodukt zu machen, ihn wie so viele andere Tiere über unzählige Generationen durch Zuchtwahl den menschlichen Bedürfnissen anzupassen.
Im 3000köpfigen Elefantenheer des Großmoguls Akbar des Großen (1542–1605) trotzten vor allem Bullen im zuchtfähigen Alter als lebende Schützenpanzer in unzähligen Schlachten den anstürmenden Reiterscharen der Radschputen. Und drei Jahrhunderte später fronten ebenso viele erwachsene Bullen und Elefantenkühe in den Holzfällerlagern der Briten in Assam, Birma, Südindien und Sri Lanka. Die biologische Voraussetzung für die Zucht war damit gegeben. Doch nicht die ökonomische: Bis in jüngste Zeit war es billiger, Elefanten mit Schlingen, in Fallgruben oder in riesigen Stockaden einzufangen, einzubrechen (eine brutale Form des Gefügigmachens wilder Elefanten) und binnen dreier Monate abzurichten, als trächtige Kühe im zweiten Schwangerschaftsjahr von der Arbeit freizustellen und den unrentablen Nachwuchs bis ins Alter von sieben Jahren zu betreuen.
Die Fangquoten waren erstaunlich hoch. Im 19. Jahrhundert wurden beispielsweise im ceylonesischen Hochland während einer einzigen Jagd bis zu 400 Elefanten in die Stockade getrieben. Und im südindischen Mysore-Staat, dem heutigen Karnataka, wurden zwischen 1873 und 1961 allein im Kral von Kakankote 1701 Elefanten gefangen. Es spielte dabei kaum eine Rolle, daß bis ins 20. Jahrhundert rund zwei Drittel der Gefangenen das Einbrechen nicht überlebten und nur jeder achte der Überlebenden länger als zehn Jahre für den Menschen Lasten schleppte und ihn als feuersicherer Shikar-Elefant, der durch Gewehrschüsse nicht aus der Ruhe zu bringen war, zur Tigerjagd trug.
Neugeborene und Jungtiere, welche beim Fang nicht getötet wurden, gelangten seit der Jahrhundertwende in den Westen. Zwanzig- und dreißigköpfige Elefantenherden wurden damals zu Statussymbolen der reisenden Großzirkusse, der Hagenbecks, Sarasanis, Krones und vor allem der »Greatest Show on Earth« der vereinigten Unternehmen von Barnum, Bailey and Ringling Brothers aus Amerika.
Hier mußten die Tierriesen Zirkuswagen stoßen und ziehen und die Masten des Hauptzeltes tragen, was übrigens ihren Fähigkeiten und ihren Aufgaben im traditionellen asiatischen Holzfällerlager noch einigermaßen entsprach. Doch später hatten sie nur noch in der Manege aufzutreten wie Zebras oder große Raubkatzen.
Während aber Tiger, Löwen und Leoparden spielend über Hindernisse oder durch Reifen springen, vermögen Elefanten nicht einmal zu traben und zu galoppieren wie Pferde. Dazu sind sie ganz einfach zu schwer – oder, anders ausgedrückt, zu schwach. Trotzdem müssen sie im Zirkus zeigen, was ihr riesiger Körper einfachen Gemütern verspricht: Kraft. Und damit beginnt der fragwürdigste Teil der Elefantennummer im Sägemehlkreis: Macht beispielsweise ein Elefant einen einarmigen Handstand, so bedeutet dies für ihn eine viel größere Leistung als für einen menschlichen Artisten. Muskelkraft wächst nämlich nicht proportional zur Körpermasse. Was zählt, sind lediglich die Querschnitte einiger Muskeln. Gemessen am Körpergewicht aber fallen diese um so bescheidener aus, je größer ein Lebewesen ist. Ein Elefant wiegt etwa soviel wie 64 Menschen, er besitzt aber lediglich die Zugkraft von knapp 20 Menschen. Und obwohl er gut viermal so schwer ist wie ein großes Packpferd, vermag er auf längere Distanz nicht ganz das Doppelte an Gewicht zu tragen. Daß die Kraft nicht propor-

tional mit dem Körpergewicht wächst, zeigt auch die Elefantennummer im Zirkus: Tricks, die viel Kraft erfordern, wie Handstand, Kopfstand oder Aufrechtgehen, werden meist von Halbwüchsigen ausgeführt, ganz selten von Erwachsenen, die dafür in der Regel zu schwer sind.

500 Kilogramm sind das Höchste, was kräftigen Elefanten in den südasiatischen Holzfällerlagern als Zuglast abverlangt wird. Hier arbeiten sie während sieben bis neun Monaten im Jahr täglich vier bis sechs Stunden. Dafür werden sie von ihren Führern, den Mahuts, und deren Gehilfen, den Kavedis, täglich zweimal gebadet und mit trockenen Schalen von Brotfrucht oder Kokosnuß geschrubbt und massiert. Den größten Teil ihres Alltags verbringen sie aber wie wildlebende Elefanten im Dschungel. Hier finden sie ihr Futter, hier schlafen sie, hier pflegen sie ihre samtene Haut, und hier treffen sie ihre Artgenossen; gelegentlich sogar wilde.

Arbeitselefanten sind während ihrer Freizeit gehobbelt, das heißt, ihre Vorderfüße werden mit einer unterarmlangen Kette miteinander verbunden (dies verhindert eine rasche Gangart und damit die Möglichkeit, sich weit vom Lager zu entfernen). Angekettet wie im Zirkus stehen sie jedoch selten. Die Kette, die sie auf ihren Streifzügen im Dschungel an einem ihrer Füße nachschleifen, hat einen ganz anderen Zweck: Sie dient der Spurensicherung. Der Mahut findet seinen Elefanten nämlich aufgrund der Kettenabdrücke wieder und nicht, indem er der Fährte folgt. Letzteres wäre auch gar nicht möglich; denn die Elefanten verteilen ihr immenses Gewicht auf kuchenblechgroßen Fußplatten, ohne starke Abdrücke zu hinterlassen. Ein solcher Vorderfuß hat einen Umfang, der genau der halben Schulterhöhe entspricht. Ein 2,90 Meter großer und 4200 Kilogramm schwerer Bulle beispielsweise belastet jeden einzelnen Quadratzentimeter seiner Füße mit lediglich 600 Gramm. Das scheinbar leichtfüßige Mannequin dagegen trampelt mit wenigstens zwei Kilogramm Gewicht pro Quadratzentimeter seiner hochhackigen Pumps über den Laufsteg.

Erst in den Elefantenställen der Herrscherhäuser und Tempel, der westlichen Zoos und Zirkusse wurden Ketten zu Fesseln, die die Tiere daran hindern, das zu tun, was den Bedürfnissen ihrer Art entspricht – zum Beispiel:

– 16 Stunden pro Tag Futter vorbereiten und fressen. Elefanten sind ausgesprochen schlechte Nahrungsverwerter.
– Hautpflege zu jeder Zeit. Elefantenhaut ist alles andere als unempfindlich. Sie blutet sogar nach einem Bremsenstich. Gepflegt wird sie nicht nur durch regelmäßiges Baden, Schrubben an Bäumen und Steinen, Einstäuben mit feiner Erde, sondern sogar auch mit Hilfe selbstgefertigter Werkzeuge: meist streichholzkleiner Ästchen, die mit den ziegelgroßen Backenzähnen fast messerscharf geschliffen werden.
– Pflege des überaus seltenen Nachwuchses. Elefanten haben eine geringe Fortpflanzungsleistung. Daher zählt jedes einzelne Neugeborene, das von den Herdenmitgliedern intensiv versorgt wird.

Leidet ein Elefant in Kettenhaft an Hunger oder Durst, will er seinen mächtigen Körper mit Wasser kühlen, seine empfindliche Haut mit einem Holzstück massieren, einen jüngeren Artgenossen umsorgen oder von einem älteren betreut werden, so reißt er, falls er das Gewünschte nicht erreicht, an den Ketten – tage-, wochen-, monatelang. Schließlich wird sein Suchverhalten zur monotonen Schaukelbewegung, zur Bewegungsstereotypie, wie Verhaltensforscher sagen, oder zum Weben, wie es im Zirkus heißt.

Wären Elefanten Menschen, denen sie wegen ihres hochentwickelten Gehirns, ihrer Werkzeug gebrauchenden Rüsselhand, ihres großen Lernvermögens und ihres ausgeprägten Familiensinns ähneln, so würde es wohl heißen, sie seien in Kettenhaft verrückt geworden.

Was meine Kritik an der Haltung und Dressur von Elefanten anbelangt, so halte ich fest, daß diese nicht nur aus dem Vergleich zwischen wilden Herden und Arbeitselefanten in Asien einerseits und gefangenen Elefanten im Westen andererseits erwachsen ist, sondern auch aufgrund langjähriger Beobachtungen im Schweizer Nationalzirkus. Hier pflanzen sich Elefanten fort, hier werden Dressurnummern eingeübt, die wenig mit Kraft-, aber viel mit Kombinationsleistungen zu tun haben; hier werden die Elefanten nicht dauernd an Ketten gehalten; hier werden sie zum Baden zum nächsten geeigneten Gewässer geführt oder in den Wald, in dem sie sich frei bewegen können. Kurz: Der Zirkus Knie ist, was die Elefantenhaltung betrifft, eine Ausnahme.

Eine Ausnahme ist auch der Züricher Zoo. Maxi, der hier kettenfrei gehaltene Bulle, lernte noch als freilebender Halbwüchsiger von erwachsenen Elefantenkühen das Paarungsverhalten. Heute führt er in Gefangenschaft virtuos seinen fast doppelt armlangen Penis in die bauchseitig gelegene Geschlechtsöffnung der brünftigen Weibchen ein. Der Viertonner richtet sich dazu lediglich neun bis elf Sekunden fast senkrecht auf seinen Hinterbeinen auf.

Maxi wird nicht in die zweifach tragische Statistik der bisherigen Tiergärtnerei eingehen: Auf jeden bisher im Zoo oder Zirkus gehaltenen Elefantenbullen kommt im Schnitt ein toter oder zumindest schwerverletzter Elefantenpfleger. Seit der Jahrhundertwende sind es rund dreihundert. In derselben Zeit starben an Gift und Kugel wenigstens ebenso viele Elefanten, weil sie sich, nach Erreichen der Geschlechtsreife, massiv dem Kettenzwang, den Peitschenhieben und den Schlägen mit gespitzten Eisenhaken widersetzten. Pfleger und Bullen wären am Leben geblieben, hätten die Elefanten die gleichen Rechte gehabt wie jedes andere gefangene Wildtier auch: keine Ketten und damit kein unnötiger direkter Kontakt mit Menschen, dafür aber ein nach bestem Wissen angelegtes arttypisches Gehege. Ebenso wie die Anlage im Züricher Zoo, wo sich Elefanten baden und schrubben können, wann immer es ihnen paßt, wo die soziale Auseinandersetzung mit Artgenossen jeder Altersstufe unbeschränkt möglich ist.

Doch um Zoos in Europa aufzuzählen, in denen Wärter und Elefantenbullen so sicher leben wie in Zürich, reichen schon die Finger einer Hand: Paris-Vincennes, Kopenhagen, Berlin, München-Hellabrunn und Hamburg-Stellingen. Den in dieser Hinsicht besten Zoo der Welt gibt es in Portland in den Vereinigten Staaten. Während der letzten zwanzig Jahre wurden hier dank vorbildlicher Bullenhaltung 23 Elefanten geboren. Das zeigt, daß im zoologischen Garten nebst anderen Großtierarten, wie etwa Wisent, Schneeleopard oder Arabischer Oryxantilope, auch Elefanten erfolgreich gezüchtet werden können.

Ceyla aus dem Züricher Zoo gebar am 27. Juli 1984 ihre erste, 143 Kilogramm schwere Tochter Komali nach einer Tragzeit von fast 23 Monaten. Die Schwangerschaft hätte auch einen Monat kürzer oder länger dauern können. Die variable Tragzeit erlaubt wildlebenden Elefantenmüttern eine einigermaßen genaue Geburtenplanung. Kälber werden nämlich nur dann geboren, wenn die Herde wasser- und futterreiche Gebiete erreicht, und dann setzen alle Schwangeren praktisch zur selben Zeit. Dies ermöglicht die gemeinsame Aufzucht im Herdenverband. Die anfälligen Säuglinge müssen ungefähr alles, was Elefanten zum Überleben brauchen, von älteren Artgenossen lernen: Hautpflege ebenso wie Fortpflanzung, Kenntnisse über Nahrungspflanzen wie über Widersacher, seien dies nun Stechmücken, Kobras oder Tiger.

Wie gesagt: Jedes einzelne Junge ist für die Arterhaltung von enorm großer Bedeutung. Dies ist begreiflich bei einer Tierart, die erst im Alter von etwa acht Jahren fortpflanzungsfähig wird, eine mittlere Lebenserwartung von zwei bis drei Jahrzehnten hat, sich lediglich im Abstand von vier Jahren fortpflanzt und wenigstens fünfzig Prozent Kindersterblichkeit aufweist. Deshalb muß sich jedes Herdenmitglied um den Nachwuchs kümmern – eines der wenigen sozialen Verhaltensmuster, die Elefanten angeboren sind. Und deshalb wäre regelmäßige Nachzucht die beste Therapie gegen Langeweile und Verhaltensstörungen für die Tierriesen hinter Graben und Gitter.

In Wirklichkeit sieht dies aber meist anders aus. Die sterilen Weibchengruppen in Zoo und Zirkus werden in den kommenden zwei Jahrzehnten rasch aussterben, und Nachschub ist nicht mehr in Sicht, seit beide Arten als bedroht gelten und folglich nicht mehr gehandelt werden dürfen. Bald, so scheint es wenigstens, wird der Asiatische Elefant deshalb in Europa wieder das sein, was er schon im Mittelalter war: ein kostbares Staatsgeschenk.

Stephan Oettermann berichtet in seinen ausführlichen Studien über die Haltung und Bedeutung der Elefanten in der westlichen Welt, daß vom 9. bis zum Ende des 15. Jahrhunderts lediglich fünf Elefanten nach Europa gelangten. Der erste war »Abul Abaz«, ein Geschenk des Kalifen Harun al Radschid an Karl den Großen. Auf den nächsten mußte Europa dann mehr als 400 Jahre warten. Kaiser Friedrich II. erhielt ihn 1228 als diplomatisches Geschenk vom Aijabiden-Sultan al-Kamil von Ägypten. Im 16. Jahrhundert kamen sechs Elefanten nach Europa, darunter 1514 »Hanno«, wohl der berühmteste und in seiner Mission erfolgreichste »diplomatische« Elefant. Er war als Geschenk Manuels I. von Portugal für Papst Leo X. nach Rom gebracht worden. 1552 erschien dann der erste Elefant in Wien. Die Gasthäuser »Zum Elefanten« in Revereto, Trient, Bozen, Klausen, Brixen, Sterzing, Innsbruck, Hall, Wasserburg, Linz und Stein an der Donau erinnern heute noch an »Soliman«, den Elefanten Maximilians II. Sie waren Stationen auf dessen langem Marsch im Winter 1551/52 von Spanien nach Österreich. »Maximilian hatte nicht allzu lange Freude an seinem mächtigen Repräsentationstier«, berichtet Oettermann, »kaum anderthalb Jahre nach seinem triumphalen Einzug in Wien ging der Elefant am 18. Dezember 1553 vermutlich durch mangelnde Pflege und schlechte Ernährung ein.« Dieses Schicksal traf beinahe alle Elefanten, die damals nach Europa geschickt wurden. Im 17. Jahrhundert waren es deren sieben – jeweils zwei nach England, Holland und Frankreich sowie einer nach Italien. Im 18. Jahrhundert wurden 13 Elefanten nach Europa transportiert. Kaum war einer wegen unzweckmäßiger Haltung gestorben, schickten sich Gelehrte an, ihn zu zergliedern. Patrick Blair, der Stadtphysikus von Dundee, sezierte 1706 als erster einen ganzen Elefanten. Seiner »Osteographia elephantina« folgten 1723 William Stokelys »Essay towards the Anatomy of the Elephant«, E. A. W. Zimmermanns »Beschreibung und Abbildung eines ungeborenen

Elefanten« und 1802 P. Campers »Description anatomique d'un éléphant mâle«. Johann Wolfgang Goethe studierte den Zwischenkieferknochen, den er 1784 auch beim Menschen nachweisen konnte, vorerst an einem Elefantenschädel. Georges Cuvier, der große französische Naturforscher, untersuchte drei oder vier der toten Riesen, und nachdem 1795 die französische Revolutionsarmee die Holländer besiegt hatte, gelangten zwei Elefanten, »Hans« und »Grete«, nach Paris, wo man sich die Köpfe über ihr Liebesleben zerbrach. In der ersten Hälfte des 19. Jahrhunderts kamen zwanzig Elefanten nach Europa. Mit ihnen begannen die Elefantenkatastrophen. Die Tiere wurden jetzt zwar artgerechter gehalten und reichlich gefüttert, aber sie widersetzten sich dem Menschen oft dermaßen heftig, daß die Stadtgarden sie mit Gewehren und Kanonen erlegen mußten. So etwa 1811 in London, 1819 in Venedig, 1820 in Genf oder 1866 in Murten bei Bern.

In der zweiten Hälfte des 19. Jahrhunderts tauchten dann plötzlich so viele Elefanten in Europa auf, daß ihre Zahl nicht mehr angegeben werden kann. Zirkusse und Menagerien zogen jetzt mit mehr oder weniger großen Herden durch die Lande. Stephan Oettermann berichtet von dieser Zeit unter anderem dieses:

- 1885 hatte Ephraim Thomson 36 Elefanten zugleich »fertiggemacht«, wie die Dressur und Abrichtung in der Fachsprache genannt wird.
- 1887 waren bei einem Gastspiel der zusammengeschlossenen Zirkusse von Barnum & Bailey und Forepaugh in New York sechzig Elefanten zusammen zu sehen.
- Um 1900 besaß der Zirkus Ringling Bros., Barnum & Bailey eine fünfzigköpfige Herde. Gleich viele gehören auch heute noch zum Unternehmen.
- 1938 feierte Carl Krone sein fünfzigjähriges Zirkusjubiläum. Siebzig Elefanten hatte er in dieser Zeit dressiert.

»1950 scheint der absolute Rekord erzielt worden zu sein«, schreibt Oettermann, »zu dieser Zeit nannte der französische Zirkus Bouglione etwa siebzig Tiere sein eigen, mehr also als in den 1000 Jahren von ›Abul Abaz‹ bis 1800 in ganz Europa zusammen gezeigt worden waren.« Die Zirkusse sollten damals auch fernöstlichen Reichtum, Glanz und Macht widerspiegeln, die in den vorangegangenen Jahrhunderten von den europäischen Kolonialmächten fast völlig zerstört worden waren. Ihre Elefantenbestände aber waren eher bescheiden, vergleicht man sie mit den großen Arbeitselefantenherden in Südasien, von denen Reisende dereinst berichtet haben.

ELEFANTEN SIND KEINE HAUSTIERE

Erste fundierte Kenntnisse über den Asiatischen Elefanten erhielt die westliche Welt durch den Indienfeldzug Alexanders des Großen am Ende des vierten vorchristlichen Jahrhunderts. Beim Waffengang mit dem Inderkönig Porus (326 v. Chr.) am Jhelum, jenem Zufluß des Indus', der aus Kaschmir kommt, hatten die Kämpfer des Mazedoniers gegen die Tierriesen anzutreten, siegten qualvoll und zogen weiter in den unbekannten Osten bis zum Beas-Fluß. Hier hätten sie gestreikt, so heißt es; denn die Späher meldeten in großer Zahl größere und wildere Kriegselefanten. Jedenfalls drehte das müde Heer der Griechen um und führte als Beute auch Elefanten, möglicherweise bis zu 200, mit sich nach Babylon.

Die Nachfolger Alexanders setzten dann in den Diadochenkriegen, die dem Tod des 32jährigen Eroberers 324 v. Chr. folgten, Elefanten ein. Damit begann das Wettrüsten des vierten und dritten vorchristlichen Jahrhunderts. Jede der beiden aus der Teilung des Alexanderreiches entstandenen Mächte, die Ptolemäer in Ägypten und die Seleukiden in Kleinasien und den Gebieten im Osten, suchten sich möglichst viele Kriegselefanten zu beschaffen.

Allerdings hatte Eumenes, Alexanders Statthalter im Pandschab, die Ostprovinz bereits 317 v. Chr. aufgegeben und 120 Kriegselefanten westwärts geführt. Sie waren wahrscheinlich ein Geschenk des Mauryaherrschers Chandragupta I., der sich damit den Weg zum Indus freikaufte. Um 305 v. Chr. erhielt Seleukos, einer der ehemaligen Generale Alexanders und späterer Herrscher über Kleinasien, dank geschickter Verhandlungen mit Chandragupta I. Einheirat in dessen Familie und dank des Verzichtes auf große Gebiete im heutigen Pakistan und Afghanistan 500 Kriegselefanten. Mehr noch: Die Seleukiden monopolisierten den Elefantenhandel mit dem Mauryareich. Die Mauryaherrscher ihrerseits machten den Handel mit dem Tierriesen zur alleinigen Sache des Königshauses. Davon berichtete Megastehenes, der als Botschafter der Seleukiden am Hofe Chandraguptas I. in Pataliputra, dem heutigen Patna, weilte. Dionysius, der Botschafter der Ptolemäer, war dagegen weniger erfolgreich. Ägypten erhielt keine Asiatischen Elefanten, sicher aber das Wissen über deren Führung.

Im Ptolemäerheer am Nil standen damals lediglich 40 Asiatische Elefanten, die Ptolemaios I. einst als Kriegsbeute nach der Schlacht bei Gaza heimgeführt hatte.

Und da sein Sohn Ptolemaios II. Philadelphos aufrüstete, mußte er sich neue Quellen erschließen. Jedoch: Der Afrikanische Elefant war in Ägypten längst ausgerottet worden. Die nächsten Herden lebten im Südsudan, im heutigen Eritrea und Äthiopien, und die Ägypter unterhielten entlang der Rotmeerküste Nordostafrikas Häfen und Handelsniederlassungen wie

Ptolemais Theron, nahe dem heutigen Aqiq, und Adulis, nahe dem heutigen Massawa. Es ging also lediglich darum, Fang, Zähmung und Transport zu organisieren. Das gelang den Ptolemäern mit Erfolg. Bald standen in den Ställen von Alexandrien bis zu 500 zahme Elefanten.

Noch schneller und erfolgreicher eigneten sich die Karthager die Kunst des Elefantenführens an: In der Schlacht von Anone im ersten Punischen Krieg standen 262 v. Chr. den Römern 60 Afrikanische Kriegselefanten gegenüber. Sieben Jahre danach, in der Schlacht von Attilio Regolo, waren es bereits 100. Und in der Schlacht von Palermo nahm der römische General Metellus den Karthagern wenigstens 104 Afrikanische Elefanten ab.

Wie war es möglich, so fragt man sich, in 30 oder 40 Jahren eine eigene Elefantenkultur aufzubauen? Denn mehr liegen nicht zwischen den ersten Kriegseinsätzen Afrikanischer Elefanten und dem Jahr 305 v. Chr., als die Seleukiden mit den Mauryas im fernen Indien ihre Handelsverträge schlossen und damit die Herrscher von Ägypten und Karthago zwangen, sich nach eigenen Quellen umzusehen.

Die Kunst des Führens und wahrscheinlich auch des Zähmens lernten die Nordafrikaner von indischen Fachleuten, die sie aus Nordindien und möglicherweise auch von der Insel Ceylon kommen ließen. Nicht von ungefähr hießen die Elefantenführer im Mittelmeerraum damals »Indoi«.

Die Fangmethoden mußten dagegen nicht importiert werden. Denn zweifellos lebten damals noch mit der Jagd vertraute Volksgruppen an den südlichen Grenzen Ägyptens und Karthagos.

Sieht man von Giftpfeilen ab, wie sie in der Kalahari oder in den Bergen Südostasiens zum Einsatz kamen, konnten Elefanten nie durch wenige Pfeile oder Speere getötet werden. Vor dem Tode wurden sie lebensgefährlich verletzt, beispielsweise durch schwere Speere, die aus mehreren Metern Höhe zu Boden sausten und sich in die Leiber bohrten, wenn die Tierriesen einen über ihrem Pfad angelegten Auslösemechanismus berührten. Derartige Speerfallen fanden Henry Morton Stanley in Westafrika, deutsche Reisende in Zentral- und Ostafrika. Sie sind aber auch in Vietnam oder Kambodscha bekannt, und auf Sumatra werden heute noch Elefanten und Nashörner mit dieser Methode gewildert.

Jagdmethoden sind uralt, fast weltweit verbreitet. Buschmänner bauten Fallgruben in der Kalahari, Pygmäen fingen darin zu Beginn des Jahrhunderts die ersten Okapis für die Zoos, die südindischen Kurumbas benutzten sie bis 1969, um Elefanten und andere Großtiere zu fangen, und in Laos sollen sie immer noch zur Elefantenjagd ausgehoben werden. Gleiches läßt sich von Schlingenfallen sagen: Wilderer fingen in Nordkenia und Südäthiopien noch bis vor wenigen Jahren Elefanten mit Schlingen, bevor sie sie qualvoll sterben ließen. Fast identische Methoden kamen vor zwei Jahrtausenden in Nordindien und noch im 20. Jahrhundert auf Sri Lanka zum Einsatz. Elefantenkulturen konnten also in kürzester Zeit überall entstehen, wo traditionelle Jägervölker lebten. Geändert hat sich lediglich der Umgang mit der Beute. War sie in Schlingen, Fallgruben oder einem aus starken Stämmen gefertigten Gehege gefangen, wurde sie nicht mehr getötet, sondern gezähmt und abgerichtet.

Elefantenkulturen entstanden selbst noch im 20. Jahrhundert innert erstaunlich kurzer Zeit. Um 1895 begann Belgiens König Leopold II. nach einem erfolglosen Versuch im damaligen belgischen Kongo Afrikanische Elefanten zu

Dieser fast ausgewachsene Bulle entspricht dem sogenannten Kumeriah-Typ, also äußerst athletisch gebauten Elefanten, für die Höchstsummen geboten werden.

»domestizieren«. Dank einer Handvoll indischer Mahuts und der Jäger des einheimischen Azande-Stammes arbeiteten bereits in den dreißiger Jahren drei Dutzend Tierriesen auf den Farmen bei Api, und auf der Trainingsstation von Ganga-na-Bodio lernten 40 Jungtiere die ersten Tricks.

Auf Sumatra, um ein weiteres Beispiel zu erwähnen, verschwand die Kunst des Elefantenführens vor einem Jahrhundert. 1986 wurde sie mit Hilfe von erfahrenen Mahuts aus Thailand und ihren Elefanten wieder eingeführt. Drei Jahre später standen in drei Camps bereits 50 Arbeitselefanten zur Verfügung. Die Fänger wurden aus den ansässigen, dschungelerfahrenen Jägern rekrutiert.

Wahrscheinlich hat sich die Kunst des Fangens, Zähmens und Führens auch schon vor 2000 Jahren rasch mit dem einen oder anderen Herrscherhaus ausgebreitet. Trotzdem bleibt die Frage nach dem zahlenmäßigen Erfolg. Hatten die ersten nordindischen Herrscher tatsächlich tausendköpfige Elefantenheere, wie die Legenden berichten? Wenn die Mauryaherrscher bereits vor mehr als 2000 Jahren ihren syrischen Handelspartnern in einzelnen Transaktionen bis zu 500 zahme Tierriesen übergeben konnten, mußten sie doch selbst kaum zu schätzende Bestände besessen haben.

Zudem lebten gefangene Elefanten damals nicht besonders lang, und die Todesraten beim Fang waren hoch. Von beidem werde ich später noch berichten. Auch die Kosten für Pflege und Fütterung waren extrem. »Das alles zeigt deutlich«, klärte mich kürzlich Dietrich Schlingloff, Direktor des Indologischen Institutes der Universität München, auf, »was von den Angaben über die riesigen Elefantenscharen in altindischen Schlachten usw. zu halten ist. Die altindischen Großkönige hatten insgesamt keinen größeren Etat und keine größeren Machtbefugnisse als die Bürgermeister moderner europäischer Kleinstädte. Ihr Repräsentationsbedürfnis und Imponiergehabe stand im krassen Gegensatz zu ihrer tatsächlichen Macht.« Sie haben also, was die Zahl ihrer Elefanten anbetraf, geflunkert.

Das war nicht nur im klassischen Altertum, sondern auch später der Fall. Ob in der Hochzeit des Khmerreiches von Kambodscha im 10. Jahrhundert und später im 15. und 16. Jahrhundert in Siam tatsächlich 200 000 zahme Elefanten für die herrschenden Kasten fronten oder ob dieser Wert nicht ganz einfach die Zahl aller, auch der wilden Elefanten im Machtbereich einzelner Reiche meint, wissen wir nicht. »Den großen Zahlen ist wohl kein Glauben zu schenken«, sagt dazu Dieter Schlingloff, »im indischen Kulturraum war man mit bombastischen Zahlenangaben schnell bei der Hand. Der Buddha hatte bekanntlich 84 000 Frauen.« So sind auch die nachfolgenden Werte mit Vorsicht zu genießen:

Im 11. Jahrhundert n. Chr. hielten sich die Gasnaviden-Fürsten in Delhi 1500 Elefanten. Kubilai Khan, so berichtet Marco Polo (1254–1324), nannte 5000 Elefanten sein eigen und der König von Ava (Birma) 2000. Um 1452 standen in den Ställen des Sultans von Delhi 1400 und zwischen 1463 und 1482 3000 Elefanten. 1588 demonstrierten die Singhalesen-Fürsten in Colombo den Portugiesen ihre Macht, indem sie 2200 Kriegselefanten aufmarschieren ließen. William Hawkins und Edward Terry, die zwischen 1616 und 1619 am Hofe des Mogul-Kaisers Jahangir aufkreuzten, schätzten, daß der Herrscher 14 000 Elefanten besaß und seine Adligen insgesamt 40 000. Im 18. Jahrhundert, als das Mogulreich allmählich zerbrach, hielten sich die letzten Kaiser immerhin noch 1000 Elefanten. 1792 meldete Michael Symes, ein britischer Nachrichtenoffizier, dem britischen Gouverneur in Kalkutta, am Hofe des Herrschers von Birma lebten 6000 Arbeitselefanten. Ebenso viele besaßen die dort ansässigen englischen Holzgesellschaften in der ersten Hälfte des 20. Jahrhunderts.

Noch um 1950 besaßen die Moi-Fürsten Vietnams Hunderte von Elefanten, ganz zu schweigen von den großen Elefantenställen des letzten Königs Bao Dai. »Die Savannen entlang des La-Nga-Flusses, die Sümpfe Plao Xien und Bih«, berichtete William Bazé, ein französischer Elefantenarzt im Dienst des Königs, 1955, »sind unerschöpfliche Reservoire, die jedes Jahr die Nachfrage des Landes zu decken vermögen.« Aber der sinnlose Krieg mit seinen Bombenangriffen und Entlaubungsaktionen tötete dann auch die meisten Arbeitselefanten. Im heute dicht besiedelten Tal des La Nga, eines kleinen Zuflusses des Mekong, sind sie jedenfalls verschwunden. Hier hatten William Bazé und König Bao Dai dereinst gemeinsam Elefanten gejagt. In den 650 Quadratkilometer großen Savannen versammelten sich zwischen 1920 und 1950 während der Regenzeiten 3000 Wildelefanten. Bazé berichtet, sie hätten während eines einzigen Ausflugs von zwei Stunden 175 erwachsene Bullen gezählt. Diese heute in Südasien fast unvorstellbare Elefantenmenge versprach hohe Fangerfolge. Voraussetzung dazu waren Hundertschaften von Helfern und Arbeitselefanten, die umzingelte Herden in Stockaden oder – bei Überschwemmungen – in überflutete Gebiete trieben. Im Wasser verfolgten sie ihre Opfer mit Booten. Sie schossen ihnen Harpunen durch die dicken oberen Ohrränder, banden sie dann an Bäumen, die aus den Fluten ragten, fest und fesselten sie schließlich, sobald das Hochwasser abgesunken war. Bei

Historische Darstellung des Schlingenfangs vom Rücken zahmer Elefanten in Pegu (Birma).

solchen Jagden wurden 100 bis 150 Elefanten gefangen, rund die Hälfte der ins Wasser getriebenen Herden.

Am La Nga ritten Fänger unerkannt auf dem Rücken von Arbeitselefanten in wilde Herden hinein und legten ausgewählten Tieren mit langen Stöcken Lederschlingen um die Füße. Mit Hilfe von Arbeitselefanten wurden sie schließlich gefesselt.

Am La Nga und in anderen Gebieten Vietnams, Laos' oder Kambodschas wurden Wildelefanten von Stammesangehörigen aber auch in großen Mengen getötet, weil die unermüdlichen Reisfresser ihnen die Ernten streitig machten. Sie bauten tödliche Fallen auf den von Generationen von Elefanten getrampelten Pfaden, den Wechseln, auf denen die Tierriesen von den Waldbergen in die Savannen und zurück wanderten. Sie hängten schwere Holzbalken mit vergifteten Spitzen über die Pfade, die auf die Tiere fielen, wenn diese bestimmte Auslösemechanismen berührten. Oder feine, über die Elefantenpfade gespannte Luftwurzeln waren so geschickt mit einer gespannten Armbrust verbunden, daß diese bei Berührung einen vergifteten Pfeil in den Rücken des Tierriesen schoß. An geeigneten engen Passagen der Wechsel wurden überdies Fallgruben ausgehoben, in deren Boden angespitzte Baumstämme steckten. Stürzte ein Elefant in die Grube, dann wurde er unweigerlich aufgespießt. Und ganze Dorfschaften trieben Elefanten in Sümpfe oder in Treibsand und ließen sie dort verkommen. Manchmal versuchten sie sogar, ganze Herden durch Feuer zu vernichten, indem sie das übermannshohe dürre Gras, von dem die Tiere fraßen, auf breiter Front anzündeten.

Der Wildreichtum, wie ihn William Bazé aus dem Tal des La Nga beschrieben hat, ist verschwunden. Er war typisch für diese und andere Regionen, bis Menschen das Land bebaut und ihre Zivilisation geschaffen haben. Dies ist überall in den Ebenen der großen Flüsse Südasiens geschehen, am Mekong und Menang in Indochina, am Brahmaputra, Ganges, Kaveri und Indus in Indien, am Irawady in Birma oder am Mahaweli Ganga auf Sri Lanka. Heute sind nur noch einige winzige naturnah gebliebene Landschaftsinseln vorhanden, Keibul Lamjao in Manipur, der Chitwan-Nationalpark in Nepal und ganz besonders Kaziranga westlich der assamesischen Stadt Jorhat am Brahmaputra. Der 430 Quadratkilometer große Nationalpark besteht zu rund einem Viertel aus Waldinseln. Zwei Drittel sind fast doppelt mannshoher Grasdschungel, der sich entlang kleiner Seen, der sogenannten Bhils, lichtet und dort Flächen aus niedrigem Gras, vor allem *Cynadon dactylon,* weicht. Der mächtige Strom überschwemmt jeden Sommer die tiefgelegenen Zonen des Reservats, füllt die Bhils auf, düngt den Boden und verhindert die Bewaldung. Kaziranga gilt heute als eines der letzten Refugien für große wilde Grasfresser, für Panzernashörner, Arnibüffel, Sumpf- und Schweinshirsche. Selbstverständlich besuchen auch Elefanten dieses vom Menschen kaum berührte Gebiet inmitten der üppigen Reisfelder und Teeplantagen Assams.

Es gibt noch andere wildreiche Reservate in Südasien, etwa Kanha in Zentralindien oder Yala an der Südküste von Sri Lanka, von denen ich später ausführlich berichten werde. Dies sind Schutzzonen, die um Savannen entstanden, die einst Menschen den Wäldern abgerungen hatten. Doch ist von keinem anderen Reservat bekannt, daß es eine dermaßen hohe Biomasse an großen wildlebenden Pflanzenfressern zu ernähren vermag wie Kaziranga. Der amerikanische Ökologe Juan Spillett hat sie bereits 1966 auf 3200 Kilogramm pro Quadratkilometer geschätzt.

Die natürliche Fruchtbarkeit der weiten Flußtäler konnten die ersten Bauernvölker, die vorerst in den Wäldern an den Talflanken siedelten, erst nutzen, nachdem sie gelernt hatten, das Wasser zu bändigen und die tiefgründigen Böden zu bearbeiten.

Was die Vorlieben für bestimmte Lebensräume anbelangt, unterscheiden sich Elefanten nicht wesentlich von Menschen: Beide bevorzugen wasserreiche Gebiete, beide halten sich an eiweißreiche Nahrung, die sie häufig von verschiedenen Schmetterlingsblütlern und besonders von Gräsern beziehen, etwa von Hülsenfrüchten, Reis, Hirse, Gerste oder Zuckerrohr. Dem Menschen gelang es, für ihn wichtige Pflanzenarten durch Zuchtwahl zu veredeln. Sie wurden für ihn wie den Tierriesen leichter verdaulich und nährstoffreicher. Wildwachsende Themedea- und Cymbopogon-Gräser zum Beispiel schützen sich vor Elefantenfraß bis zu einem gewissen Grad durch harte Fasern und Silikatkristalle. Wachsende Hirse aber ist vergleichsweise zart und Zuckerrohr besonders süß; chemische Abwehrstoffe, vor allem Terpene, wurden den Nutzpflanzen planmäßig weggezüchtet. Zudem ist der Gehalt an Roheiweiß von Hirse und Reis zwei- bis viermal höher als der von wildwachsenden Gräsern. Gleiches, so fand der südindische Elefantenforscher Raman Sukumar aus Bangalore, gilt auch für den Anteil an Natrium und Kalzium.

Zweifellos wuchs auf den Feldern der Menschen »ein gefundenes Fressen« für den Tierriesen. Und somit war der Konflikt programmiert. Das ist bereits im »Spiel um den Elefanten« des Nilakantha, der vor wenigstens zwei Jahrtausenden lebte, nachzulesen:

»Es war einmal ein König, ›Haarfuß‹ genannt, im Lande Anga, der war berühmt und den Königen der Götter gleich«, beginnt N. Zimmer die Übersetzung des uralten Textes und fährt fort: »Als er einmal, von seinem Hofe umgeben, in seiner Stadt Campa am Ufer der Ganga auf seinem Juwelenthron saß, ward ihm gemeldet, Elefanten aus dem Dschungel hätten alle Saaten und Pflanzungen verwüstet. Da bedachte der Erdenbeherrscher: ›Was ist zu tun?‹«

Wahrscheinlich versuchten bereits die ersten Bauern am Indus, Ganges, Irawady oder Jangtsekiang die Tierriesen mit Trommellärm und Fackelfeuern von der heranwachsenden Ernte zu vertreiben, so wie es heute noch üblich ist. Zu bedenken ist auch, daß Elefanten vorerst selten waren in den waldreichen Gebieten Südasiens. Auch dies ist durch wenigstens zweitausend Jahre alte buddhistische Quellen belegt, wie mir der Indologe Dieter Schlingloff mitteilt:

»Es scheint mir höchst zweifelhaft, ob der durch Elefanten im Kulturland angerichtete Schaden tatsächlich eine große Rolle spielte. In der altindischen Literatur ist hiervon höchst selten die Rede. Das alte Indien war unterbevölkert; wenigen städtischen Zentren mit umliegenden Dörfern standen riesige Dschungelgebiete gegenüber, welche nur von Waldstämmen, die von der Jagd lebten, bevölkert waren. In einem alten Drama hören wir, daß ein König, der Elefanten fangen will, mit seinem Heer zu einer wochenlangen Expedition in den Dschungel auszieht.«

Allerdings verdrängten im Laufe der Zeit vielerorts die wirtschaftlich erfolgreicheren Bauernkulturen die Jagdkulturen, so wurden nicht nur die Lebensbedingungen der Menschen, sondern auch die der Elefanten verbessert. Dabei lichteten die Bauern den Hochwald, um während weniger Jahre Trockenreis, Hülsenfrüchte und Knollenpflanzen anzubauen. Begann der Boden seine Fruchtbarkeit allmählich zu verlieren, zogen sie weiter. Auf den kleinen zurückgelassenen Feldern kehrte der wilde Wald zurück; früher oder später auch die Wanderbauern. Wieder brannten sie den Wald ab und hofften auf reiche Ernte dank düngender Asche. Das war ganz im Sinne wilder Elefanten: Auf den verlassenen Feldern schoß Zweitwuchs heran, Gräser, Palmen, Bananenbäume und andere leichtverdauliche Pflanzen mit vergleichsweise hohem Eiweißgehalt, welche die Elefanten auch leicht erreichen konnten. »Die Aktivitäten der Menschen erhöhten die ›Tragfähigkeit‹ (Carrying capacity) des Gebietes für Elefanten«, fand Robert Olivier 1978. Das ist ganz besonders im Regenwald der Fall. Hier verdichtet sich die Elefantenbevölkerung auf Zweitwuchsflächen wenigstens um das Fünffache; und im laubwerfenden Monsunwald, wo sie ohnehin verhältnismäßig hoch ist, kann sie noch um ein Viertel zunehmen. Nicht von ungefähr sind heute der Khao Yai Nationalpark in Thailand oder der Corbett-Nationalpark in Nordindien dermaßen wildreich. Sie sind wie viele andere Reservate Produkte von brandrodenden Wanderbauern.

Auch seßhafte Bauern verbesserten allmählich den Lebensraum der wilden Elefanten. In und am Rande der fruchtbaren Täler, in denen sie Reis auf immer größeren Flächen anbauten, stauten sie das Wasser der Flüsse. In diesen Gebieten versammelten sich die wilden Elefanten seit je, wenn Überschwemmungen den Boden bewässerten, düngten und wilden Reis, wildes Zuckerrohr und andere Gräser sprossen ließen. Die Bauern verbesserten lediglich das Angebot und verwandelten mit künstlicher Bewässerung die fruchtbaren Täler zum ganzjährigen Lebensraum des Tierriesen. Nahrung boten ihm nicht nur die Reisfelder, von denen er regelmäßig vertrieben wurde, sondern auch die flachen Ufer der Stauseen. Just während der Trockenzeiten, in denen naturgewollt leichtverdauliche und eiweißreiche Nahrung in den Tälern selten ist, wuchs hier frischer Graswuchs, weil der Wasserspiegel der künstlichen Seen rasch absank.

Nicht von ungefähr bieten heute die am Rande großer Staubecken gelegenen Reservate wie beispielsweise der Gal-Oya-Nationalpark im Osten Sri Lankas oder der Periyar-Nationalpark in Südindien ganzjährig großen Elefantenherden Lebensraum. Kurz: Verdichtung der Felder und Verbesserung der Wasserverhältnisse ließen in der Nähe menschlicher Siedlungen die Elefantenbevölkerung anwachsen. Und damit verschärften sich die Konflikte.

Im Osten des einstigen Verbreitungsgebietes rotteten aus dem Norden vordringende Stämme den Elefanten und andere Großtiere kurzerhand aus. Bereits im 10. Jahrhundert waren die Tierriesen im Becken des Jangtsekiangs verschwunden. Sie sollen besonders dunkelhäutig gewesen sein, und ihr Elfenbein war rötlich. Paul E. Deraniyagala zählt sie deshalb zu einer eigenen Unterart, *Elephas maximus rubidens*, dem »Rotzähnigen«. Die Chinesen schätzten Elfenbein und Haut des Ernteschädlings und aßen Elefantenfleisch, wobei sie das des Rüssels bevorzugten. Doch gefangen und gezähmt haben sie die Tierriesen nicht.

Diese Kunst besaßen die T'ai-Stämme, die einst am mittleren Jangtsekiang gelebt hatten, dann nach Südwesten abgedrängt wurden und im 13. Jahrhundert im Gebiet des heutigen Yünnan wohnten und trotz ihrer Elefantenheere Kubilai Khan unterlagen. Auch im Westen verdrängten Menschen die wilden Elefanten.

Nachdem die Ägypter im 15. vorchristlichen Jahrhundert große Teile Westasiens erobert hatten, begannen sie Elefanten zu jagen. Am unteren Nil waren die Rüsseltiere schon ausgerottet worden. Jetzt beschafften sich die Pharaonen Elfenbein und lebende Jungtiere für ihre Menagerien aus Beständen des Asiatischen Elefanten. Sein Verbreitungsgebiet reichte vor 3000 Jahren bis ins Becken von Euphrat und Tigris.

Im siebten vorchristlichen Jahrhundert waren die Tierriesen in dieser Region bereits ausgerottet oder von Kulturland und sich rasch ausbreitenden Wüsten verdrängt worden. Aus Teilen des heutigen Afghanistan und Pakistan verschwanden sie, als Hirtenvölker mit Feuer die Weiden auf Kosten der Wälder vergrößerten. Fortan bildete das Indusbecken die Westgrenze des Areals.

Zwischen Indus und Südwestchina entwickelten sich dann die Elefantenkulturen, die Kunst Elefanten zu fangen, zu zähmen und zu reiten. Hier fand der Tierriese vielfältigen Eingang in den Götterhimmel. In diesem indischen und südostasiatischen Kerngebiet mußten die Tierriesen bis in die Neuzeit nicht im gleichen Maße wie im Osten und Westen dem Menschen, seinen Haustieren und Nutzpflanzen weichen. Entweder hatten die Elefanten und ihre Lebensräume hier eine geringe ökonomische und ökologische Bedeutung für den Menschen, oder die Vorteile, die den Menschen durch ungerodete Wälder und gezähmte Elefanten erwuchsen, überwogen die Nachteile, die sich für den Menschen aus dem Zusammenleben mit wilden Elefanten ergaben.

Ein offensichtlicher Vorteil des Elefanten für den Menschen besteht darin, daß er sich fangen, zähmen und als Reit- und Arbeitstier abrichten läßt, beispielsweise Könige in den Krieg trug oder schwere Lasten schleppt, also Leistungen wie Pferd oder Ochse erbringt, obwohl er kein Haustier ist, das sich in der Obhut des Menschen regelmäßig fortpflanzt und sich somit auch nicht durch Zuchtwahl über viele Generationen gezielt verändern läßt.

Mit echten Haustieren traten Wildelefanten schon in prähistorischer Zeit in Westasien und Zentralchina in Konkurrenz und wurden durch sie mitverdrängt. So liegt die Frage auf der Hand, wie sich Pferd und Rind, Schaf und Ziege im Kerngebiet des Asiatischen Elefanten zwischen Jangtsekiang und Indus ausgebreitet haben. Klimatologisch läßt sich dieses Kerngebiet – auf ganz einfache Nenner gebracht – grob definieren als Region mit einer Durchschnittstemperatur von wenigstens 21 Grad und wenigstens 50 Zentimeter Niederschlag. Beide Maße gelten für das Jahresmittel.

Die wichtigsten Nutztiere entstanden jedoch in den Trockensteppen Südwestasiens und dem angrenzenden Mittelmeerraum. Hier schuf menschliche Zuchtwahl vor 9000 bis 11 000 Jahren aus dem Mufflon das Hausschaf und aus der Bezoarziege die Hausziege. Hier entstand aus dem Ur oder Auerochs vor 8000 bis 9000 Jahren das Hausrind. Hier und anderswo wurde aus dem Wildschwein das Hausschwein und aus dem Wolf der Hund. Das Hauspferd tritt erst-

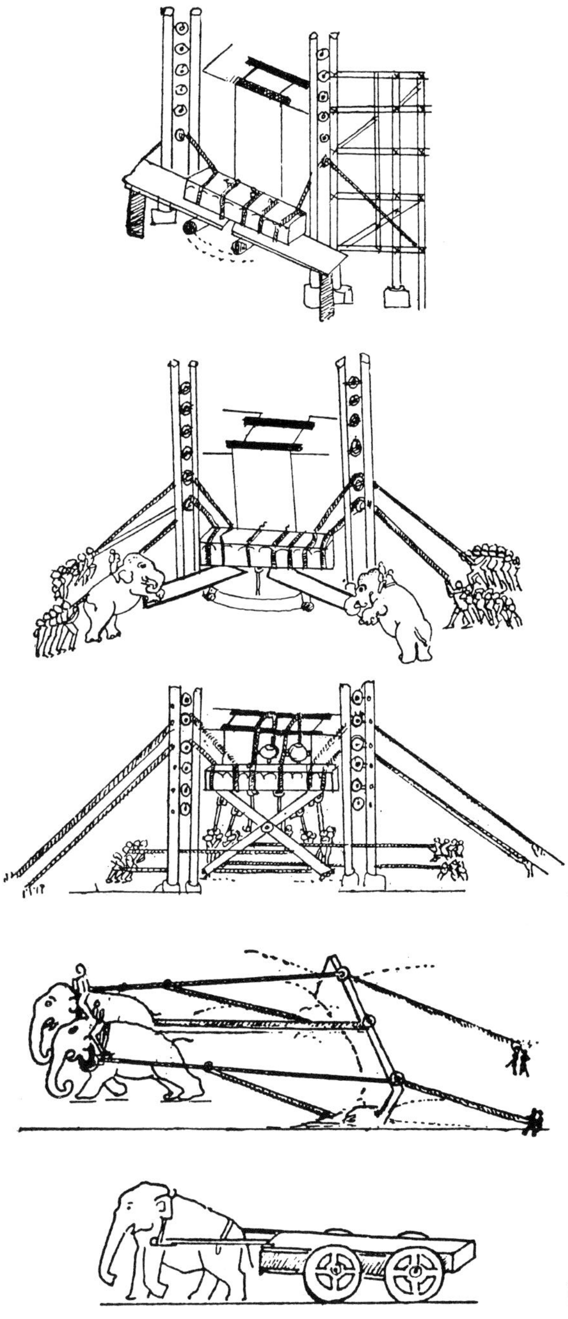

a

b

Einsatz von Arbeitselefanten beim Bau der Tempelanlagen von Konarak in Orissa (6. Jahrhundert) auf Grund von Palmblattmanuskripten. Die Tierriesen wirkten als Hebelverstärker beim Heben schwerer Steine (a), zogen Sandpflüge oder Wagen (b). Nach Boner (1972)

mals vor 5500 Jahren im Gebiet zwischen Dnjepr und mittlerer Wolga auf und der Hausesel etwa gleichzeitig in Nordostafrika.

Im Kerngebiet der Elefanten erschien das Hausschaf vor rund 6000 Jahren, die Hausziege etwa 1000 Jahre später. Sie konnte sich vielerorts dem wärmeren und feuchteren Klima anpassen und überlebt inzwischen sogar in Regenwaldgebieten. Dem Hausschaf dagegen blieben extreme Lebensräume verschlossen. In Südindien beispielsweise weiden lediglich »dünnschwänzige Haarschafe«. Das Verbreitungsgebiet »grobwolliger Fettschwanzschafe« reicht knapp bis Nordindien.

Auch das Hausrind – es taucht im Kerngebiet des Elefanten erstmals vor 5000 bis 6000 Jahren auf – konnte sich hier erst nach entsprechenden Anpassungen ausbreiten; denn zwischen Jangtsekiang und Indus leben »Buckelrinder«, sogenannte Zebus. Sie begnügen sich mit kärglichem Futter, benötigen wenig Wasser und weiden auch in der Mittagshitze, wenn die sogenannten »taurinen Rinder« Schatten suchen. Ihre Hitzetoleranz wird durch eine, gemessen am Volumen, große Körperoberfläche gefördert, namentlich durch lose, faltenreiche Haut, eine mächtige Wamme und große Ohren. Eine verhältnismäßig besonders große Körperoberfläche haben Zwergformen; kleinwüchsige Buckelrinder treten in besonders warmen Gebieten auf, in Südindien und Sri Lanka, in Bengalen und auf der malaiischen Halbinsel.

Im Kerngebiet des Asiatischen Elefanten kamen aber auch zwei mit dem Hausrind nahe verwandte Wildrinderarten in den Hausstand, der Gaur und der Banteng. Der mächtige Gaur, der den ganzen indischen Subkontinent und weite Teile von Birma, Thailand und der malaiischen Halbinsel bewohnte und heute nur noch in Restbeständen vorkommt, ist Stammvater des Gayal oder Mithan. »Es bestehen hinreichende Gründe zur Annahme, daß die Domestikation zum Gayal in Kulturen des Industales vor rund 4000 Jahren begann«, meinen dazu die Haustierforscher Wolf Herre und Manfred Röhrs aus Kiel: »Die Haustiere gelangten nach Assam, wo sie heute noch vornehmlich verbreitet sind.« Aber auch die hügel- und bergbewohnende Stammesbevölkerung von Nordbirma, Bhutan und Anuradchal Pradesh im äußersten Nordosten Indiens hält heute noch den Gayal als Fleischlieferanten und Wertanlage.

Das hinterindische Wildrind, der Banteng, das auch auf Borneo und Java vorkommt, lieferte das Balirind. »Kulturhistorische Quellen«, so fassen Herre und Röhrs zusammen, »führen zur Aussage, daß der Beginn dieser Domestikation ziemlich weit zurückliegt und sich bis in geschichtliche Zeit fortsetzte.« Wo aber der Banteng zum Balirind, zum planmäßig gezüchteten Fleischlieferanten, Reit-, Trag- und Zugtier wurde, ist unklar. Ein Domestikationszentrum auf Java ist ebenso möglich wie eines auf dem südostasiatischen Festland.

Zebu, Balirind und Gayal waren zweifellos wichtige Zuchtprodukte für die südasiatischen Bauern, die zu einem großen Teil von Reis lebten. Erfolgreicher Reisanbau ließ ihre Bevölkerung anwachsen. Diese verlangte wiederum nach mehr Nahrung. Immer schneller drehte sich die Spirale von Angebot und Nachfrage, nachdem die Menschen wußten, wo sie Eisen gewinnen und wie sie es verarbeiten konnten. Eiserne Äxte und Pflugscharen aus hartem Holz erschlossen dem anpassungsfähigen Nutzgras tiefgründige Böden. Unerläßlich für die Ertragssteigerung war auch das Pflügen der Böden. Doch wer sollte den Pflug ziehen? Zebu, Balirind und Gayal waren entweder zu feingliedrig oder nicht an die feucht-heißen Tiefländer

gewöhnt. Als einziges Nutztier kam der Wasserbüffel in Frage.
Wie wilder Reis stammt er aus den breiten, regelmäßig überfluteten Tälern. Büffel lieben Wasser und Sumpf. Ihre breiten Hufe und die beweglichen Fußgelenke machen sie zu idealen Arbeitstieren im schweren, feuchten Boden der Reisfelder. Mit Büffeln läßt sich bedeutend tiefer pflügen als mit Rindern oder Pferden. Zudem ist die Milchleistung domestizierter Büffel höher als beim Rind, und ihre Milch ist fettreicher. Nahrung finden sie auf dem Brachland zwischen den einzelnen Feldern oder im Wasser, wo sie Seggen und Schwimmpflanzen weiden. Auch Stroh verwerten sie besser als Rinder und wachsen dementsprechend schneller.
Im Becken des Jangtsekiangs wurde der Wasserbüffel vor 3500 bis 6000, am Indus möglicherweise vor 4000 Jahren domestiziert. Die Tatsache, daß sich auch heute noch zwei Formengruppen, »Sumpf-« und »Flußbüffel«, aufgrund der Hornformen unterscheiden lassen, sprechen für wenigstens zwei Domestikationszentren. In Hinter- und Vorderindien wurde aber auch das Bankiwahuhn, der Ahne des Haushuhnes, in den Hausstand genommen. Auch das Hausschwein entstand vor 4000 Jahren am Indus, beziehungsweise vor 5500 bis 5000 Jahren in Südostasien aus örtlichen Unterarten des Wildschweines.
Gleiches ließe sich über zahlreiche Nutzpflanzen sagen. Meist entstanden sie fast gleichzeitig in vorder- und hinterindischen Zentren. So erfolgreich südasiatische Bauernvölker mit der Zucht von zum Teil äußerst wehrhaften Tieren auch waren, es ist ihnen nicht gelungen, eines der wichtigsten Haustiere zu halten oder gar züchterisch dem Kernraum des Asiatischen Elefanten anzupassen: das Pferd. Wildpferde entstanden auf den Grasländern Nordamerikas, eroberten später über die Beringstraße vordringend das gemäßigte Eurasien, dann Afrika. Sie fehlen aber auf dem indischen Subkontinent und in Südostasien, sieht man vom Khur, dem indischen Halbesel ab. Er kommt heute noch im äußersten Nordwesten der indischen Halbinsel vor, im Run of Kutch. Kurz: Es gibt keine Wildform des Einhufers, die sich den ökologischen Gegebenheiten im Kernraum des Asiatischen Elefanten angepaßt hätte.
Der Pferdekenner Hans-Heinrich Isenbart listet unter mehr als 120 bekannten Zuchtrassen lediglich zwei auf, die hier vorkommen: Marwari aus Nordindien und Sumbana aus dem Süden Sumatras. Jutta Frädrich erwähnt in ihrer eindrücklichen Übersicht über die Pferderassen Süd- und Südostasiens eine Reihe von Ponys.
Daß beispielsweise Indien kein »Pferdeland« ist, bewiesen bereits vor mehr als 5000 Jahren Reitervölker, die sich von Westen her den Induskulturen näherten, »aber bald verschwanden und im dritten Jahrtausend v. Chr. einer Bauernkultur Platz machten, die neben den Städten am Indus blühte«, schreibt der Historiker A. L. Basham. In den sagenhaften Stadtstaaten von Harappa und Mohenjo Daro waren Pferde kaum bekannt. Als sich aber im zweiten vorchristlichen Jahrtausend arische Hirtenvölker aus dem Raume des heutigen Usbekistan zur großen Wanderung aufmachten und in mehreren Wellen Indien erreichten, gelangte das Pferd in großer Zahl in den Nordwesten des Subkontinents. Für die sich allmählich nach Osten ausbreitenden Aryas »war es aber immer ein luxuriöses Tier, das vor allem die Kriegerkaste gebrauchte«, weiß der indische Historiker Basham: »Gezüchtet wurden die Pferde vor allem in Sind und im Nordwesten. Im Dekkan (dem Hochland auf der indischen Halbinsel) pflanzten sie sich schlecht fort und mußten über die westindi-

PALACE SQUARE

schen Häfen regelmäßig von Sind, Persien und Arabien eingeführt werden.« Der Nachschub des wertvollen Einhufers beschäftigte indische Herrscher vom Beginn der Geschichte bis in die Neuzeit. Das macht auch Thomas R. Trautmann deutlich, der sich intensiv mit den Maurya-Herrschern Nordindiens in der zweiten Hälfte des ersten Jahrtausends vor der Zeitrechnung beschäftigt: »Es war immer der Fall, daß die besten Rassen aus dem Industal kamen, besonders aus Sind. Bis jetzt wurde nicht genau bekannt«, so fährt er fort, »warum sich Indien nie selber mit Pferden versorgen konnte. Klima? Verhältnismäßig seltene Weiden? – Was auch immer die Gründe sein mögen, der Pferdebestand mußte immer durch Importe aufgestockt werden und sie kamen aus dem Westen: von der Indo-Arischen Kulturgrenze, aus Baktrien oder ganz allgemein aus Zentralasien, aus dem Iran und möglicherweise aus Arabien.« Auf die schlechte Qualität indischer Pferde, so meint Trautmann weiter, hätte bereits Herodot im 5. vorchristlichen Jahrhundert hingewiesen.

So ist es auch verständlich, daß die indischen Reiche, die für ihre Streitwagen- und Kavallerieabteilungen ihre Pferde immer aus Staaten in West- und Zentralasien beziehen mußten, von diesen abhingen und durch sie gefährdet werden konnten. Dies trifft ganz besonders für Zentralasien zu. Von hier kamen einst die Aryas, später die Hunnen, dann die Türken und schließlich die Moghulen. »Deren Überlegenheit«, so schließt Trautmann, »beruhte nicht nur auf höherer Reitkunst, sondern auch auf der größeren Zahl und besseren Qualität ihrer Pferde.« Kaum hatten sie sich aber in Indien niedergelassen, so bauten auch sie beachtliche Bestände an Kriegselefanten auf, obwohl ihre Reiterhorden einst Armeen mit Dutzenden, wenn nicht Hunderten gezähmter Tierriesen besiegt hatten.

Sie konnten ja gar nicht anders. Denn innerhalb Indiens nahm schon zur Zeit des sagenhaften Königs Aschoka im vierten vorchristlichen Jahrhundert die Verfügbarkeit von Pferden vom Industal und den Pässen im Nordwesten nach Osten und Süden ab, während dabei die Pferdepreise stiegen. Pferdehändler war eine frühe Berufsbezeichnung, und der indische Pferdehandel erreichte auch sehr unvorteilhafte Orte, etwa auf der Insel Ceylon oder in Südostasien. So sehr sich Händler auch bemühten, sie konnten an der Tatsache nichts ändern, daß gezähmte Elefanten das schwer zu haltende oder fehlende Pferd ersetzten und in mancherlei Hinsicht sogar übertrafen. Gezähmte Elefanten trugen ihre Führer in den Krieg. Gegenüber Pferden brachten sie sogar Vorteile: Sie griffen direkt ins Kampfgeschehen ein, nahmen Feinde genau gleich an wie wilde Elefanten Tiger oder menschliche Jäger annehmen, wenn sie ihre Jungen in Gefahr sehen. Ihre Rüssel sind fürchterliche Schlagwaffen. Mit Stoßzähnen und Vorderfüßen töteten sie ihre Widersacher oder verletzten sie lebensgefährlich. Wie dies im einzelnen geschah, ersieht der aufmerksame Betrachter aus vielen zeitgenössischen Darstellungen. Die Tierriesen rissen ihren Opfern die Glieder vom Leib, traten auf deren Schädel, bis diese barsten, oder spießten sie mit den Stoßzähnen auf. Gleiches geschieht auch heute noch, wenn Zirkuselefanten sich für jahrelange Mißhandlung an ihren menschlichen Peinigern rächen. Zudem zertrümmerten Kriegselefanten mit ihren durch Nashornleder und Metall gepanzerten Köpfen Stadttore und Palisaden. Ihre Körper bildeten lebende Brücken über Flüsse und Sümpfe.

Wann immer es fremden Heeren im Altertum oder Mittelalter gelang, indische Territorien zu erobern, geschah dies zu Zeiten, in denen die Bestände der Kriegselefanten gering und ver-

Vor der Mauer des »Tempels des Zahnes« in Kandy werden die Bullen für die Perahera geschmückt.

nachlässigt worden waren. Das geht etwa aus den Studien des Militärhistorikers Simon Digby hervor, der 1971 eine hervorragende Schrift über Pferde- und Elefantenhaltung am Hofe der türkischen Sultane schrieb, die zwischen 1206 und 1256 in Delhi herrschten.

Auf eine Diskussion über Vor- und Nachteile von Kriegselefanten möchte ich später zurückkommen, wenn ich die Zusammenhänge zwischen der Kunst des Elefantenführens und dem Sozialverhalten des Tierriesen näher erläutert habe. Wenden wir uns vorerst grundsätzlichen Fragen zu! Sie heißen: Wie, wann und wo entstand die Elefantenkultur?

Wie aus Elefantenjägern, die an Fleisch, Haut und Elfenbein interessiert sind, schließlich Elefantenführer werden könnten, überlegten sich 1983 C. M. Ann Baker und C. Maxwell vom Zoologischen Institut von Adelaide in Australien. Ihre »Wagnis-Theorie« (dare theory) beruht auf der Feststellung, daß das Töten eines großen Tieres eine Herausforderung an Tapferkeit und Intelligenz der Jäger ist. Sein so erworbenes Ansehen kann er noch erhöhen, wenn er ein lebend gefangenes Tier zu besonders heftigen Attacken provoziert, bevor er es tötet. Ähnliches Machoverhalten überlebte zum Beispiel in wenigstens einer englischen Stadt bis ins 18. Jahrhundert. Hier ging das Reizen von Stieren (nicht Ochsen oder Kühen) als Ritual der Schlachtung voraus; Stierkämpfe finden leider auch heute noch statt. Auch auf Sri Lanka ist es heute noch üblich, daß junge Männer in neuentstandenen Siedlungsgebieten mit selbstgebastelten Schußwaffen Elefanten schwer verletzen und sie dann tagelang reizen, bevor sie sie töten. Von solchen Fällen werde ich noch berichten.

Doch zurück zur »Wagnis-Theorie«, zu den denkbaren Anfängen der Elefantenhaltung! Junge Männer, die todgeweihte Tiere reizen und sich dabei einen Ansehensgewinn versprechen, sind – jedenfalls auf den ersten Blick – denkbar ungeeignete Pfleger. Damit aber aus der Jagdbeute ein Kumpan wird, müssen jene, die einen gefangenen Elefanten nicht töten, noch mehr an Ansehen und Einfluß gewinnen. Dies kann etwa geschehen, wenn ein in Schlingen oder einer Fallgrube gefangener Elefant bis zu einem bestimmten Termin am Leben gehalten werden muß, sei es, weil gleichzeitig mehrere Tiere gefangen wurden, so daß Schlachtung und Haltbarmachung des Fleisches nicht bei allen erfolgen können, sei es, um einen rituell wichtigen Zeitpunkt für die Tötung des Opfers abzuwarten. Einen Frischfang vorerst am Leben zu erhalten bedeutet, neue Aufgaben zu lösen: Die Beute muß beispielsweise mit Wachtfeuer gegen Tiger verteidigt und laufend neu gesichert werden. Es gilt Fangschlingen zu ersetzen und zu verstärken, oder die Tierriesen daran zu hindern, sich mit Rüsseln, Füßen und Stoßzähnen eine Treppe ins Erdreich zu graben und so aus der Fallgrube zu entfliehen. Ebenso ist es unerläßlich, die Beute zu füttern und zu tränken. Alle diese Aufgaben werden wahrscheinlich nicht von erfahrenen Jägern übernommen, sondern von rangniedrigen.

Auch sie werden jetzt dem Vorbild gehorchen und den gesicherten Tierriesen necken. Besonders Mutige werden es sogar wagen, sich auf die geschwächte Beute zu setzen und versuchen, sie zu lenken. Nun ist aber der Ritt auf einem ungezähmten Tier eine noch größere Herausforderung als die Tötung der wehrhaften Beute. Das beweist auch heute noch die Attraktion der Rodeos, wo es gilt, möglichst lange sicheren Halt auf einem bockenden Bronco oder einem störrischen Zebustier zu bewahren. Vielleicht wurden erste Lenk- und Reitversuche mit gefangenen jungen Elefanten einst allmählich zum

Freizeitspaß der Jäger, und so fanden sie früher oder später heraus, wie dies zu bewerkstelligen ist. Dann führten sie ihre riesige Beute zum Basislager und merkten allmählich, daß sie im dichten wilden Wald auf Elefantenrücken schneller vorwärtskamen, Sumpfgebiete und Flüsse besser überqueren konnten.

Wie andere Theorien, so beschreibt auch die »Wagnis-Theorie« lediglich Möglichkeiten. Aber immerhin: Elefanten provozieren heute noch auffallend den Wagemut erfolgheischender junger Männer – etwa Tierpfleger im Zoo, die sich allen Ermahnungen zum Trotz gefährlichen Bullen nähern und dabei Verletzung oder gar Tod riskieren. Für Bullen, die in Arbeitslagern ihre Pfleger getötet haben, finden sich zwischen Sri Lanka und Vietnam immer wieder neue Reiter.

Das erstaunte auch den legendären »Elephant Bill« J. H. Williams. 1950 berichtete er aus Burma: »Viele Oozies (Elefantenführer) sind sogar stolz, wenn sie einen Elefanten übernehmen dürfen, der als gefährlich gilt. Es sind Männer, die mit einer gewissen Bravour an ihre Aufgaben herangehen und das Leben leicht nehmen. Meist sind sie Opiumesser, doch arbeiten sie brav und zuverlässig. Jedes Dorfmädchen kennt ihre Namen.«

Die Namen der ersten legendären indischen Elefantenreiter kennt jeder, der sich mit hinduistischer Mythologie beschäftigt: Es sind die alten arischen Götter Agni und Indra. Und seit dem sagenhaften Mahabarata-Krieg, der, wenn überhaupt, vor etwa 2600 Jahren stattfand, waren es bis ins späte Mittelalter, als Feuerwaffen Einzug auf den Schlachtfeldern hielten, immer Könige, Prinzen und Fürsten, die auf Elefanten zum Waffengang ritten, bei den Mauryas Nordindiens ebenso wie bei den Khmer in Kambodscha, bei den Sultanen von Delhi wie bei den Moguln.

Mehr noch: Der noble Krieger ritt nicht etwa auf dem Rücken des Tierriesen. Er selbst lenkte ihn auf Schulter oder Hals sitzend. So kämpfte der Inderkönig Porus gegen Alexander den Großen und so kämpften die Thaiprinzen. Heute noch werden in Thailand besonders aufgezäumte Kriegselefanten staunenden Touristen präsentiert. Sie tragen drei Reiter. Der vorne Sitzende entspricht dem lenkenden und kämpfenden Prinzen. Auf einem hohen Sattel thront hinter ihm ein waffenreichender Helfer, der mit zwei Büscheln aus Pfauenfedern das begleitende Fußvolk dirigiert. Auf dem Hinterteil des Elefanten kniet der eigentliche Mahut, der den Elefanten mit einem Knüppel vorwärtstreibt. Erst bei den Moguln ritten die Heerführer in prächtigen Haudas, so heißen die Elefantensättel, auf dem Rücken der Tierriesen und dirigierten fern der Front die Schlachtreihen. Das soll aber nicht heißen, sie hätten die Elefanten selbst nicht lenken können. Zur Ausbildung der Prinzen gehörte überall im Kerngebiet des Asiatischen Elefanten noch mehr als das korrekte Führen der Rüsseltiere, sie lernten auch Fang und Zähmung. In Vietnam zum Beispiel gehörte es bis zum März 1945, als japanische Truppen das Land überrannten, zu den Pflichten der Prinzen, sich Wissen um den Elefanten anzueignen; und Bao Dai, der letzte Kaiser, war nicht nur ein exzellenter Elefantenreiter, sondern auch ein behender Elefantenfänger.

Indem die Herrscher zumindest vieles von Fang, Zähmung und Führung von Elefanten verstanden, verschafften sie sich bei ihrem Volk wie bei den in den Wäldern wohnenden Stammesangehörigen hohes Ansehen; denn sie bewiesen damit denselben Wagemut wie einst jene Jäger, die als erste aus dem mächtigen und wehrhaften Jagdwild den vielfältig zu gebrauchenden Arbeitselefanten machten.

ELEFANTENKULTUREN

Fragt man, wann und wo das Kunststück, Elefanten zu zähmen, erstmals gelang, so antworten die Experten unisono, es sei zwischen 3000 und 1700 v. Chr. gewesen und zwar am Indus. Am großen Strom, der durch die Ebenen des Pandschab am Südrand des Himalaja und in seinem Unterlauf durch Sind fließt, entdeckten Archäologen 1922 eine bronzezeitliche Hochkultur und legten Fundamente von Städten wie Harappa oder Mohenjo Daro frei, deren Paläste, Kanäle, Zitadellen und Badeanlagen aus gebrannten Ziegeln erbaut worden waren.
Die Frühgeschichtler fanden auch Hunderte von Siegeln, die aus weichem Stein geschnitzt sind und offenbar administrative Hilfsmittel zur Handelskontrolle waren. Die Indussiegel – übrigens auch kleine Kupferplättchen mit Ritzzeichen – sind in unserem Zusammenhang deshalb wichtig, weil sie neben bis heute nicht identifizierten Schriftzeichen auch Darstellungen von Rind, Zebu, Gaur, Wasserbüffel, Ziege und Schaf tragen, aber auch von Panzernashorn, Tiger und Elefant.
Dann wäre auch noch ein Huftier mit schraubenförmigen Hörnern zu erwähnen. Historiker sagen, es handle sich dabei um die Schraubenziege (Markhor), die heute noch ähnlich dem Steinbock in kleinen Kolonien im Westhimalaja lebt. Zoologen erkennen in den Darstellungen eher die Hirschziegenantilope, welche heute noch in den Tiefländern Nordwestindiens und Pakistans vorkommt, möglicherweise auch Hausziegen oder -schafe mit Schraubenhörnern. Jedenfalls läßt sich in diesem Fall die dargestellte Tierart nicht mit Sicherheit bestimmen.
Bei den Darstellungen vom Elefanten interpretieren die Wissenschaftler kleinste, vielleicht rein zufällig entstandene Details. Schließlich hat der Elefant Religion, Mythologie, Kunst und Literatur Südasiens wie kaum ein anderes Wesen beeinflußt. Mit der Entdeckung der Induskultur ließ sich die Geschichte Indiens wenigstens zwei Jahrtausende weiter zurückschreiben. Und so entdeckten die Experten, was sie entdecken wollten: Zeichen einer frühen Zähmung des asiatischen Tierriesen.
Stuart Pigott zum Beispiel machte Kumeriah, Dhundia und Mirga aus, drei Wuchstypen des Elefanten, wie sie erst viel später unterschieden wurden. Wer auf den Siegeln die Darstellung der Rüssel genauer betrachtet, entdeckt gelegentlich zwei Rüsselfinger und könnte entweder leichtfertig auf das Vorkommen von Afrikanischen Elefanten am Indus schließen oder sie als Produkte künstlerischer Phantasie oder herstellerische Ungenauigkeit interpretieren.
Der Haustierforscher Frederick F. Zeuner hielt 1963 eine oder mehrere Linien, die auf einigen Darstellungen deutlich zu sehen sind und vom Rücken zum Bauch führen, als Hinweis auf eine Decke. Solche oder ähnliche Gravuren, die im Erscheinungsbild ungezäumter Tiere fehlen, tauchen aber auch in den Darstellungen von anderen Tierarten auf den Indussiegeln auf.

Mehrere Autoren gehen noch weiter: Sie schließen, scheinbar naheliegend, von einem trogähnlichen Gefäß, das vor den abgebildeten Elefanten steht, die Tierriesen seien künstlich gefüttert worden und hätten damit in Menschenobhut gelebt. Ich habe kürzlich in der Kopiensammlung von Jagat Pati Joshi und Asko Parpola, in der alle bisher in Indien gefundenen Siegel und Kupferplättchen abgebildet sind, nach diesem »Futtertrog« gesucht und dabei folgendes gefunden:

Wildtiere wie Tiger, Panzernashorn oder Gaur sind meist mit, Haustiere, also Rind und Schaf, immer ohne das trogähnliche Gefäß dargestellt. Es symbolisiert wahrscheinlich Opfergaben, was übrigens auch John Marshall, der Entdecker von Harappa, 1924 vermutete. Höchstwahrscheinlich fraßen schon damals Panzernashorn und Gaur einen Teil der Ernte, und Tiger vergriffen sich an Haustieren. Was lag da näher, als diesen wehrhaften »Schädlingen« rituelle Opfer darzubringen und dies auch auf den Siegeln abzubilden?

Wie wurde nun aber der Elefant dargestellt? Sechsmal steht vor ihm das Gefäß, 19mal nicht. Heißt dies nach der Theorie, ihm sei nicht regelmäßig geopfert worden? Heißt es auch, er sei möglicherweise wie der Wasserbüffel, den die Induskulturen sowohl als Wildtier wie als Haustier kannten und auf den Siegeln mit oder ohne »Futtertrog« abbildeten, bereits auf dem Weg vom Wild- zum Nutztier gewesen?

Welche Rolle der Asiatische Elefant in der Hochkultur am Indus spielte, kann bis heute nicht gesagt werden. Sicher dagegen ist, daß die Händler von Harappa, Mohenjo Daro oder Lothal neben Baumwolle und Perlen, Affen und Pfauen, auch rohes und zu Kämmen verarbeitetes Elfenbein nach Tilmun brachten, dem heutigen Bahrain. Ob auf ihren seegängigen Booten auch lebende Elefanten westwärts reisten, ist nicht bekannt. Ägyptische Pharaonen bezogen zwar für ihre Menagerien zahme Elefanten aus Handelsniederlassungen am Persischen Golf. Doch dies geschah erst in der zweiten Hälfte des zweiten vorchristlichen Jahrtausends, als die Hochkultur am Indus schon verblichen war.

Wer diese Elefanten damals im Indusbecken und anderswo fing und zähmte, ist unbekannt. Es liegen keine Beweise vor, daß die wahrscheinlich seltenen gefangenen Elefanten mehr waren als sonderbare Kostbarkeiten in königlichen Menagerien, die weder ihre Führer in den Krieg trugen noch Lasten schleppten.

Im Rigveda, einer ersten Sammlung von heiligen Texten der in Indien aus Nordwesten einwandernden Aryas, die wahrscheinlich zwischen 1500 und 1200 v. Chr. komponiert wurden und die Verhältnisse im »Fünfstromland« (dem heutigen Pandschab zwischen dem pakistanischen Lahore und dem indischen Chandigarh) beschreiben, werden Jäger erwähnt, die wilden Elefanten folgen, möglicherweise um sie zu fangen. Da ist die Rede von einem disziplinierten und gehorsamen »Elefantenkönig« oder zwei »verrückten« Elefanten, die ihre Feinde angreifen, und da verfolgt Agni, der Feuergott, auf einem Elefanten reitend seine Widersacher.

Wer waren, um die Frage zu wiederholen, nun aber die sagenhaften Elefantenjäger, wer war der »Hastipa«, der »Elefantenführer«, dessen Berufsbezeichnung erstmals in den Yajurveden zwischen 1000 und 800 v. Chr. auftaucht? War er ein Kashatria, ein Krieger, der sich ausbreitenden Aryas oder ein Naga, einer jener Stammesangehörigen, die im noch nicht eroberten Süden und Osten leben, deren Totem die Kobra (Naga) oder andere wilde Tiere waren? Begeben wir uns auf der Suche in den sagenhaften Mahabarata-Krieg, der, wenn überhaupt, frü-

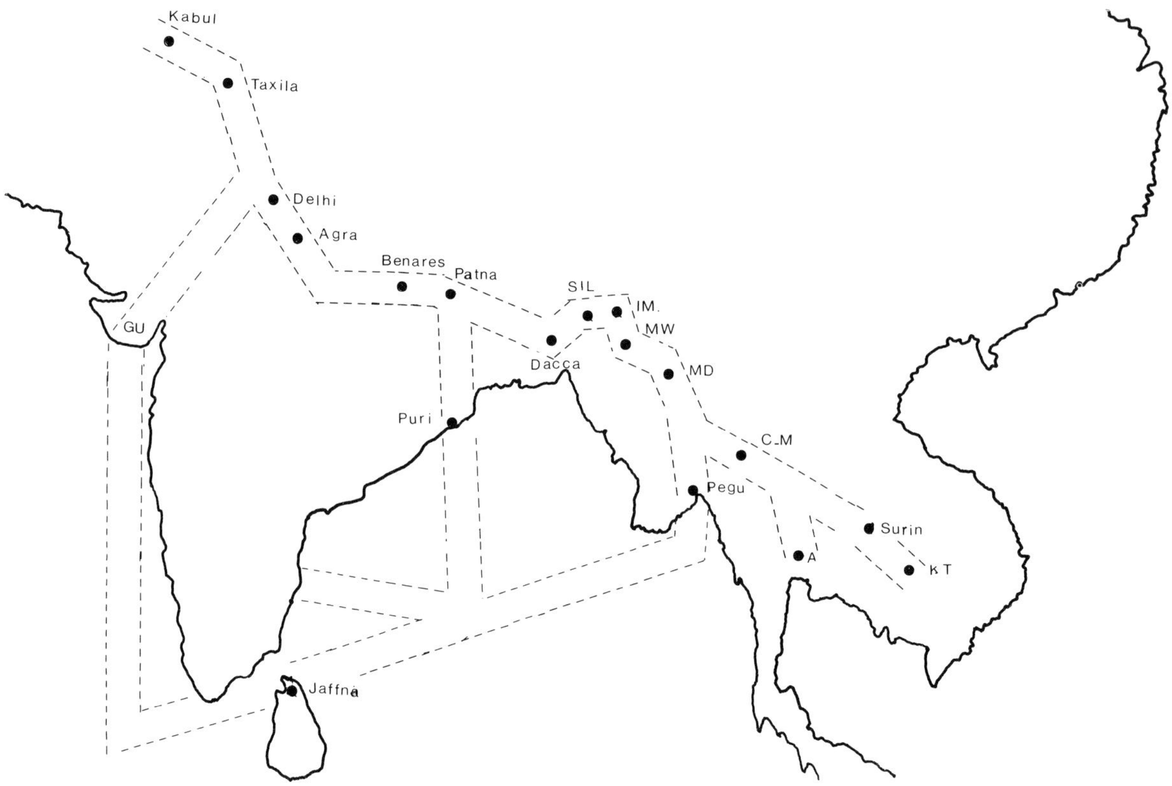

Land- und Seewege des Elefantenhandels. Bereits vor 2000 Jahren exportierten die Maurya-Herrscher aus Nord- und Nordostindien Elefanten über Taxila und Kabul nach Westen. Und noch heute finden in der Nähe von Patna jährlich drei Elefantenmärkte statt. Noch zu Beginn des 20. Jahrhunderts zogen Elefantenhändler aus Kabul nach Surin und zu anderen Fangplätzen in Südostasien, kauften Elefanten und trieben sie über Cheng Mai (CM), Mandalay (MD), Imphal (IM), Silchar (SIL) und Dacca nach Indien oder noch weiter westwärts. Die britische Armee unterhielt in Dacca ihr Zentrum für Transport-Elefanten. Diese Tiere stammten zum Teil aus Assam und Birma, beispielsweise aus dem Gebiet von Mawlaik (MW). Von dort aus rettete am Ende des 2. Weltkrieges der legendäre Elephant-Bill Menschen und Arbeitselefanten vor den vordringenden Japanern. Kurz, der uralte Elefanten-Handelsweg verband den Nordwesten Indiens mit den Elefanten führenden Hochkulturen Südostasiens, etwa Kampong Tong (KT) in Kambodscha.
Seit rund 2000 Jahren blühte auch ein reger Elefantenhandel auf dem Meer. Im- und exportierende Häfen waren in Pegu (Birma), Jaffna (Ceylon) oder Puri (Orissa). Es wurden aber auch Elefanten nach Gujarat (GU) und Südindien verschifft.
Auf dieser Karte ist nicht dargestellt, daß Elefanten aus Südostasien nach China, Java oder Bali exportiert wurden.

hestens im 7. vorchristlichen Jahrhundert stattfinden konnte, als die in Nordindien sich ausbreitenden Aryas am Yamunafluß Hastinapura (die »Elefantenstadt«) und Indraprasta (das heutige Delhi) oder, ganz im Osten am Ganges, Benares gebaut hatten. Vom Rücken der Elefanten aus kämpften vor allem die Könige von Karusha, Kalinga, Kamarupa und Maghada. Ihre Reiche lagen in den heutigen Staaten von Bihar, Orissa und Assam. Auch die Chefs der Dasarnas, der Stammesangehörigen, ritten auf den Tierriesen.

»So kann gesagt werden, daß im Osten Indiens und in den Waldbergen Zentralindiens der Kriegseinsatz von Elefanten gebräuchlicher war als im Kuru-Panchala-Land, dem Sitz der arischen Kräfte«, schließt daraus 1955 der indische Historiker B. P. Sinha: »Es ist wohl bekannt, daß nicht-arische und vor-arische Traditionen überlebten und meist im Laufe der Zeit in die arische Kultur übernommen wurden.« Er wäre nicht überrascht, wenn noch andere Beweise gefunden würden, daß nicht-indo-arische Völker den Tierriesen nutzten.

Einen lieferte Carl W. Bishop von der Universität in Pennsylvania bereits 1935 und zwar aus China. Auch hier tauchen die Tierriesen zuerst in Zusammenhang mit legendären Führern auf, etwa mit dem König Shun zu Beginn des ersten vorchristlichen Jahrtausends. Er hätte Elefanten zum Pflügen der Felder gebraucht. Am Mittellauf des Jangtsekiang, unterhalb der berühmten Schluchten, entstand im neunten oder achten vorchristlichen Jahrhundert das Barbarenreich von Ch'u und eroberte bald im Süden Honans »Yuhsiang Chou«, das »Land der sanften Elefanten«. Seine Herrscher hielten Elefanten am Hof, die sich reiten ließen.

Die Ch'u gehörten zu den T'ai- oder Schanvölkern. »Die Schans sind immer auf ganz besonders intime Weise mit den Elefanten verbunden gewesen«, weiß Bishop: »Diese Beziehung gilt auch heute noch; denn nirgendwo – auch nicht in Indien – besetzte dieses Tier einen so wichtigen Platz im Leben der Menschen wie in den Gebieten, die immer noch von Mitgliedern der Schans bewohnt werden, wie zum Beispiel Siam oder die Schan-Staaten. Das gleiche war offenbar auch in vorchristlicher Zeit der Fall, als das Gebiet der Schans im heutigen Zentralchina lag, also nordöstlich ihrer heutigen Verbreitung. Die wenigen überlebenden Zeugnisse über die Zähmung des Elefanten im alten China beziehen sich auf Gebiete, die damals unter dem Einfluß der Schan standen.«

Sogar der Begriff »Elefant« stammt in weiten Gebieten Südasiens von den Schans selbst: In Thailand heißt der Tierriese »Tschang«, in den ehemaligen britischen Schan-Staaten wird daraus »Tsang«, in Nordchina »Hsiang«, in Kantonesisch »Tsöng« und in Vietnam »Töng«. Sprachwissenschaftler leiten auch den Begriff »Gadja«, wie er in Indien, Ceylon, besonders aber in den malaiischen und indonesischen Sprachen auftaucht, von der Wurzel »Tschang« ab.

Nach allem, was ich in Erfahrung bringen konnte, standen sich im ersten vorchristlichen Jahrtausend im Kerngebiet drei Elefantenkulturen gegenüber. Eine am Jangtsekiang, eine in Nordindien und eine in Südindien und bald auch auf Sri Lanka. Alle drei haben sich gegenseitig beeinflußt. Südindische Seefahrer beispielsweise erreichten spätestens im sechsten vorchristlichen Jahrhundert die Küste Birmas und der malaiischen Halbinsel, 700 Jahre bauten die Chola-Herrscher hier beachtliche Handelsniederlassungen aus. An den Küsten Südostasiens entstanden unter indischem Einfluß die Reiche von Fun-nan und Champa. Im neunten Jahrhundert wirkten ursprünglich indische Dynastien bei der Bildung des Khmerreiches mit; und von der malaiischen Halbinsel breitete sich der Einfluß der indischen Shailendras nach Sumatra, Java und Bali aus.

Unter Einfluß weniger indischer Priester und Gelehrter entstanden Tempelstädte und künstliche Bewässerungen für ausgedehnte Reiskulturen. In diesen Zentren hielten sich die Herrscher Tausende von Kriegs- und Arbeitselefanten, die sie mit den Stammesangehörigen in den wilden Wäldern fingen. Dabei bedienten sie sich

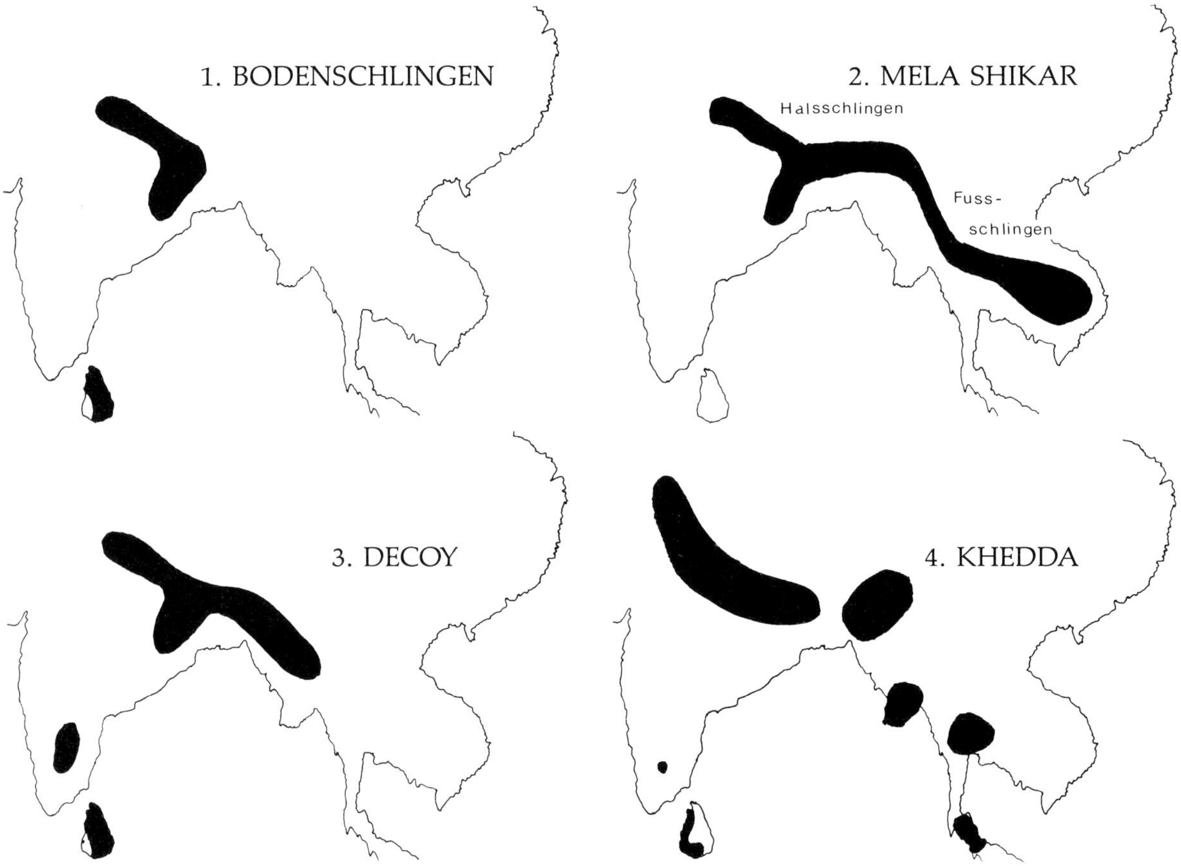

Elefantenkulturen sind möglicherweise unabhängig voneinander entstanden. Sie haben sich aber bald gegenseitig dermaßen stark beeinflußt, daß sie heute mehr gemeinsame als eigene Merkmale aufweisen. Das zeigt beispielsweise das Vorkommen vier verschiedener Fangmethoden: Bodenschlingen, Mela Shikar, Decoy und Khedda.

ursprünglicher Fangmethoden, wie sie auch Jägervölker anwendeten: Fallgruben und Bodenschlingen. Besonders mutige Fänger konnten aber auch auf zahmen Elefanten unerkannt in die Herden reiten und versuchen, wilde in Fanggehege zu locken (Decoy-Methode) oder sie wie in Südost-Thailand, Vietnam und Laos mit Hilfe eines langen Stockes an einem Hinterbein zu fesseln, beziehungsweise ihnen wie in Birma, Nord- und Nordostindien ein Fangseil über Rüssel und Kopf zu streifen (Mela Shikar). Alle diese Methoden waren lange schon gebräuchlich, bevor sich die einst in Nordindien eingewanderten Aryas und ihre hinduistischen und buddhistischen Glaubensbekenntnisse ausbreiteten. Mit Fallgruben, Boden- oder Lassoschlingen fingen jagende Bauernvölker schon wilde Elefanten, um sie zu zähmen und abzurichten, als sie im Laufe des zweiten vorchristlichen Jahrtausends vom Nutzen der Haustiere erfuhren, aber merkten, daß sich die aus den Trockengebieten im fernen Westen stammenden Pferde, Rinder, Schafe und Ziegen in den verhältnismäßig warmen und feuchten Gebieten

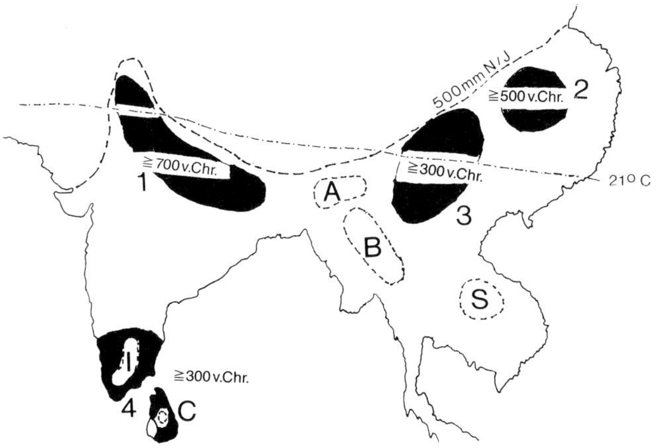

Elefantenkulturen entstanden in Gebieten mit wenigstens 500 mm Niederschlägen pro Jahr (N/J) und meistens in Zonen mit einem jährlichen Temperaturmittel von 21° C oder mehr. Erste Elefantenzentren lagen in Nordindien (1) und am mittleren Jangtsekiang (2). Das war spätestens im 7. bzw. im 5. Jahrhundert v. Chr. Doch bereits spätestens im 3. Jahrhundert v. Chr. wurden auch im Gebiet des heutigen Yünnan (3), in Südindien und auf Ceylon (4) Elefanten planmäßig eingefangen, gezähmt und geritten. Heute liegen die Zentren in Südindien (I), Assam (A), Birma (B), Ostthailand (S) und auf Sri Lanka (C).

nicht oder nur bedingt eigneten, und sich an einheimische Arten hielten. Etwa zur gleichen Zeit, in der sie mit Wasserbüffel, Gaur und Banteng experimentierten, begannen sie auf Elefanten zu reiten, hetzten sie wie die Stammesfürsten gegen die Kriegerhorden der nordindischen Stadtstaaten oder spannten sie wie der sagenhafte Kaiser Shun am Jangtsekiang vor den Pflug.

Elefantenkultur ist keine »arische Erfindung«, wie immer wieder zu lesen ist. Die Aryas übernahmen von Stammesangehörigen lediglich die Traditionen, verfeinerten sie, und schon früh ritten ihre beiden ersten wichtigen Götter, Agni und Indra, auf Elefanten.

Indras Elefant heißt Airavata. Er verkörpert Gewitterwolken, Blitze, das Grollen des Donners, den Regen und leitet eine neue Ernte ein. Kein Wunder: So wie heute noch die letzten wilden Elefanten zu Beginn der Regenzeiten ihre Aufenthaltsorte in Bergen und Hügeln verlassen, mußten sie einst in großer Zahl plötzlich in den Tälern erschienen sein, wenn Flüsse über die Ufer traten und Weiden und Felder der Aryas düngend überschwemmten. Der Regengott Indra tötete die Dämonen Sambara, Pipru, Arasanas und Sushna, faßt der indische Historiker Kosambi zusammen, »die möglicherweise Personifikationen der Dürre sind«.

Indras Elefant Airavata wurde später selbst zum tief in der Volksseele verwurzelten Symbol des Regens. Die indische Landbevölkerung feierte zu Beginn der Regenzeit Indramaha, das Indrafest. In Kavipumapttinam (dem heutigen Puhar), der Hauptstadt des Chola-Reiches, zum Beispiel beteten und opferten Gläubige an Schreinen für Airavata, den göttlichen Regenbringer.

Auch in der buddhistischen Literatur tritt der Elefant, ganz besonders der »Weiße Elefant«, als Regenbringer auf. Er begleitet übrigens auch Sri, die Göttin von Fruchtbarkeit, Reichtum und Überfluß. Sri, so ist bereits im Mahabarata nachzulesen, lebt in Jungfrauen, Opfern, Regenwolken, Gewässern voller Seerosen, Königsthronen und eben Elefanten.

Zweifellos ist der Tierriese eine »Zeigerart«, deren zahlreiches Vorkommen Bodenfruchtbarkeit verspricht. Dafür ist auch Ganesha, halb Mensch, halb Elefant, Gott der Gelehrsamkeit und des Neubeginns, ein Symbol. Der Elefantenköpfige und Dickbäuchige trägt Getreide und ein Mutterschaf im Arm, thront von Schätzen umgeben, und Reis klebt an seinem einzigen Stoßzahn. Elefantenköpfige Götter, so der amerikanische Elefantenforscher Ivan T. Sanderson, waren einst selbst auf Java und in China bekannt. Der von den Aryas begründete Hinduismus vereinte sie im 6. oder 7. Jahrhundert zu Ganesha.

Ganesha war und ist heute noch mehr: Er trägt nämlich auch den Ankus, den Elefantenhaken, und die lederne Fangschlinge. Sie symbolisieren seine Macht über den gefährlichen Tierriesen. »Deshalb hilft Ganesha, der Elefantenköpfige, immer dem einfachen Menschen«, berichten Jeffrey A. MacNeely und Paul Spencer Wachtel, zwei Experten des WWF. »Er vermittelt allen in Not Geratenen Kraft, Selbstvertrauen und Mut des Herrn der Wälder.« In der Tat: Ganesha taucht immer wieder in den kaum verständlichen Zauberformeln auf, die Jäger und Fänger in äußerster Not einem anstürmenden Elefanten entgegenschreien. Ein Bildnis von ihm brauchen sie dabei nicht einmal bei sich zu tragen. »Eine winzige Erdkrume umwickelt mit heiligem rotem Faden nimmt schon seine Form an«, meint der indische Historiker S. K. Gupta: »Das macht ihn für die Gläubigen jederzeit und überall gegenwärtig.« Was wohl auch nötig war; denn wo Reis im künstlichen Wasserbett wuchs, waren Elefanten nie weit.

Bauern hatten ihren Glauben, den Mut der Verzweifelten, Trommeln und gelegentlich Feuer, um Elefanten von den Feldern fernzuhalten. Töten durften sie den Tierriesen nicht. In zwei Weltreligionen verschafften die Aryas dem Rüsseltier seinen zu verehrenden Platz. Fang war überall, wo Buddhismus und Hinduismus Fuß faßten, Monopol der Königskasten, und sie verlangten nach großen Beständen.

Dazu reichten offenbar die traditionellen Fangmethoden der Stammesbevölkerung nicht aus. Jedenfalls erschienen mit den ersten Berichten im dritten vorchristlichen Jahrhundert deutliche Hinweise auf die Khedda- oder Kralfangmethode, bei der ganze Herden in ein großes Gehege gelockt oder getrieben wurden. (Auf diese Art des Elefantenfangens komme ich später noch ausführlich zurück.)

Große Elefantenbestände waren mit ungeheuren Kosten verbunden, besonders wenn die Tierriesen intensiv und fernab ihrer natürlichen Vorkommensgebiete eingesetzt wurden. Arbeit verlangt Energie und Zeit. Wildlebende Elefanten verwenden nun aber den weitaus größten Teil ihres Alltages mit Nahrungsaufnahme. Durch entsprechend leichtverdauliche Zusatzfütterung versuchten die Elefantenmenschen seit alters her den Verlust an natürlicher Nahrung zu kompensieren. Sie mußte auch besonders energiereich sein, also besonders viele Kohlehydrate und Fette enthalten.

»Wenn der Elefant gebadet hat, gebe man ihm gekochten Reis vermengt mit Bohnen, Zuckerrohrsaft und Butter zu essen. Und zu trinken Wasser mit Zucker versetzt und reiche ihm Zuckerrohr, das ihn freut«, empfiehlt schon vor mehr als 2000 Jahren Nilakantha. Da ist weiter die Rede von »Weizen und Gerste, gedämpft und mit Melasse und zerlassener Butter versetzt«, oder von »Gerstengrütze mit Rohrzucker und zerlassener Butter«. Die Rezepte wurden weitgehend von den Sultanen in Delhi, den Mogulkaisern und später den Briten übernommen.

Geändert haben sich auch die hohen Kosten für derartige Leckereien nicht. Al-'Umari, ein arabischer Reisender, der um 1340 n. Chr. Nordindien besuchte, kam zum Schluß, daß »zur Bezahlung des Futters der 3000 Elefanten von Muhammad bin Tuqhluq die Pfründe eines großen Königreiches kaum ausreichten.« Nach den Angaben von Kapitän Hawkins und John Jourdain, die zur Zeit der Regierung des Großmoguls Jahangirs (1605–1624) in Agra weilten, kostete der Unterhalt der Elefanten täglich zwischen 50 000 und 70 000 Rupien. Die Pil-Khana, der Elefantenstall, war zu allen Zeiten des alten Indiens Maßstab für das Wohlergehen des Staates.

Wie ich noch ausführen werde, war die Lebenserwartung der gefangenen Elefanten gering. Die Herrscher mußten also dauernd ihre Bestände ergänzen. Das konnten sie durch Fangaktionen – jedenfalls solange, bis die Reserven erschöpft waren. Danach besorgten sie sich die wertvollen Tierriesen als Kriegsbeute bei ihren Nachbarn oder ließen sie von ihren Vasallen als Tribute liefern.

Warum, so mag man sich fragen, wurde der Elefant aber nie wie Wasserbüffel, Rind oder Pferd zum Haustier? Warum züchteten die Elefantenmenschen den Tierriesen nicht planmäßig? Die häufigste Antwort lautet: Es war ganz einfach billiger, junge kräftige Tierriesen einzufangen und sie in wenigen Monaten abzurichten, als eine trächtige Kuh in den letzten Schwangerschaftsmonaten und der ein- bis zweijährigen Stillzeit von der Arbeit freizustellen und das Jungtier bis ins arbeitsfähige Alter von sieben Jahren zu füttern und zu betreuen. Zudem schließen sich einer Hochschwangeren – wie bei Elefanten üblich – eine oder zwei Tanten an, die sie bei der Geburt und Aufzucht des Jungen unterstützen. Auch diese Tanten mußten, wohl oder übel, von der Arbeit freigestellt werden. Nachzucht im Camp von Kriegs-, Arbeits- und Transportelefanten war ohne Zweifel mit ökonomischen Einbußen verbunden.

Auch die Jäger von Darlac und anderen Gebieten von Vietnam, Kambodscha und Ostthailand versuchten bei ihren Jagdelefanten Schwangerschaften zu verhindern. Sie erzählten William Bazé, derartige Vorfälle brächten größtes Unheil über die Dörfer. »Jeder Elefanten-Besitzer überlegte deshalb zweimal«, berichtet Bazé, »und da es nun keine Keuschheitsgürtel gibt für Elefanten, mußte er zwangsläufig jeden Schritt des brünftigen Weibchens überwachen. Er ließ sie von Pflegern begleiten und hobbelte nachts nicht – wie sonst üblich – ihre Vorder-, sondern ihre Hinterbeine.« (Die Vulva liegt bei Elefanten am Hinterbauch.) So konnten sich derart gefesselte Weibchen nicht paaren.

Transport von Kriegselefanten und Kavallerie auf dem Seeweg von Nordindien nach Ceylon. Wandmalerei in der Höhle XVII von Ajanta; ca. 500 n. Chr. (aus Schlingloff 1982)

Welche wichtige Bedeutung das Tabu hatte, merkte Bazé, als er selbst auf Elefantenfang zog: »In einer Gruppe von Jagdelefanten hat jeder seinen ganz bestimmten Platz wie das Mitglied einer Rugby- oder Baseballmannschaft«, meint er. »Ein Weibchen mit einem Neugeborenen ist ein Verlust für das eingespielte Team; er ist um so schwerwiegender, wenn es sich um ein besonders abgerichtetes Tier handelt. Es wird nämlich für Jahre Sklave seines Kindes, von dem es nicht getrennt werden kann, und steht folglich unbeschäftigt herum. Mehr noch: Das Kalb ist bedeutungslos für den Besitzer, da es für die kommenden 20 Jahre nicht eingesetzt werden kann.«

»Es gibt keinen vernünftigen Grund, warum wir Elefanten in Gefangenschaft züchten sollen«, hält Bazé fest, »solange wir so viele wilde Elefanten fangen können, wie wir gebrauchen. Die Savannen am La Nga, die Sümpfe von Plao-Wien und Bih, die Wälder von Kambodscha und

Laos versorgen das Land mit genügend erwachsenen Elefanten.« So oder ähnlich war es vielerorts in Südasien vom Beginn der Elefantenkulturen bis zum Beginn des 20. Jahrhunderts.

Deshalb erstaunt auch der Kommentar von Heinrich Zimmer nicht, der das wenigstens 2000 Jahre alte Matalingalila, das »Spiel um den Elefanten« des Nilakantha und Auszüge aus Hastiuyerveda, dem großen Corpus der aus dem klassischen Altertum von Nordindien stammenden Elefantenmedizin übertragen hat: »Die indische Elefantenmedizin enthält zwar zwei theoretische Kapitel über Embryologie und Schwangerschaft – in enger Anlehnung an die menschliche Embryologie, aber keinerlei Ratschläge für die Pflege der tragenden Elefantin, für die Aufzucht des Neugeborenen, keinerlei Lehre über Zucht und was dazugehört. Die Könige ergänzten ihre Bestände an Elefanten für ihre magische Funktion und ihre Verwendung in Prunk und Krieg aus der Wildnis, wo besondere Schutzgebiete für die Tiere vorgesehen sind.«

Auch Aristoteles, der Lehrer des Indienerobeerers Alexander des Großen, weicht in seiner »Tierkunde« vom Thema ab, berichtet offensichtlich, was er von den Pflegern der durch Alexander erbeuteten Elefanten in Erfahrung bringen konnte: »Auch die Elefanten werden um die Zeit der Begattung wild, daher auch die indischen Elefantenzüchter, wie es heißt, sie nicht zu den Weibchen zulassen. Denn sie gerieten in dieser Zeit in solche Wut, daß sie ihre schlecht gebauten Häuser umstürzen und sonst viel Unfug anrichten. Übrigens soll man sie auch durch reichliches Futter sanfter erhalten können. Außerdem läßt man auch andere Elefanten auf sie los, welche abgerichtet sind, sie zu züchtigen und durch Schläge unterwürfig zu machen.«

Weil sich im Altertum und Mittelalter Elefanten in den Ställen der Herrscher nicht fortpflanzten und Wissenschaftler damals offenbar nicht wußten, daß Paarungen und Geburten bei Elefanten, die fernab der Städte bei Stammesbevölkerungen lebten, durchaus möglich waren, blieb dem Tierriesen der Ruf der Keuschheit oder besonderer Schamhaftigkeit lange treu. Diesen Ruf genoß er auch in den christlichen Tierallegorien. Ihre klassische Quelle, der »Physiologos« aus dem zweiten nachchristlichen Jahrhundert, meint: »Es gibt ein Tier, genannt Elefant. Dieses Tier hat nichts von der Begierde der Begattung.«

Ohne Zweifel nahmen ihm die Bedingungen, unter denen der gezähmte Tierriese, vor allem die Bullen, häufig in Menschenobhut leben mußte, die »Begierde«. Wie dies im einzelnen geschah und immer noch geschieht, werde ich später noch beschreiben. Doch keine Regel ohne Ausnahmen: Robert Knox, ein englischer Seemann, der nach einem Schiffbruch 1620 in langjährige Gefangenschaft bei Rajasingha II., dem König von Kandy geriet, meinte in seinen Memoiren 1681: »Die Singhalesen züchten nie gefangene Elefanten untereinander.« Von den Staatselefanten am Hofe des Königs weiß er dagegen: »Die Singhalesen binden aber den Weibchen die Vorderfüße zusammen, stellen sie in den Wald, wo sie beschlagen werden. Später führen sie dann ein Jungtier.« Auch in Kambodscha, Malaysia, Thailand oder Birma waren meist Wildbullen die Väter von in Menschenobhut geborenen Jungtieren.

In Birma, so berichtet J. H. Williams, der legendäre Elephant-Bill, seien vor dem Zweiten Weltkrieg rund 70 Prozent der damals 6500 Arbeitselefanten in Menschenobhut geboren worden. U Toke Gale listet zwischen 1948 und 1964 aus burmesischen Arbeitselefantencamps 967 Geburten auf. 1980 sollen in Birma – so John Blower von der FAO – jährlich noch fünf von 100 erwachsenen Elefantinnen in Menschenobhut ein Junges geboren haben. Bei einem Geburtenintervall von vier oder fünf Jahren, wie es bei ungestört lebenden Wildelefanten üblich ist, müßten es vier- oder fünfmal mehr sein. Auch in Südindien werden Junge von Arbeitselefantinnen geboren. Zwischen 1926 und 1984 lebten beispielsweise in Karnataka, dem früheren Mysore-Staat, insgesamt 170 Elefanten in Holzfällerlagern. Davon wurden 24 oder einer von sieben in Gefangenschaft geboren. Im benachbarten Tamil Nadu, dem früheren Madras Staat, sind in der gleichen Zeit 690 Arbeitselefanten registriert worden, davon 165 (24 %) Gefangenschaftsgeburten. In den letzten Jahren stieg in Südindien die Rate der von zahmen Elefanten geborenen Jungtiere deshalb noch an, weil es kaum noch Arbeit für die Tierriesen gibt und diese länger unbeobachtet im Dschungel verweilen.

Obwohl Sri Lanka nie durch Nachzucht von gefangenen Elefanten auffiel, ist die Insel ein klassisches Elefantenland. Dies nicht nur wegen seiner zahmen Tierriesen. Sri Lankas Elefanten beeinflußten während Jahrhunderten die Geschichte der Insel. Umgekehrt waren Sri Lankas Naturschützer in diesem Jahrhundert zu Vorbildern für weite Gebiete Südasiens geworden. Deshalb möchte ich im folgenden Kapitel auf die Tierriesen der Insel im Süden des indischen Subkontinentes eingehen.

Bis um 1900 galt Sri Lanka als bedeutendes Zentrum für Fang, Haltung und sogar Export von Elefanten. Die Kunst des Elefantenführens geht auf Hindustämme zurück, die im 6. vorchristlichen Jahrhundert vom indischen Festland aus die Insel eroberten und dabei die Ureinwohner der Insel, die Weddas, allmählich verdrängten. Der Bau der riesigen Tempelstädte und Pagoden von Anuradhapura und Polonnaruva sowie die ausgeklügelten Systeme von Stauseen und Kanälen waren nur möglich dank des Einsatzes unzähliger Arbeitselefanten, die zum Roden der Wälder, Schleppen von Lasten und Feststampfen der aufgeschütteten Erd- und Geröllmassen eingesetzt wurden.
Selbstverständlich spielten die Elefanten von damals auch in den Kriegen zwischen verfeindeten Prinzen eine ausschlaggebende Rolle, wovon die singhalesischen Heldenlegenden zeugen. Von der Kriegstüchtigkeit der Ceylonelefanten berichtete auch Onesicritus, ein Offizier aus dem Heer Alexanders des Großen (356–323 v. Chr.). Er hielt die Rüsseltiere von der Insel sogar für größer und stärker als alle anderen Asiatischen Elefanten. Kennengelernt hatte er sie wohl auf Schlachtfeldern Indiens. Die Ceylonesen, so hielt Megasthenes im 3. Jahrhundert v. Chr. fest, exportierten die gezähmten Riesen auf speziell zu diesem Zweck gebauten Booten nach Indien. Ja, die Tierriesen wurden sogar bis in den Mittelmeerraum verfrachtet, so etwa nach Rom. Dort empfing Kaiser Augustus (63 v. Chr.–14 n. Chr.) eine südindische Delegation, die ihm unter anderem auch gezähmte Ceylonelefanten überbrachte.
Auch im Mittelalter blühte der Elefantenhandel auf Sri Lanka. Davon berichten die singhalesischen Chroniken: Cosmas im 6. Jahrhundert, der portugiesische Pater Ocerico im 14. Jahrhundert und der Reisende Ibn Batuta aus Tanger sowie im 15. Jahrhundert Nikitin, ein russischer Reisender.
Fang und Handel waren Monopol der Königshäuser. Um 1505 entstanden die ersten portugiesischen Handelsniederlassungen an der Küste Sri Lankas. Als die aufstrebende Seemacht zu Beginn des 17. Jahrhunderts die Herrschaft über einen Teil der Insel, das Reich von Kotte, übernommen hatte, wurde den Portugiesen am 3. Januar 1612 auch das Elefantenmonopol übertragen. Von nun an hatten sie nicht nur das alleinige Recht, Elefanten fangen zu lassen und zu verkaufen, ihnen unterstanden auch die mit dem Fang und der Haltung vertrauten Volksgruppen und Kasten: die Pannikiyas, die mit Hilfe von Schlingen aus Hirschsehnen wilde Elefanten jagten, die Kuruve, die für die gefangenen Elefanten verantwortlich waren, und die Pannayas, die während der Fangaktionen die nötigen Futtermengen zu beschaffen hatten. Gemäß des Handelsvertrags mit den singhalesischen Herrschern hatte die portugiesische

Der Maligawa Tusker, ein mächtiger mit Stoßzähnen bewehrter Bulle, schreitet während der Esala Perahera von Kandy zwischen zwei kleineren Bullen. Auf seinem Rücken trägt er ein heiliges Relikt.

Krone das Recht, jährlich 37 Elefanten zu fangen. Diese verkauften sie nach Indien. Der Erlös aus dem Elefantenhandel stand hinter dem Erlös aus Zimt und Arekanüssen an dritter Stelle des Exporteinkommens.

1638 ließen sich auch die Holländer auf Sri Lanka nieder und verdrängten die Portugiesen. Ihre Ostindische Kompanie verlangte schon bald nach mehr Elefanten.

Die Portugiesen, so scheint es, hatten die altüberlieferten Fangmethoden der einheimischen Spezialisten kaum beeinflußt. Sie legten Schlingen oder ritten mutig mit zahmen Elefanten mitten in wilde Herden, in denen sie geeignete Tiere isolierten und dann fesselten. Noch viel einfacher verlief die Jagd offenbar mit Pferchen, den sogenannten »corales«, in die wilde Bullen mit Hilfe zahmer Elefantenkühe gelockt wurden. Alle diese Methoden aber erschienen den neuen Kolonialherren zu wenig erfolgreich. Aus den »corales« wurden die Krals, stabile Bauten aus vier Meter hohen Holzpalisaden. Überall dort, wo Holländer siedelten, wurden diese festinstallierten, fußballfeldergroßen Fanganlagen gebaut. Hunderte von Treibern konnten so ganze Herden fangen. Die beiden Gewährsleute La Combe und Strachan erwähnen in den Jahren 1681 und 1690 Fangziffern von 13, 104, 160 und gar 240 Elefanten bei jeweils einer einzigen Aktion.

1796 beendeten die Briten die niederländische Herrschaft über Sri Lanka und gliederten 1815 die gesamte Insel in ihr Weltreich ein. Selbstverständlich übernahmen sie auch das Elefantenmonopol. Elefantenkrals entstanden nun praktisch überall. Bis zu 400 Elefanten wurden pro Aktion gefangen. Emerson Tennent, der hervorragende englische Naturforscher, erwähnte 1861, daß von 138 gefangenen Elefanten 35 innerhalb des ersten halben Jahres starben; 37 lebten nicht länger als ein Jahr, 14 weitere gingen im zweiten Jahr ein, und nur 16 konnten länger als zehn Jahre gehalten werden. Bei einer Kralaktion, die zwischen dem 8. und 17. Oktober 1829 stattfand, überlebten zum Beispiel von 90 Frischfängen lediglich 35.

Allerdings waren nicht überall dort, wo die Engländer den Fang von Asiatischen Elefanten kontrollierten, die Verlustziffern dermaßen hoch. In Birma und Südindien betrugen sie lediglich 15 bis 20 Prozent. Sorgfalt im Umgang mit den empfindlichen Tierriesen im Teakgeschäft machte sich hier nämlich mehr als bezahlt, wie ich später berichten werde. Auf Sri Lanka ging es in erster Linie aber nicht darum, Elefanten als Arbeitstiere abzurichten. Ganz im Gegenteil: Die Kralfängerei war die effektivste Methode, den Bestand der nimmersatten Pflanzenfresser, die in den neuentstandenen Pflanzungen ungeheure Schäden anrichteten, zu dezimieren. Vor diesem Hintergrund erklärt es sich auch, warum die Tiere nicht ausreichend gepflegt wurden.

Elefantenfang artete manchmal aber auch zum Spektakel aus. So wurden Kralaktionen inszeniert zu Ehren gekrönter Häupter und anderer hochgestellter Persönlichkeiten, die die Insel besuchten. Bei solchen Gelegenheiten traf sich dann die feine Gesellschaft. Während die Treiberscharen in tage- und oft wochenlangen gefährlichen Fußmärschen die umzingelten Elefanten auf die Stockade zujagten und dabei versuchten, ihnen den Weg zum Wasser abzuschneiden, vergnügten sich die Herrschaften mit Pferde- und Elefantenrennen. Sie lebten in der »Kraltown«, einer vorübergehend aufgebauten Siedlung mit komfortablen Unterkünften, Bars und einem Postoffice. Höhepunkt der Veranstaltung war selbstverständlich der Augenblick, in dem die erschöpften Wildelefanten, gejagt

Ein Schlingenfänger aus Sri Lanka zeigt, wie einst Elefanten gefangen wurden. Eine Schlinge umschließt ein getarntes Loch. Tritt der Elefant mit einem Fuß durch diese Schlinge, dann reißt ein Faden (links unten) und die Schlinge zieht sich zusammen.

vom Lärm der Treiber und von Flintenschüssen, in die Arena preschten. Dort ließ man sie für eine kurze Zeit an einem kleinen künstlichen Wasserloch den Durst stillen, bevor der zweite Teil des Spektakels begann: das Fesseln der Wildfänge. Dies geschah mit Hilfe besonders großer und gut abgerichteter Arbeitselefanten, den sogenannten »Monitoren«. Von einer Tribüne aus verfolgten die Gäste die lebensgefährliche Arbeit der mutigen Pannikiyas, die mit Seilschlingen die sich verbissen wehrenden Elefanten fesselten. War der letzte überwältigt und mit Hilfe der Monitoren abgeführt worden, kehrten die Gäste heim. Kaum einer ahnte von den großen Verlusten in den kommenden Tagen. Viele Elefanten starben an Erschöpfung, andere erlagen langsam den Gewehrschüssen, mit deren Hilfe sie in den Kral getrieben worden waren, und viele gingen an Infektionen zugrunde, weil ihnen die Fangschlingen durch Haut und Muskeln bis auf die Fußknochen schnitten.

Erst in der Mitte unseres Jahrhunderts hat sich die Lage geändert. Als 1944 nach längerer Fangpause wieder eine Kralaktion angekündigt wurde, ging ein Sturm der Entrüstung durch die ceylonesische Tagespresse, der vorübergehend sogar die Meldungen über das Kriegsgeschehen von den Titelseiten verdrängte. Die Gegner des Elefantenfangs warfen den Organisatoren nicht nur die erfahrungsgemäß hohen Todesraten vor, sondern auch die enormen Kosten für den Bau des Krals und der Unterkünfte für Treiber und Fänger. Diese berüchtigte Kralaktion von Panamure war nicht nur die zweitletzte – die letzte wurde später ebenfalls in Panamure abgehalten –, sie endete auch in einem kompletten Fiasko. Es ist nie geklärt worden, ob überhaupt eines der wenigen gefangenen Tiere überlebt hat.

Dieser Fehlschlag brachte endlich die Wende zugunsten der letzten wildlebenden Ceylonelefanten. Namhafte Persönlichkeiten der Regierung und die Wildlife Protection Society of Ceylon begannen sich um das Schicksal der Tierriesen zu kümmern. Durch den Kralfang waren die Elefanten vor allem im Westen der Insel verfolgt und dezimiert worden. Als aber die britischen Kolonialherren zwischen 1870 und 1880 das zentrale Hochland rodeten, um zunächst Kaffee und später den bald weltberühmten Tee anzubauen, setzte eine verheerende Vernichtungswelle ein: die Jagd. Die Herden, die den Schlächtereien in den Bergen entkommen waren, flohen in die heißen Trockengebiete im Osten der Insel. Aber auch dort stellte man ihnen nach. Denn die Elefantenjagd war rasch zum Sport geworden, und zwar zu einem äußerst gefährlichen. Die britischen Großwildjäger und die ihnen nacheifernden ceylonesischen Feudalherren erlegten zu Fuß und mit einschüssigen Vorderladern an einem Tag oft Dutzende von Elefanten. Als Initiator der Elefantenjagd gilt vor allem Sir Samuel Baker (1821–1893), der spätere Erforscher der Nilquellen und Entdecker des Albertsees (1864). Vor seinen Afrikaexpeditionen lebte er als erfolgreicher Pflanzer und Jäger auf Sri Lanka. Seine Bücher wurden in Jäger- und Abenteurerkreisen schon bald zu Bestsellern, und mit Recht schreibt der Verleger der vorläufig letzten Auflage von »Eight Years in Ceylon« (1966), Baker habe während seines Aufenthalts auf der Insel mehr Elefanten erlegt, als es dort heute insgesamt noch gebe. Aber Baker war nicht der einzige Rekordjäger. Besonders die Offiziere des englischen Heeres verzeichneten ungeheure Strecken. Ein Major Rogers soll über 1400 Elefanten erlegt haben, ein Captain Gellway und ein Major Skinner, der Straßenbauer, je etwa 700 der Tierriesen.

Der Bestand an Ceylonelefanten schmolz rasch. Um die Jahrhundertwende betrug er, je nach Gewährsmann, zwischen 2000 und 5000 Tieren. Aber auch diese Vernichtungswelle konnte gestoppt werden. Um die Überlebenden und damit die Art auf der Insel zu schützen, wurden drei Reservate eingerichtet. Neben dem 1937 gegründeten Rhunnu- oder Yala-Nationalpark im Süden – dem angeblich ältesten derartigen Reservat in Asien – entstanden Wilpattu im Norden und Gal Oya im Osten der Insel. Daneben wurden Reservate geschaffen, in denen der Wald zwar weiterhin genutzt werden konnte, das Wild aber nicht angetastet werden durfte. Die Bemühungen des neugegründeten Department of Wildlife und der Nature Protection Society sind Hilfe in größter Not. Denn seit Sri Lanka 1948 zu einem selbständigen Mitglied des Commonwealth geworden ist, haben sich seine Regierungen ehrgeizig das Ziel gesteckt, das Land innerhalb kürzester Zeit autark zu machen. Deshalb droht den Elefanten bis heute eine neue Vernichtungswelle. Der größte Teil des Dschungels auf der Osthälfte der Insel und damit ein bedeutender Teil des noch verbliebenen Rückzugsgebiets soll Reisfeldern, Zuckerrohrplantagen und Gemüsekulturen weichen.

Der »Wilde Osten« Sri Lankas ist deshalb schon bemerkenswert, weil er seinen sprichwörtlichen Wildreichtum im Grunde genommen alten Hochkulturen verdankt. Das tönt unglaublich und bedarf deshalb der Erklärung: Die seit dem 6. vorchristlichen Jahrhundert aus Nordindien eindringenden Eroberer siedelten in den Einzugsgebieten der großen Flüsse im Norden und Osten, auf jenen drei Vierteln der Insel, die eigentlich von Natur aus lebensfeindlich sind. Denn das zentrale Hochland verwehrt hier den laubwerfenden Wäldern zwischen April und September den Regen des Südwestmonsuns. Seine Stürme entläßt es vielmehr als trockenheißen Kachan-Wind. Unter seinem Regime verdorren Flußbette und Wälder. Lebensnotwendiges Naß bringt dann zwischen November und Januar der Nordostmonsun aus dem Golf von Bengalen, wenn er nicht ausfällt, was häufig genug der Fall ist.

Wie sich das an und für sich fruchtbare Land in Trockengebieten urbar machen läßt, wußten die Eroberer bereits aus ihrer nordindischen Heimat. Als Reisbauern hatten sie dort bereits gelernt, die nährstoffreichen Fluten unbändiger Bäche und Flüsse zu zähmen, hinter Erdwällen zu stauen und während niederschlagsloser Jahreszeiten auf ihre Felder zu leiten. So besiegten sie mit vorerst kleinen Dämmen die lang anhaltende Trockenzeit und gelegentlich verheerende Überschwemmungen. Allein im heutigen Distrikt von Anuradhapura und der Nordprovinz kartierte das Vermessungsdepartement Sri Lankas unlängst 11 000 kleine Stauseen von rund einem Hektar Oberfläche.

300 Jahre v. Chr. entstanden bei Anuradhapura, der damaligen Hauptstadt, zwei große Stauseen. Kriege mit den indischen Cholas verhinderten den Bau weiterer großer Tanks. Im 3. Jahrhundert n. Chr. ließ König Mahasena südlich von Anurdhapura mit 15 Meter hohen Erdwällen vier künstliche Seen aufstauen: Kaudulla, Hurula Wewa, Mahagalla Wewa und den berühmten Minneriya-Tank, der bis heute überdauert hat. Diese Gewässer hatten sechs bis zehn Quadratkilometer Oberfläche, die anderthalbmal so große Gebiete auch noch bewässerten, wenn der Nordmonsun einmal ausfiel.

1070 n. Chr. wurde Polonnaruva Hauptstadt. In der Nähe ließ König Pakrama I. der Große mit einem 15 Kilometer langen, gelegentlich 17 Meter hohen Erdwall einen neun Kilometer langen und vier Kilometer breiten künstlichen See aufstauen. Dieses Pakrama-Samudra war das größte von unzähligen Reservoirs, die im 12. Jahrhundert überall im Reich des mächtigen Königs jährlich zwei Reisernten ermöglichten. Doch nach dem Tode Pakramas begann der Zerfall. In 28 Jahren lösten sich 15 Könige ab. Keiner mehr wurde Herr über Millionen von Bauern, Landarbeitern und indischen Söldnern, keiner war ränkeschmiedenden Prinzen, Priestern und Beamten gewachsen. Fortwährende Bürgerkriege banden jene Kräfte, die für den Unterhalt von Dämmen, Schleusen und Kanälen notwendig gewesen wären. Schließlich brach der Erdwall, der die Fluten des Pakrama-Samudras zurückhielt. Lange Trockenzeiten, gelegentliche Überschwemmungen, Hungersnöte, Pest und Malaria geißelten die Menschen. 1213 gaben die Überlebenden das Reich von Polonnaruwa endgültig auf und zogen sich ins Hochland zurück, rangen hier dem Regenwald Felder, sogenannte Chenas, ab und gaben so den Boden den heftigen Monsunregen preis. So trugen Bäche und Flüsse immer mehr fruchtbaren Boden von steilen Flanken in die Staubecken in den Tiefländern der Trockenzone und leiteten deren Verlandung ein. Hinter den Erdwällen wuchs bald dichtes, doppelt mannshohes Gras auf feuchtem, fruchtbarem Boden. Der Dschungel legte seinen grünen Mantel über Pagoden und Tempelanlagen, Lustgärten und Paläste.

Bei Anuradhapura und Polonnaruva und überall im verlassenen Kulturland verdichteten sich die Bestände wilder Elefanten, ebenso an der Südostküste. Darüber schrieb der spanische Kartograph Cypriano Sanchez 1560: »Königreich von Yala, verlassen und unbewohnt seit 300 Jahren, da ungesund.« Zeitgenossen vermerkten auf seiner Karte: »Yala ist der Ort, wo sie Elefanten fangen.« Lahugala im Norden von Yala, wo sich seit Jahrhunderten in der sommerlichen Trockenzeit fünfzig- bis hundertköpfige Elefantenherden versammeln, verdankt seinen Wildreichtum zwei uralten verlandenden Stauseen. Kurz: Die vom Menschen veränderte Landschaft machte die einst so lebensfeindliche Trockenzone für Elefanten und viele andere Wildtiere zum Paradies. Das sollte sich wiederum ändern: Ende des 19. Jahrhunderts begannen die britischen Kolonialherren, alte Stauseen zu restaurieren und Bauern in der Trockenzone anzusiedeln. Seit seiner Unabhängigkeit (1948) versucht Sri Lanka mit Staudammprojekten im Osten selbstversorgend zu werden. Nach Fertigstellung des Gal-Oya-Projektes begann 1979 das ehrgeizigste Unterfangen, die Aufstauung des größten Flusses, des Mahaweli.

Das »Accelerated Mahaweli Development Program« ist ein Projekt der Superlative. 1986, sieben Jahre nach Beginn, waren bereits vier große und zwei kleinere Stauseen gebaut, 120 Quadratkilometer Wald- und ehemaliges Ackerland überschwemmt. Tunnels und Kanäle verbinden Stauseen und verteilen die Fluten für Kraftwerke und Bewässerung auf einer Agrarfläche, die einmal 3600 Quadratkilometer umfassen und wenigstens 200 000 Familien ernähren soll. Damit sind Konflikte zwischen wilden Elefanten, die Reis- und andere Kulturen zerstören, und Siedlern programmiert.

Aber immerhin: Sri Lankas Naturschützer schliefen nicht und rangen den Planern ein beachtliches System von Reservaten ab. So etwa Somawathiya (210 km^2), Wasgamuwa (338 km^2), Madura-Oya (515 km^2), Trikomadura (250 km^2) und Minneriya-Giritale (420 km^2). Der Floodplain-Nationalpark (8210 km^2) folgt dem Mahaweli durch die Tiefebene und schließt den Lebensraum der sagenhaften, großwüchsigen »Sumpfelefanten« ein. Zudem sollen bestimmte Waldstreifen nicht angetastet werden, etwa der Nilgala Jungle Corridor (280 km^2), damit Wildtiere, ganz besonders Elefanten, zwischen einzelnen Schutzgebieten hin und her wechseln können. Was srilankische Naturschützer zusammen mit Ingenieuren planten, war zweifellos einmalig. Die Natur und das größte landbewohnende Tier erhielten reichlich Platz in einer modernen Kulturlandschaft. Doch es kam ganz anders:

Seit 1985 herrscht offener Bürgerkrieg zwischen Singhalesen und Tamilen. Ethnische Minderheiten, extremistische Terrorbanden und rachsüchtige Todesschwadronen von Polizei und Armee verfolgen einander mit gnadenloser Härte. Hunderttausende von unschuldigen Opfern hat das Gemetzel bis heute gekostet. Die Wirtschaft der Insel ist ruiniert. Viele Pläne der Naturschützer machte es zunichte:

Im Mai 1985 töteten Rebellen die Wildhüter im Wilpattu-Nationalpark. Darauf bulldozerte die Armee eine 120 Meter breite Schneise quer durch das Schutzgebiet, um das umkämpfte Jaffna besser versorgen zu können. Damit öffnete sie aber Wilpattu geradezu für die Tamil Tigers. Um diese inzwischen dschungelgewohnten Feinde besser bekämpfen zu können, schuf die Armee entsprechende Ausbildungslager, so etwa im neuentstandenen Madura-Oya-Nationalpark.

Wie viele Elefanten von Aufständischen, Soldaten und Siedlern seit Kriegsbeginn erschossen worden sind, weiß niemand genau. Nach A. B. Fernando vom Department of Wildlife Conservation waren es zwischen 1986 und 1990 rund 15 Prozent. Wahrscheinlich sind es mehr:

Als beispielsweise im Sommer 1990 Tamil Tigers in der Nähe von Matara Muslime meuchelten, die Staatsgewalt mit der Verfolgung der Mörder gebunden war, sahen Wilderer ihre Stunde gekommen: Innerhalb weniger Tage töteten sie in Lahugala wenigstens 15, in der weiteren Umgebung 45 Elefanten. Gewildert und gerodet wird längst in allen Schutzgebieten. Wie könnte es in dem kriegsgebeutelten Land auch anders sein?

In den weltberühmten Reservaten erhofft sich die verarmte Landbevölkerung, verführt von Glücksrittern und Gangstern, Lebensraum und Einkommen. Zu Hunderten buddeln arme Menschen in den einst nahezu hermetisch abgeschlossenen Schutzgebieten nach Edelsteinen, ganz besonders in Yala. Allein schon der Name des Menik Gangas, des Edelsteinflusses, verspricht in einem der ältesten Nationalparks der Welt reiche Funde. Vielerorts, wo noch vor einem Jahrzehnt Axis- und Sambarhirsche ungestört ästen, Pfaue ihre Räder schlugen und Leoparden pirschten, wachsen heute Marihuana und andere Drogenpflanzen. Vor Elfenbeinjägern sind auf Sri Lanka die ohnehin seltenen stoßzähnetragenden Bullen, die Äthas, nirgendwo mehr sicher.

Die traditionell naturfreundliche Staatsgewalt Sri Lankas mußte zwangsläufig dem Einfluß kurzsichtiger, ehrgeiziger Lokalpolitiker weichen, die verzweifelten Menschen mehr versprechen, als der karge Boden des arg gebeutelten Waldes langfristig hergeben kann, oder erpresserischer Rebellen, die sich am Geschäft mit Drogen, Elfenbein und blauen Saphiren schadlos halten. Der Traum weiser Planer, die am Ende der siebziger Jahre den Frieden zwischen urwüchsiger Natur und moderner Kulturlandschaft suchten, ist ausgeträumt – wenn nicht ein Wunder geschieht.

HANDELSKRIEG IN BIRMA

Elefantenheere verloren Schlachten und vernichteten dabei noch die eigene Infanterie, wenn es einem unerschrockenen Feind gelang, die Phalanx der anstürmenden Tierriesen mit Lärm und Feuer dermaßen zu erschrecken, daß sie in Panik umdrehten und türmten. Im 17. und 18. Jahrhundert dagegen entschieden sie mit über den Ausgang von See- und Handelskriegen. Der rasch wachsende Einfluß der Briten im südasiatischen Raum geht nicht zuletzt auf die Abertausenden von Arbeitselefanten zurück, mit denen sich vorerst in Birma, später auch in Assam, Südindien und Thailand einer der wichtigsten Rohstoffe kostengünstig ernten ließ: Teak *(Tectona grandis)*. Das einmalige Baumaterial – als gleichwertig galt lediglich noch Mahagoni *(Swietenia macrophylla)* aus Mittelamerika – wächst rasch, ist hart, schwimmt und greift Eisen nicht an, sondern schützt es durch Öle vor Korrosion. Dieses Eisenkrautgewächs wuchs vor allem in Birma als bis zu fünfzig Meter hoher Baum und mit bis zu sechzig Zentimeter langen, elliptischen Blättern und weißen, in Rispen stehenden Blüten. In den schier endlosen Wäldern Birmas gab es Teak fast überall, gelegentlich in gedrängten Beständen, meist aber in einer Dichte von etwa sieben Bäumen pro Hektar. Die Teakbäume standen aber vor allem in unwegsamen Gebieten, von wo das Holz nicht über Straßen zur Küste gebracht werden konnte, sondern geflößt werden mußte. Vom Fällplatz bis zum nächsten Fluß schleppten seit alters her Arbeitselefanten die schweren Stämme. Dies fiel auch Ralph Finch auf, einem Engländer, der zwischen 1583 und 1591 die Länder um den Golf von Bengalen bereiste. Finch berichtete von den riesigen Holzvorkommen in Birma, dem Einsatz von Arbeitselefanten und den großen königlichen Elefantenställen in Dala, der damaligen Hauptstadt, nach London. Sein Bericht erregte im Westen große Aufmerksamkeit, denn hier gingen die Holzreserven für den Schiffsbau langsam, aber sicher zur Neige. Zwar wurden dafür verschiedene Hölzer gebraucht, für Gerüst und Plankenverkleidung kamen aber nur Eichen in Frage, weil ihr Holz ebenso hart wie widerstandsfähig war und schwamm. Eichenholz hatte allerdings auch Nachteile. Seine Gerbsäure brachte Eisennägel, Haken und Klammern rasch zum Rosten. Folglich mußte es umständlich mit Holz verzapft werden. Außerdem wachsen Eichen so langsam, daß die Nachfrage schon bald nicht mehr befriedigt werden konnte. Zerstörten »Bohrwürmer«, in Wirklichkeit schalentragende Krebse, die Rumpfverkleidung oder wurden die Schiffe von scharfkantigen Riffen lädiert, so ließ sich der Schaden fern der Heimat nicht einfach mit irgendeinem der vielen harten tropischen Hölzer beheben. Davon gab es in Calicut, Colombo oder Batavia zwar genug, doch waren sie fast ausnahmslos zu schwer. Was aber noch mehr ins Gewicht fiel, war die Tatsache, daß verschiedene Hölzer verschie-

Die Kolonialmächte brauchten immer mehr Teakholz, was die Nachfrage nach Arbeitselefanten steigerte. Das gilt besonders für Birma. Mächtige Bullen spielen im Holzfällercamp gewissermaßen die Rolle von Bulldozern.

dene Ausdehnungskoeffizienten im Wasser haben. So stellten sich auch nach sorgfältigem Kalfatern (Abdichten) auf der Heimfahrt plötzlich Probleme ein. Einige Planken dehnten sich mehr aus als andere. Der Rumpf wurde leck, Deckplanken bogen sich durch. Und das Schiff geriet durch die unausgeglichene Bewegung seiner Bauteile aus den Fugen.

Logischerweise schielte die britische East Indian Company, die in Kalkutta saß, auf Birma, wo viel mehr des wertvollen Teakholzes wuchs als in Indien. Verschiedene europäische Mächte hatten bereits ihre Handelsniederlassungen an der birmanischen Küste errichtet, unter ihnen die Holländer: Sie bezogen bereits um die Mitte des 17. Jahrhunderts Gold, Zinn und Kupfer, Elfenbein, Pfeffer und sogar rohes Petroleum aus dem sagenhaften Reich von Ava, in dem dann von einheimischen Fachleuten bald sogar französische Schiffe gebaut wurden. Im Jahr 1795 planten die Engländer, Birma zu erobern. Der britische Gouverneur entsandte Michael Symes, der mit dem Herrscher von Ava verhandeln sollte. Symes betrieb dabei Wirtschaftsspionage. Der Nachrichtenoffizier sah es als Bedrohung Englands an, daß Birma französische Schiffe baute. Er erkannte die Schlüsselrolle, die das Teak und die 6000 Arbeitselefanten des Königs dabei spielten. Der Entschluß Londons war klar. Die Briten wollten den Teakhandel unter ihre Kontrolle bringen, und dazu mußten sie sich wohl oder übel gründlich mit den Arbeitselefanten beschäftigen.

Streitigkeiten um die Grenze der nördlichen Pufferstaaten Assam und Manipur genügten den Briten als Anlaß für den ersten englisch-birmanischen Krieg (1824–1826), dem die Annektion von Tenasserim, dem schmalen Küstenstreifen im Süden Birmas, folgte. Nach dem zweiten Krieg (1852/53) fiel Unterbirma an die Engländer. Und nach dem dritten Krieg (1885/86) geriet schließlich ganz Birma in britische Hände. Bereits 1856 wurde eine britisch-indische Forstverwaltung eingerichtet. Und schon vor der Jahrhundertwende war das leicht erreichbare Teakholz vielerorts verschwunden. Die Holzfällerlager verschoben sich immer weiter von der Küste weg in die Berge. Damit stieg die Bedeutung der Arbeitselefanten, weil Straßen in diesen Regionen fast völlig fehlten.

Die Preise für Arbeitselefanten zogen rapide an. Nach wie vor lieferten die Stammesangehörigen die Tiere in die Lager der Holzfäller, so etwa die Talmes und Laos, die das Land zwischen dem Saluen- und dem Me-Ping-Fluß bewohnten, die Karen von Karemi westlich des Saluen, die Schan im Norden und andere. Sie alle konnten

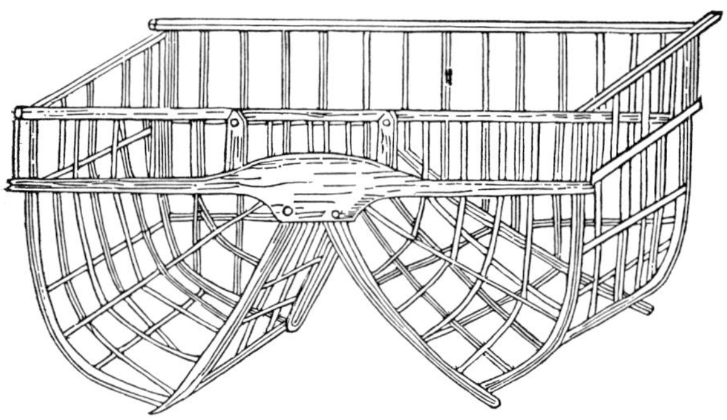

a

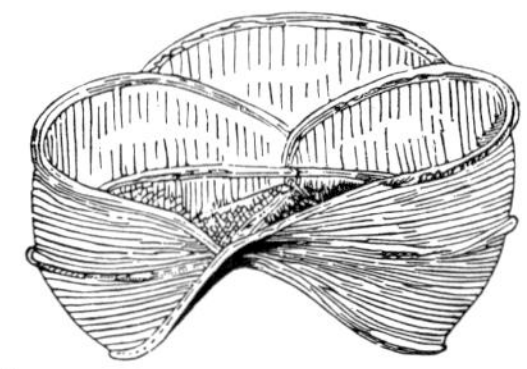

b

c

(a) Reisesattel der Schans und Burmesen. (b) (Reis-)Transportsattel der Karen. (c) Vorderfußhobbel aus Bambus oder Rotan der Karen. (nach Evans, 1910)

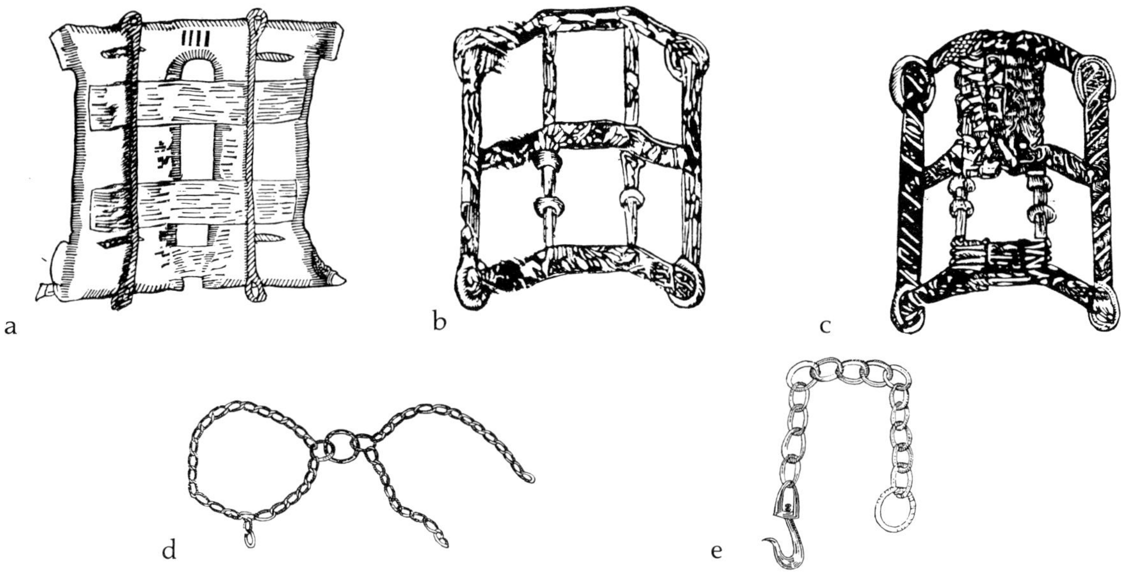

Sattelkissen (Guddee), wie es seit dem Ende des 19. Jahrhunderts durch die Briten zwischen Birma und Mysore verwendet wurde (a). Darauf wurde ein kleiner Sattel (b und c) geseilt. An ihm wurden die Lasten (z. B. Maschinengewehr- oder Kanonenteile) befestigt. Die Vorderbeine wurden mit achtförmigen Ketten gehobbelt (d), die Hinterbeine mit einzelnen, bis vier Meter langen Ketten (e) angebunden. (aus Evans, 1910)

wilde Elefanten einfangen, und sie konnten noch viel mehr: Sie besaßen die Fähigkeit, die Tierriesen in Gefangenschaft zu züchten. Darauf legten sie – ganz im Gegensatz zu den meisten anderen »Elefantenmenschen« – sogar großen Wert. Denn sie benutzten Elefanten vor allem als Reittiere zwischen ihren Dörfern; und junge Elefanten sind nun einmal schneller als ältere. Zudem hielten sich die Stammesvorsteher oft mehr als eine Hundertschaft meist selbst gezogener Elefanten lediglich zu Repräsentationszwecken und als Wertanlage. Das Angebot der birmanischen Stämme an meist jungen und für die anspruchsvolle Arbeit im Teaklager nicht trainierten Elefanten genügte der Nachfrage der Bombay-Birma Trading Cooperation Ltd., der Steel-Brothers & Company Ltd. und anderer Holzfällergesellschaften bald nicht mehr. Sie brauchten starke, ältere Tiere. Und die bezogen sie aus Siam, dem heutigen Thailand, und aus Assam, wo die Zahl der Elefantenfangaktionen sprunghaft anstieg. Hier kooperierten schon bald Engländer und Assamesen, Teepflanzer und Mahaldars (einheimische Besitzer von Fanglizenzen) miteinander für das große Geschäft. Elefantenhändler wie Errol Grey, Fred Kingsley oder Dalrymple-Clark kauften im Tal des Brahmaputra Elefanten für nur 500 Rupien – billiger war nur noch, sie selbst zu fangen – und trieben sie auf uralten Straßen des Elefantenhandels über Nagaland und Manipur zum Teil über 3000 Meter hohe Pässe nach Birma. Dort verkauften sie die Tiere für den zehnfachen Preis an die Bombay-Birma Trading Company. Viele dieser Frischfänge überlebten den Transport nicht, was selbstverständlich den Stückpreis weiter in die Höhe trieb.

Wo und wann auch immer Menschen Elefanten in Gefangenschaft brachten und zu halten ver-

suchten, war der Tod ein steter Begleiter der an und für sich langlebigen Tierriesen. Vieles von dem, was seine Fänger und Führer ihm antaten und heute noch antun, ist Tierquälerei. Das mag ein kurzer Überblick erläutern:
»Jeder, der nicht vertraut ist mit dem Gewerbe«, schreibt Pat Stracey, einer der letzten indischen Forest Offiziere, der selbst noch Elefanten in Kralen fing, bevor er an der Forsthochschule von Dera Dhun Naturschutz lehrte, »wird immer schockiert sein über Dinge, die nach unnötiger Grausamkeit aussehen. Er wird dabei übersehen, daß die Führung eines solch großen und starken Tieres kein leichtes Unterfangen ist und ein gewisses Maß an Kraft und Entschlossenheit bedingt. Seit je waren Prügelstrafen der Gefangenen durch Menschen und speziell zu diesem Zweck von ihnen abgerichteten Elefanten üblich, und der Gebrauch von Lanzen mit Eisenspitzen, Messern und Feuer war die Regel. Hunger vor dem Fesseln wurde als unvermeidlich betrachtet. Das alles war ausgerichtet, um den Willen der Frischfänge zu brechen, sie physisch und psychisch so zu erniedrigen, daß sie rasch gefügig gemacht werden konnten.« Das Elend begann mit dem Fangen.
Neun von zehn Elefanten starben in Tamil Nadu und Karnataka bereits in der Fallgrube oder an Folgen des Sturzes. Verluste durch Fang und Fesselung haben bei den verschiedenen Methoden des Mela-Shikar (des Fanges mit Schlingen vom Rücken zahmer Elefanten) etwa 50 Prozent betragen. Das geht aus den Schilderungen von William Bazé hervor. Auch bei den Kheddas waren sie hoch, betrugen in Südindien, Bengalen und Assam zwischen 20 und 40 Prozent. Im Schnitt lebten gefangene Elefanten noch sieben Jahre.
Doch dann zeichnete sich eine Wende ab: »Die Teak-Industrie bedeutet nicht nur eine beachtliche Einnahmequelle für die britische Regierung. Sie ist auch lukrativ für den Geschäftsmann«, schreibt 1910 Oberstleutnant G. H. Evans im Vorwort seines Werks »Elephants and their Diseases«. Er fährt fort: »Das Thema Elefantenkrankheiten ist demnach neben seiner hohen wissenschaftlichen auch von immenser wirtschaftlicher Bedeutung.« Evans' Werk gilt heute noch als eines der besten Handbücher über den Asiatischen Elefanten. Für seine Zeit war es allerdings zu fortschrittlich. Im Vorwort zur zweiten Auflage bemerkt Evans: »Trotzdem hoffe ich, daß meine Veröffentlichung uns das Wissen um die Elefanten zu erweitern hilft. Und vielleicht trägt sie auch zu einer besseren Haltung und Gesundheit dieser noblen Kreaturen bei.« Evans beließ es nicht bei der Theorie, er versuchte sie auch in die Praxis umzusetzen: So reglementierte er die Arbeitszeiten und Ruhemonate, beschränkte Trag- und Zuglasten, beschaffte für jedes Camp Medikamente und veterinärmedizinisch ausgebildetes Personal. Über jeden Gefangenen wurde Buch geführt. Einer jener Teak-Wallahs sollte eine Generation nach Evans weltberühmt werden: J. H. Williams, kurz »Elephant Bill«. Am Ende des Zweiten Weltkriegs rettete er vor den heranrückenden Japanern Menschen und Arbeitselefanten, die er auf einem gefährlichen, wochenlangen Marsch durch die Berge der Naga nach Britisch-Indien führte. Dabei benutzte er genau dieselben Routen, auf denen einst geschäftstüchtige Elefantenhändler ihre Ware nach Birma getrieben hatten – Elefanten, die in den Stockaden fast verhungert waren, Elefanten, denen die Nacken- und Kopfhaut mit scharfen Messern teilweise aufgeschnitten worden waren, damit sie sich leichter einbrechen und abrichten ließen, Elefanten, die unterwegs starben wie die Fliegen.

Doch so, wie einst Evans die Elefantenhaltung in Birma reformiert hatte, verbesserte in Assam A. J. W. Milroy die Fangmethoden. Milroy brachte zuerst einmal das Fanggeschäft unter die strikte Kontrolle der britischen Behörden, genauer, der Indian Forest Services. Dann verfügte er: Die in Stockaden gefangenen Elefanten dürfen nicht mehr bis zur Erschöpfung ohne Futter gelassen werden. Sie sind unverzüglich zu fesseln und einzubrechen. Die Tiere, die dazu als zu alt oder als zu gefährlich betrachtet werden, dürfen nicht mehr erschossen, sondern müssen freigelassen werden. Dies gilt auch für hochschwangere Muttertiere. Zum Einbrechen dürfen keine spitzen Metallspieße mehr benutzt werden. Ebenso ist es unzulässig, den Frischfängen am Nacken und auf dem Kopf Wunden einzuschneiden, in denen die Fesseln und die Eisenhaken besonders schmerzen.

Nicht nur in Birma und im Osten Indiens entstanden in der Mitte und am Ende des letzten Jahrhunderts Zentren der Holzwirtschaft und folglich auch für den Fang, die Abrichtung und den Einsatz von Elefanten. Auch in Südindien, ganz besonders im Mysore-Staat, dem heutigen Karnataka, blühten die Geschäfte mit Holz und Elefanten. Denn schon bald stellten sich auch hier wagemutige weiße Abenteurer ein, jene typisch britische Mischung aus minutiösem Naturbeobachter, unersättlichem Nimrod und pingeligem Beamten.

Allen voran stand George P. Sanderson, der 1850 in Indien geboren wurde. Als Sechzehnjähriger begann er seine Karriere als kleiner Beamter des Canal Engineering Department of Madras. Als Vierundzwanzigjähriger fing er dann bei Chamrajanagar gleich 55 wilde Elefanten mit Hilfe von 800 Stammesangehörigen, Sholas und Kurumbas. Dem Greenhorn war damit gelungen, was 1867 Oberst Peal und ein Jahrhundert früher der muslimische Eroberer Mysores, Hyder Ali, vergeblich versucht hatten: große Herden in Stockaden oder Kheddas zu fangen, wie es damals in Bengalen, Assam oder auf Sri Lanka längst üblich war.

Sholas und Kurumbas benutzten Fallgruben zur Jagd. Der Maharadscha von Mysore und auch die britische Verwaltung unterhielten ausgedehnte Fallgrubensysteme. Allerdings gab es bei dieser Fangmethode unglaubliche Verluste, wie Sanderson in seinem berühmten Buch »Thirteen Years among the Wild Beasts of India« (1907) festhielt: »Nur einer von zwanzig überlebt den Sturz in den drei Meter tiefen Graben gefahrlos.« Es waren vor allem Jungtiere, die sich nicht die Stoßzähne oder die Beine brachen. Aber sie waren noch zu schwach, um beim Schleppen schweren Teak-, Rosen- oder Sandelholzes eingesetzt zu werden. »Die Verwaltung von Madras«, schreibt Sanderson, »hängt folglich vom Nachschub aus Birma ab.« Das hieß, von Moulmein. Dort wurden jeweils sechzig Elefanten auf speziellen Booten zusammengepfercht und an die Ostküste Südindiens verschifft. Als jedoch auch in Birma die Nachfrage nach Arbeitselefanten stieg, versiegte der günstige Handel. Südindien mußte in höherem Maß auf die eigenen »unerschöpflichen Elefantenreserven« (Sanderson) zurückgreifen.

Wie dies zu geschehen hatte, bewies Sanderson, damals noch ein blutiger Anfänger, bei seiner sagenhaften Khedda von Chamjanagar. Die Ausbildung zum Khedda Officer erhielt Sanderson erst danach, und zwar in der Pil Khana, dem Elefantenstall und Trainingslager von Dakka im damaligen Ostbengalen, dem heutigen Bangladesch. Als er dort 1875 seinen neunmonatigen Dienst antrat, standen in der Pil Khana 50 ausgebildete und 159 noch auszubildende Elefanten. Von hier aus unternahm der

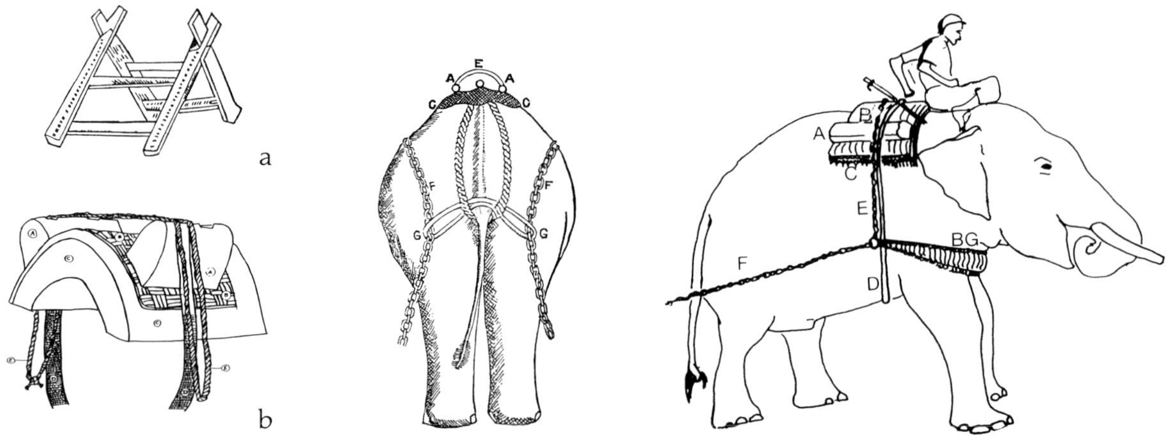

Zugsattel in Birma und anderen Staaten Südostasiens, britisches (a) und traditionelles (b) Modell. Auf eine weiche Unterlage aus frischem Laub (C) kam eine Bambus- oder Grasmatte (B) zu liegen. Sie trug zwei aus leichtem Holz geschnitzte kurze Balken (A). Der ganze Sattel wurde von einem Holzseil und einem Schwanzseil gehalten. Über die Holzleisten wurden der Brustgurt (D) und die Verbindung zum Zugseil (E) gezogen. Das Zugseil (F) lief von der Brustgurte (BG) nach hinten und wurde durch zwei Seilschlingen (G), die am Schwanzseil befestigt waren, gezogen.

junge Sanderson Fangexpeditionen in die Hügelländer von Garo und Chittagong. Begleitet wurde er dabei jeweils nur von einer sehr kleinen festangestellten Mannschaft:
1 Jemadar als Chef der Operation, 1 Übersetzer, 1 Schreiber und 16 indischen Söldnern (1 Havildar, 1 Naik und 14 Sepoys), die nötigenfalls mit Waffengewalt Ordnung unter den erst vor Ort angestellten Stammesangehörigen zu bewahren hatten, sowie 5 bewaffneten Pulwans, die gefährliche Elefanten abwehren mußten.
Am Fangort wurden zusätzlich angestellt: 1 Head-tracker und 17 Tracker (Spurenleser). Sie hatten die Herden aufzuspüren, deren Größe festzustellen und die Treiber richtig zu führen. Schließlich gehörten noch 320 »Coolies« dazu: Treiber, Wächter und Hilfspersonal zum Bau von Stockaden.
Als Sanderson ein Dreivierteljahr später nach Mysore zurückkehrte, hatte er 85 Elefanten gefangen. Mit ihm reisten Muslim-Mahuts. Sie sollten ihm helfen, das Khedda-System in Südindien zu verbessern. Die Nachkommen von Sandersons damaliger Truppe leben übrigens heute noch als Mahuts in Mysore – allerdings stehen sie nicht mehr im Solde des Maharadschas, sondern der Regierung.
Kurumbas wurden als Hilfspersonal, Treiber und Spurenleser angestellt. Auch unter ihnen fanden sich ausgezeichnete Elefantenführer.
Sanderson verzichtete in Mysore von Anfang an auf das ostbengalische Fangsystem. Dort wurde als erstes die Elefantenherde umstellt. Erst dann baute man die Stockade. Die wichtigsten Bauteile dafür wurden auf dem Rücken von Arbeitselefanten mitgeführt. Sanderson ließ in Mysore festeingerichtete Stockaden bauen. Deren Standorte waren dermaßen geschickt gewählt, daß sich Herden aus der Umgebung jederzeit dorthin treiben ließen. Die berühmteste stand bis 1969 in Kakankote.
1968 und 1969 fanden hier die letzten Kheddas

statt. Heute ist der Kabani-Fluß aufgestaut. Damit ging der Schauplatz eines der größten indischen Spektakel für immer verloren: die Mysore-Khedda. Sie gehörte einst ebenso zu den »musts« der Reisenden in Indien wie das Taj Mahal in Agra, Fatepur Sikri, die Tempel von Madurai oder der Palast auf dem See bei Udaipur.

Im Januar 1968 reiste ich von Sri Lanka aus, wo ich damals wildlebende Elefanten beobachtete, mehrmals zu der Khedda von Kakankote, erlebte Fang, Einbrechen und Zähmung. Auch später besuchte ich Mysore und das südlich angrenzende Mudumalai-Reservat von Tamil Nadu, dem ehemaligen Madras, regelmäßig. Mein erster Begleiter war Joe Mascarenhas, ein ehemaliger Forest Officer, der selbst einmal Khedda-Operationen durchgeführt hatte. Ihm habe ich es zu verdanken, daß ich das Geschehen praktisch an vorderster Front erleben konnte. Meine damaligen Tagebuchnotizen sind auf den folgenden Seiten zusammengefaßt.

KHEDDA IN KAKANKOTE

Im kleinen Dorf Mastigudi am Kabani-Fluß im Süden des indischen Bundesstaats Karnataka herrscht Festtagsstimmung. Eine Khedda steht bevor. Zehntausende von Menschen sind hier zusammengeströmt. Händler preisen ihre Waren an: Zucker, Salz, Tee, Stoffe, Schuhe oder billigen Plastikschmuck. Die Bauern aus den Tälern und die Stammesangehörigen aus den Waldbergen tragen Feiertagskleidung, umringen Musikanten, die alte Heldenlegenden singen und sich selber auf einer Orgel begleiten. Sie spenden kupferne Paisahstücke für Zigeuner, die Kobras aus kleinen Körben zaubern, Mungos mit den Giftschlangen kämpfen und Kragenbären tanzen lassen.

Da sind aber auch die Forstbeamten, streng dreinblickende Offiziere und dienstbeflissene Helfer. Es wird gemeldet, salutiert und befohlen. Im Hauptquartier herrscht Disziplin. Fast ununterbrochen tagt der Planungsstab unter Conservator C. Jyaram Reddy. Am 30. Dezember 1967 berichtete einer der Yajamans, der Spurenleser, eine große Elefantenherde sei südlich des Kabani im Begur-Staatswald aufgespürt worden. Diese Herde wird jetzt umstellt. 1500 Männer der Kurumbas, der Ureinwohner der südindischen Wälder, bilden ein lebendiges Netz um die Herde. Nachts entzünden sie alle zwanzig oder dreißig Meter große Feuer, tagsüber legen sie dann Laub und frische Äste darauf. Ein beißender Rauchvorhang soll die Elefanten am Ausbrechen hindern. Reddy koordiniert die Treibjagd, und tagtäglich zieht sich das Netz enger zusammen. Offen ist es nur am Kabani. Hierher kommen die Elefanten nachts, um zu baden und zu trinken. Den Fluß überschreiten sie nicht. Am anderen Ufer arbeiten Hunderte von Menschen. Sie bauen die Khedda-Anlage, ein palisadenumkränztes Feld von 55 000 Quadratmetern. Mehr als 8000 Teakbäume hat Reddy fällen lassen, dazu noch 20 000 armdicke Bambusrohre. Wochenlang haben Ketten von Tagelöhnern mit langstieligen Schaufeln anderthalb Meter tiefe Löcher in den schwarzen Boden getrieben. Die 35 Kumkies, die Arbeitselefanten, haben dann die sechs bis sieben Meter langen Baumstämme in die Löcher hineingerammt. Nun stampfen ganze Dorfschaften die Erde um die Pfähle fest. Einige sind damit beschäftigt, die Palisaden mit Querbalken zu verstärken, andere schaufeln außerhalb der fünf oder sechs Meter hohen Holzwand einen zweieinhalb Meter tiefen, drei Meter breiten, unten immer schmaler werdenden Graben, vor dem sie große Reisig- und Holzhaufen auftürmen. Palisaden, Graben, Feuer: Dreifach ist die Falle gesichert, in der die Elefanten gefangen werden sollen.

In Mastigudi drehen dreißig Mann aus Jute und Rinde des Scho-Baumes *(Sterculia vilosa)* armdicke Seile; mit ihnen sollen die Wildfänge gefesselt werden. Dutzende von Schreinern hämmern an der Tribüne für 1700 Touristen und tarnen ihr Werk, so gut es geht, mit grünem

Ein soeben in der Stockade von Kakankote am Hals und an einem Hinterfuß gefesseltes Elefantenweibchen versucht verzweifelt, sich zu befreien.

Laub; denn der Bau darf die Wildelefanten nicht irritieren. H. P. Viswanathan, Divisional Forest Officer, läßt Baumstämme aushöhlen und sie zu einem hölzernen Aquädukt zusammenfügen. Durch sie wird das Wasser für die Frischfänge in der Stockade fließen.
Im Dorf befragen die Priester fast stündlich Mastiamma, die Göttin des Waldes und der Elefanten, über den Ausgang der Khedda. Die Zeichen stünden gut, heißt es. Weiße Hühner werden geopfert.
Ununterbrochen erscheinen die Yajamans, die Späher, im Hauptquartier, kleine, unscheinbare Männer, die plötzlich aus dem Nichts auftauchen und ebenso plötzlich wieder verschwinden. Einige sind uralt und tragen an ihren schwarzen Mänteln Medaillen, auf denen die Daten früherer Kheddas stehen, an denen sie teilgenommen haben. 1960 ist zu lesen, gelegentlich auch 1923.
Das Netz wird immer enger, bis es sich am 10. Januar schließen soll. Dieses Datum ist der seit langem festgelegte und durch das Indian Tourist Bureau weltweit ausgeschriebene Khedda-Termin.
Am Fangtag bewegt sich frühmorgens eine lange Prozession an dem steinernen Abbild Mastiammas vorbei: Arbeitselefanten mit ihren Mahuts und Khotals, den Helfern, Forest Officers, Treiber. Lautlos verschwinden sie über dem Kabani im Wald von Begur. Kurz darauf müssen die Touristen ihre teuren Sitzplätze einnehmen, unter ihnen der letzte regierende Maharadscha von Mysore und sein Gefolge. Alle Straßen werden gesperrt. Im Dschungel herrscht jetzt jene unheimliche Stille, wie es sie sonst nur vor den Monsungewittern gibt. Die dürren Blätter, die von Teakbäumen fallen, schweben in der gleißenden Luft. Die Spannung wird fast unerträglich — stundenlanges Warten.

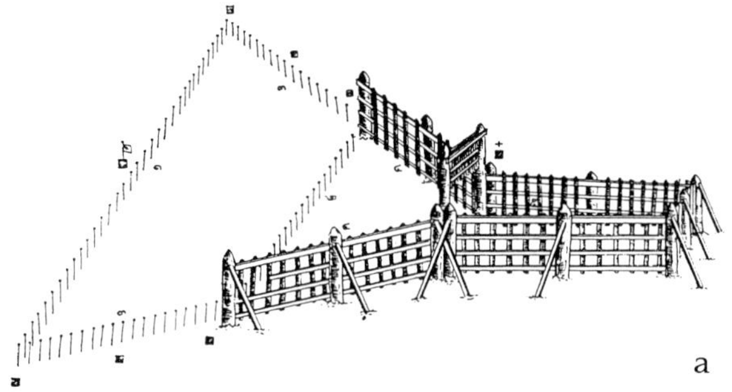
a

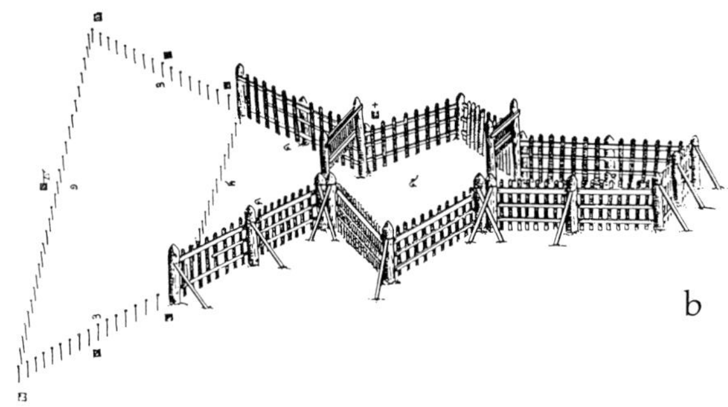
b

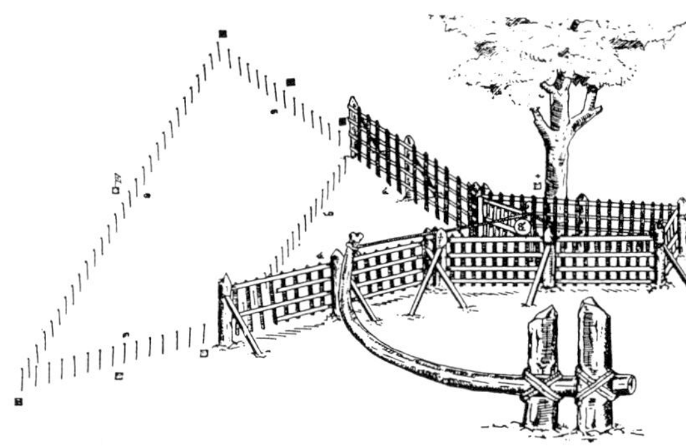
c

Drei verschiedene Khedda-Typen aus Thailand. In allen Fällen sind vor dem Fangtrichter Beobachter postiert (kleine Quadrate). Kaum hat die getriebene Herde bestimmte Linien passiert, werden Fackeln angezündet (dargestellt durch feine Striche). (a) einfache Kralanlage mit Falltüre, (c) mit Schwingtüre, die durch den gespannten Baumstamm im Vordergrund zugezogen wird. (b) doppelte Fanganlage mit einem breiten Vorgehege und zwei Falltüren. (nach Giles, 1927)

Oben: Arbeitselefanten — mit Seilgurten — spielen eine wichtige Rolle beim Fesseln der Wildfänge.
Unten: Frischgefangene Säuglinge werden im Camp nicht gebraucht. Ihre erwachsenen Artgenossen verladen sie wie irgendeine Ware auf dem Weg zum Tierhändler.

Aber dann schlägt die Stille plötzlich um in einen unvorstellbaren Lärm: Tausendfaches Bambusstangenklappern, das Schreien der Treiber, Gewehrschüsse. Schrill trompeten die Wildelefanten, die nun, gehetzt von Arbeitselefanten und anderthalbtausend Menschen, einen Ausweg durch den Kabani suchen. Am andern Ufer versperrt ihnen die Tribüne der Touristen den Weg. Flußabwärts lodern Feuer auf Booten. Die Herde rast zum Strom. Ein neugeborenes Kalb verliert den Kontakt, rennt plötzlich zwischen die heranstürmenden Arbeitselefanten. Seine Mutter bemerkt selbst in der Aufregung den Verlust. Sie wendet sich gegen die Phalanx der aufschließenden Treiberhorden. Schrotschüsse reißen Wunden in ihrem Gesicht und an ihren Ohren. Doch nichts hält sie von der Suche nach ihrem Kind ab. Sie findet es schließlich und hilft ihm mit dem Rüssel gegen die Fluten des Kabani zurück zur Herde. Floße mit lodernden Feuern trennen die Herde nun vom Fluß. Die Elefanten sehen nur noch einen Ausweg, den Eingang zur Khedda. Zu zweit oder dritt durcheilen sie den trichterförmig zulaufenden Gang in die Stockade. Ein unscheinbarer Yajaman schwingt sein Beil und zerhackt ein Seil. Aus 18 Meter Höhe stürzen 100 Quadratmeter fest miteinander verflochtener Stämme wie eine Falltür knallend in die Verankerungen. Schlagartig lodern die Feuer außerhalb der Palisaden auf. 86 Elefanten sind gefangen. Körper an Körper gepreßt erwarten sie ihr Schicksal: Fesseln, Einbrechen, Dressur. Ein rundes Dutzend wird die Qual nicht überleben. »Sie starben an gebrochenem Herzen«, werden die Mahuts dann sagen.

Zwei Wochen dauert es, bis der letzte gefesselt ist. Dazu werden jede Nacht Gruppen von fünf bis acht Tieren mit Zuckerrohr in die Roping-Stockade, einen kleinen Kral, gelockt. Hinter ihnen fällt ein schweres Tor herab. Der Weg zurück in die Freiheit ist nun doppelt verriegelt. Am Morgen erscheinen dann die Touristen, gaffen und knipsen von sicheren Rängen aus, hoch über den verängstigten Elefanten. Die Tiere drängen sich eng zusammen. Die Sonne brennt auf die schiefergraue Haut. In den dünnen Streifen schwarzen Schattens entlang der Einzäunung wagt sich keines der Tiere. Oben lärmen die Touristen. Die Hitze wirkt erschöpfend. Kühlendes Wasser gibt es in der Roping-Stockade nicht. Plötzlich greifen die Rüssel der gefangenen Elefanten in die Mäuler. Die Wangen verkrampfen sich einwärts. Gurgelnde Töne sind zu hören. Und dann spritzen sich die Tiere literweise Flüssigkeit über ihre staubtrockene Haut, die sich nach der Dusche sofort schwarz färbt.

Gleiches hatte einst schon Abdul Fasl, der Schreiber Akbars des Großen, in den Elefantenställen des Kaisers beobachtet: »Häufig nimmt ein Elefant Wasser mit dem Rüssel aus dem Magen und bespritzt sich damit.« Ivan T. Sanderson meint, »daß mir zweimal an die vierzig Liter schmutziges Wasser, das Stücke von Salatblättern enthielt, ins Gesicht gespritzt wurden. Es konnte kaum von anderswo herkommen als aus dem Magen des Tieres!« Und der Naturforscher Emerson Tennent beschrieb 1861 in seiner »Natural History of Ceylon« einen Magenblindsack. Ebenso erwähnt er einen Muskelstrang, der am Mageneingang sitzt und möglicherweise die Aufgabe hat, den Magen so zu bewegen, »daß ein Teil seines Inhaltes in die Speiseröhre zurückfließt«. Moderne Autoren bezweifeln solche Schilderungen. George McKay, ein kanadischer Biologe, der zwei Jahre auf Sri Lanka wilde Elefanten studierte, zum Beispiel meint, es könne sich auch um Speichel oder um Kondenswasser aus dem Rüssel handeln.

Fünf Elefanten stehen eng aneinandergepreßt in der mit dicken Stämmen eingezäunten Arena. Zwischen den Stämmen tritt ein Mensch hervor. Ein wütender Rüsselschlag hämmert in seine Richtung. Hinter der Falltür versammeln sich die Kumkies. Ihre schweren Leiber glänzen vom Kokosöl, mit dem sie die Mahuts zum Schutz vor der gleißenden Sonne eingerieben haben. Knarrend hebt sich das Tor. Die Kumkies kommen in die Arena. Jeder trägt neben seinem Mahut zwei oder drei Reiter, die die Wildfänge fesseln werden. Dicht gedrängt stehen die gefangenen ihren zahmen Artgenossen gegenüber. Drei jüngere Kühe wollen plötzlich ausbrechen. Die alte Kuh zwischen ihnen hält sie mit dem Rüssel zurück und weist sie mit Nackenbissen, Rüsselschlägen und Fußtritten auf ihre Plätze im Schutzverband. Die Alte schreitet jetzt den Monitoren entgegen, begrüßt sie mit Rüsselkontakten am Maul, an den Schläfen und an den Geschlechtsteilen. Auch sie wird begrüßt. Die Kumkies umschließen den kleinen Trupp der Wildfänge. So geben sie ihnen das Gefühl der Sicherheit. Aber dies trügt. Denn wieselflink bewegen sich unter ihnen Männer. Sie tragen Lassos aus schweren Seilen, wagen sich im Schutz der Arbeitselefanten bis an die Füße der Wilden heran und kitzeln sie mit dem rauhen Lasso. Hebt ein Tier einen Fuß an, so streift ihm einer der mutigen Männer die Seilschlinge darüber. Auch die Mahuts auf den Elefantenrücken sind mit Fesseln beschäftigt. Dicke Seile werfen sie auf die Hälse der Wilden. Die Rüssel der Arbeitselefanten helfen, bis das Lasso sitzt. Dann wird es fest zugezogen und schließlich mit einer Schnur so fixiert, daß es sich nicht öffnen, aber auch nicht weiter schließen kann. Die Seilenden verschwinden zwischen den Stämmen des Krals. Von außen werden sie angezogen. Die Kumkies drängen jeden der Gefesselten an die Palisaden. Die alte Kuh wird zuletzt gefangen. Man will möglichst wenig Aufregung. Der mächtige Bulle, der sie vor einer Stunde noch begrüßt hat, stößt sie jetzt mit den Stoßzähnen an den Kopf und in die Flanke. Sie widersetzt sich, woraufhin er sie brutal an die Palisaden preßt.

Die Männer gönnen den Arbeitselefanten nun eine Ruhepause. Die wilden Tierriesen reißen an den Seilen, brüllen, stürzen kopfüber, schlagen mit den Rüsseln gegen Menschen, die sie durch die Palisaden sehen. Schließlich beginnt der Abtransport. Die Wilden werden an die Arbeitselefanten gebunden: starke an vier, schwächere an zwei. Die Kälber laufen frei mit. Anderthalb Kilometer mißt der Weg bis zur Pil Khana, dem Trainingslager bei Mastigudi. Immer wieder versuchen die gefesselten Elefanten auszubrechen, aber sie werden geschleift, gestoßen, geprügelt. Zwischen zwei Bäumen werden sie dann gefesselt. Forest Officer Viswanathan läßt lastwagenweise Futter anfahren, Zuckerrohr, Gras und Feigenbaumäste. Inzwischen hat der Tierarzt Dr. Rao die Neuzugänge mit weißer Farbe numeriert. Nun fuchtelt er mit einem besenartigen Gerät in einem riesigen Kochtopf herum. Der gelbliche Sud soll Wunden desinfizieren. Bis auf die Knochen schneiden die Seile ein. Täglich werden die Wildfänge einzeln von den Kumkies zum Kabani geführt. Hier können sie trinken und baden. Dann werden sie wieder zwischen die Bäume gespannt. Sie werfen sich gegen alles, was sich bewegt: Menschen, Hunde, Hühner oder Fahrzeuge. Sie schleudern Steine und Äste gegen ihre Widersacher. Kaum einer der Mahuts ist beeindruckt, jedenfalls nicht die jungen. Viele von ihnen sind noch Kinder. Vor jedem Elefanten sitzt einer, Tag und Nacht. Er wirft dem Elefanten Futter zu. Schlägt der mit seinem Rüssel Richtung

Mahut oder tritt er mit dem Vorderfuß gegen ihn, prügelt der ihn mit einer langen Bambusrute auf die empfindliche Nase.
Am 25. Januar werden die letzten gefesselt und in die Pil Khana geführt. Nun kommt der Tag, an dem die Gefangenen endgültig auseinandergerissen werden. Bis jetzt standen sie noch familienweise nebeneinander. Jetzt werden sie nach Alter und Geschlecht ausgesondert. Kälber brüllen nach ihren Müttern, und diese antworten mit Grollauten. In der kommenden Nacht kommt die gefesselte Herde kaum zur Ruhe, die Tiere rufen nach Mutter, Kind, Kumpan. Und dann geschieht etwas Unheimliches. Große Schatten huschen durch die Pil Khana – eine Herde wilder Elefanten. Die Kontaktlaute der Gefesselten müssen sie angelockt haben. Chaos droht, Feuer lodert auf. Die Mahuts schreien. Schließlich ist der Spuk vorbei.
Am 18. Februar findet die Auktion statt. Nur die stärksten Halbwüchsigen und Erwachsenen bleiben in den Teakwäldern von Kakankote und Begur. Hier sollen sie gezähmt, gedrillt und später zum Holztransport eingesetzt werden. 38 stehen zum Verkauf. Elefantenhändler und Gaukler, vor allem aber Sägereibesitzer und Vertreter von Hindutempeln feilschen um die Alten, Verletzten und Jungtiere, aber auch um einen prächtigen, Stoßzähne tragenden Bullen. Für 1265 Dollar wird er schließlich verkauft. Sein Schicksal: Er wird »heiliger Elefant« im berühmten Hindutempel von Nagercoil an der Südspitze der indischen Halbinsel.
Horoskop und Hokuspokus herrschen in der Pil Khana während der Auktion: Sterndeuter und Wahrsager inspizieren Haut und Nägel der Gefangenen, suchen dunkle Flecken auf deren Zungen, ein schlechtes Omen, prophezeien langes oder kurzes Leben, je nach Augenfarbe der Wildfänge. Abseits steht ein Tierhändler aus der Schweiz. Für ihn ist das Geschäft längst gelaufen. Er soll alle weiblichen Kälber, die nicht größer als 1,50 m sind, erhalten. Dafür verspricht er, ein Paar Breitmaulnashörner für den Zoo von Mysore City zu liefern. An Bullen ist er nicht interessiert. Die will in Europa niemand kaufen. Und größere Elefanten kosten den doppelten Transportpreis auf dem polnischen Frachter, der sie später von Trivandrum über Colombo nach Hamburg bringen wird. Drei von ihnen werden unterwegs verhungern. Hier in der Pil Khana von Mastigudi zerren die gefangenen Elefanten zum letztenmal an ihren Seilen, als die Kälber auf zwei Lastwagen verladen werden. Kaum sind die Fahrzeuge im Staub der Landstraße verschwunden, legt sich ein Schleier dumpfer Resignation über die Gefesselten.
Am selben Tag gebiert eine gefangene Elefantenkuh ein Junges. Vier Tage später wird ein weiteres, am 27. Februar ein drittes geboren. Die Brüste der jungen Mütter sind schlaff, nicht prall wie bei den wildlebenden Elefantenkühen. Wenn die Neugeborenen mit hungrig aufgerissenen Mäulern zwischen den Vorderbeinen die Zitzen suchen, werden sie von den Rüsseln der eigenen Mütter weggeschleudert. Niemand kauft Milch oder kocht Reisschleim. Die Mahuts lassen die Elefantenkinder verhungern. »Mastiamma, die Dschungelgöttin, hat sie zurückgenommen«, heißt es später.

Oben: Die ersten Tage im Zähmungslager. Oft stürzen die sich verzweifelt wehrenden Elefanten und verletzen sich. Unten: Erste Kontakte eines Frischfangs mit seinem künftigen Mahut, einem zwölfjährigen Jungen.

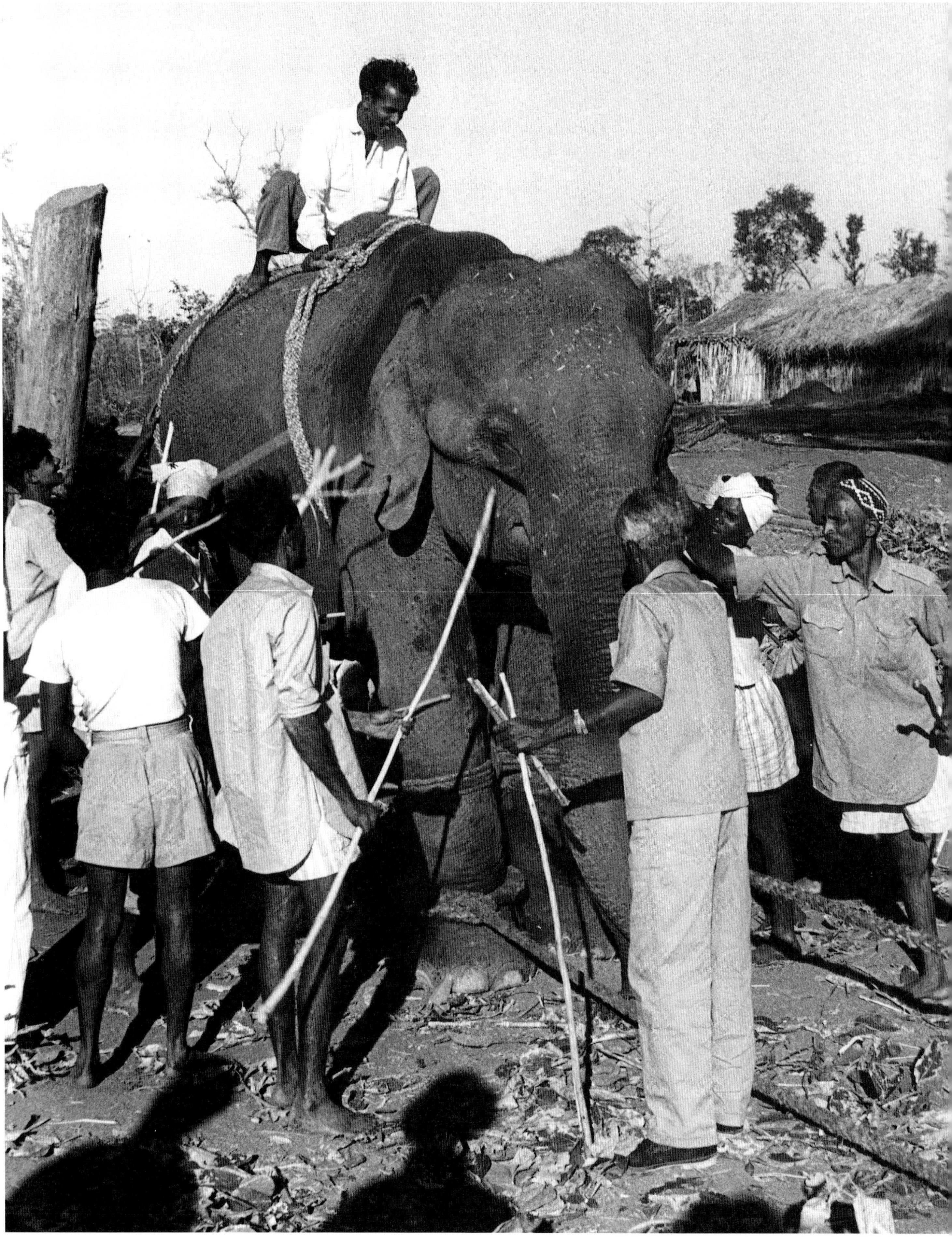

KARNATAKA UND TAMIL NADU: EINBRECHEN UND ARBEIT

Es schien ein großer Tag zu werden. Mastiamma, die Dschungelgöttin, erhielt ihre Opfergaben. Dazu las der Jamadar aus dem Koran. Seine Mahuts trugen ihre besten Kleider. Ihre Haare glänzten blauschwarz in der Morgensonne. »Heute werden sie die Frischfänge zum erstenmal reiten«, versicherte mir Joe Mascarenhas. Dann haben die Quälereien des Einbrechens ein Ende, dachte ich. Tagelang hatten wir immer wieder dem gleichen Schauspiel beigewohnt. Die Mahuts banden Hinter- und Vorderfüße der gefangenen Elefanten aneinander und spannten sie dann mit Hilfe der Kumkies zwischen zwei Bäume, bis die Beine nach hinten und nach vorne gestreckt wurden. Das Gewicht der Elefantenkörper drückte nun schmerzvoll auf die Knie- und Ellbogengelenke. Bald gaben die Elefanten jeden Widerstand auf.

Sie wehrten sich selbst dann nicht, wenn die Mahuts sie umringten. Dabei sang der jeweils künftige Lenker eines Tieres eine mir unverständliche Strophe, in deren Refrain die anderen mit einfielen. Dabei berührten sie die Frischfänge erst mit Ruten, später mit bloßen Händen. Zeigten diese sich gefügig, erhielten sie reichlich Zuckerrohr aus der Hand ihrer Mahuts, wehrten sie sich jedoch, wurden sie von allen geschlagen. Dann legten die Mahuts Seile um die Elefantenkörper. Sie umschnürten Brust, Bauch und Hinterleib und verbanden diese drei Seile mit Stricken, die über Rücken und Flanken liefen.

Was das zu bedeuten hatte, sollte ich jetzt am Fluß zu sehen bekommen. Hier versammelte sich allmählich das ganze Dorf. Unbeschäftigte Arbeitselefanten schlurften heran. Auf ihren Schultern thronten die Mahuts, die Hände am Hinterkopf verschränkt, die nackten Füße auf den Ohren der Elefanten. Die Mahuts steuern die Tierriesen auf folgende Weise: Druck mit dem linken Fuß, der Elefant geht nach links; Druck mit beiden Füßen, der Elefant geht schneller; leichtes Klopfen mit den Fersen an die Brust, der Elefant läuft langsamer und bleibt schließlich stehen. Kein Wort wird dabei gesprochen. Altgediente Arbeitselefanten gehorchen allein durch Berührung.

Die Mahuts ließen ihre Kolosse in den Kabani schreiten, befahlen ihnen, sich im seichten Uferbereich zu setzen und dann hinzulegen. Dabei rutschten sie auf die aus dem Wasser ragende Flanke des liegenden Elefanten. Beiden war so gedient: Die Elefanten hatten ein kühlendes Bad und die Mahuts einen trockenen Sitzplatz im Fluß. Dorthin wurden nun auch die Frischfänge geführt. Links und rechts neben jedem schritten zwei Kumkies, die die Führungsseile mit dem Rüssel hielten. Die Frischfänge kannten den Weg bereits, und auch die Nähe der Menschen und der Arbeitselefanten war ihnen vertraut.

Beim Einbrechen werden die Füße des Wildfangs so auseinandergezogen, daß sein Gewicht schmerzhaft in die Gelenke drückt. Stundenlang berühren ihn die Mahuts mit langen Ruten und singen dazu.

Jetzt versuchten sie nicht mehr, plötzlich auszubrechen.
Im Wasser befahlen die Führer den Kumkies, nahe an die Gefangenen heranzugehen. Der künftige Mahut kletterte auf einen der Hilfselefanten und von dort auf das Hinterteil des Frischfangs. Kaum hatte er diese Position erreicht und Halt gefunden an den Seilen, die den Leib des auszubildenden Elefanten umschnürten, begannen die Zuschauer zu johlen. Elefant und Reiter wurden mit Wasser bespritzt, um den Frischfang abzulenken. So wurde verhindert, daß der Elefant den Menschen, der sich geduckt am Hinterteil über dem Schwanz festklammerte, abschüttelte, und mit dem Rüssel konnte er ihn an dieser Stelle nicht erreichen. Man ließ dem Frischfang genügend Zeit, um zu trinken und sich abzuspritzen. Dann führten die beiden Kumkies ihn wieder zurück ins Trainingslager, und immer noch saß sein künftiger Lenker auf ihm. »Das werden sie jetzt täglich wiederholen«, erklärte mir Joe Mascarenhas, »jedesmal wird der Reiter versuchen, etwas weiter nach vorne zu rutschen. Nach ein oder zwei Wochen reitet er dann auf der Schulter.«
Ich merkte, daß Joe anfing sich zu langweilen. Der alte Forest Officer kannte das Geduldsspiel der Mahuts mit ihren Elefanten. Er begann immer häufiger von Coorg und Nagerholle, zwei anderen Elefantengebieten von Karnataka, zu schwärmen. »Hier fangen sie jetzt auch. Und sie haben andere Zähmungsmethoden.«
Endlich packen wir unsere Sachen und fahren nach Nordwesten an den Fuß der Western Ghats. In Coorg sind Arbeitselefanten gerade dabei, aus Teakstämmen kleine Krals zu errichten, häuserähnliche Bauten, sechs Meter lang und vier Meter breit. Ihre Dächer bestehen aus Ästen und Gras. An der Vorderfront der Krals werden 10 bis 15 waagerecht in Verankerungen

Seite 68/69: Zum erstenmal reitet der Mahut auf einem Frischfang, und zwar auf der ungefährlichsten Stelle, wo ihn der Rüssel nicht erreichen kann. Der Wildfang wird durch zwei Arbeitselefanten gesichert.

Zur Zähmung wurden in Thailand die Elefanten an beiden Hinterfüßen und am Hals zwischen zwei Bäumen festgebunden. Am Halsseil befestigten die Fänger einen gespitzten Ast, der heftige Angriffe und Beschädigung des Halsseils verhinderte. (nach Giles 1927)

liegende Stämme entfernt. Eine Arbeit, die drei völlig koordiniert arbeitende Elefanten mühelos erledigen, während ihre Mahuts im Schatten sitzen.
Sinn und Zweck der Krals werden mir ein paar Tage später klar, als kräftige Kumkies Frischfänge ins Lager führen. Jeder Neuzugang erhält seinen eigenen Kral, den er täglich einmal verlassen kann, wenn er zum nahen Fluß geführt wird. Dazu streift ihm ein Mahut von außen Seilschlingen um die Füße, dann heben die Kumkies die Querstämme aus ihren Halterungen, ergreifen die Führungsseile und führen den Frischfang zum Wasser und wieder zurück.
Sonst bleibt das Tier in seinem Holzhaus allein mit seinem Mahut, der ihn von außen füttert und versucht, ihm erste Kommandowörter beizubringen: »Delai-delai!« – »Hebe den Rüssel hoch!« oder »Tol-tol!« – »Hebe den Fuß!« Geduldig üben die Mahuts mit ihren Gefangenen, immer das gleiche. Nur die Kumkies bringen Abwechslung in die Monotonie, wenn sie die Krals öffnen, um die Neulinge zum Baden abzuholen. Drei Wochen dauert diese erste Phase. Dann beginnt das Exerzieren. Die Frisch-

fänge werden eng zwischen die Kumkies gebunden. Mit ihren Mahuts auf dem Rücken müssen sie lernen: »Mall-mall!« – »Geh vorwärts!« Die beiden Kumkies an den Seiten ziehen den Frischfang nach vorne. »Tschoro!« – »Halt!« Die Kumkies bremsen. »Dett-dett!« – »Geh rückwärts!« und »Tschei beri!« – »Wende!« Was immer die mächtigen Arbeitselefanten tun, dem Frischfang bleibt keine Wahl, er muß jede Bewegung mitmachen, sich sogar auf den Bauch legen – »Bait-bait!« – und wieder aufstehen – »Som-som!«
Selbst während die Tiere in den Krals stehen, müssen sie trainieren. »Derr-derr!« – »Nimm mit dem Rüssel!«, »Derr-kamur!« – »Nimm den Gegenstand ins Maul!«, »Ssi-wotschi!« – »Laß ihn fallen!« und »Derr-marr!« – »Zerbrich ihn!« Später lernen sie über Hindernisse

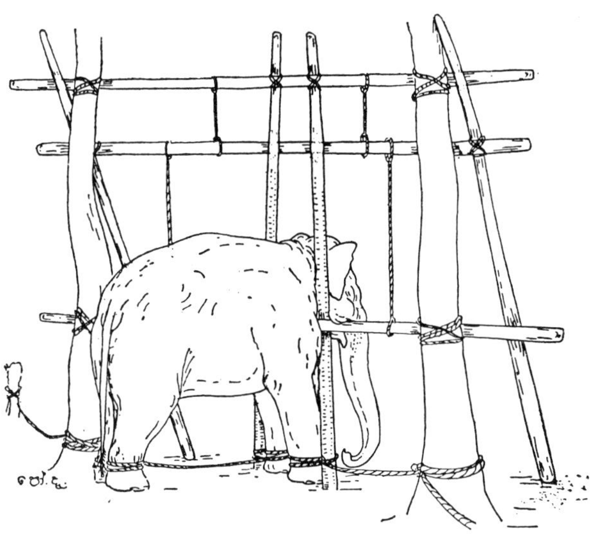

Auf Sri Lanka wurde der Hals des Frischfangs in ein Holzgestell gespannt, so daß er sich nicht hinlegen konnte. (nach Deraniyagala, 1955)

zu steigen – »Agatt-agatt!« – oder diese aus dem Weg zu räumen – »Toker-toker!«
Solche simplen Tricks lehren die Mahuts ihre neuen Elefanten mit einfachen Hilfsmitteln, mit Holzstücken, die sie aufheben müssen, mit Stämmen, die sie überschreiten, aus dem Weg räumen oder tragen müssen, und mit Zuckerrohrstücken, die sie als Belohnung erhalten. Diese einfachen Übungen sind gewissermaßen das Alphabet für die anspruchsvollen Arbeiten im Holzfällerlager. Erst nach zwei bis drei Jahren können sie dort als vollwertige Arbeitselefanten eingesetzt werden, um Baumstämme zu schieben und zu ziehen.
In Südindien und auf Sri Lanka ziehen die Arbeitselefanten die schweren Hölzer nach der sogenannten Vakkai-Methode, das heißt mit Hilfe eines dicken Seils aus der Rinde von *Sterculia vilosa*, dessen eines Ende sie zwischen den Backenzähnen einklemmen. Diese Praxis, so berichtet V. Krishnamurthy, der Veterinär des Madras Forest Department, sei günstiger als die birmanische Methode. Bei ihr ziehen Arbeitselefanten ihre Lasten mit Zuggeschirren, die oft so stark auf die empfindliche Haut drücken, daß kaum heilende eiternde Schürfwunden entstehen.
Auch die Arbeit mit dem Zugseil wird schrittweise geübt. Zuerst lernt der Elefant, das »Mundstück« des Zugseils aufzunehmen, es zwischen den Zähnen festzuhalten und nur dann fallen zu lassen, wenn das entsprechende Kommando gegeben wird. Dann lernt er, mit dem Seil zu gehen, erst leichte und schließlich schwere Lasten zu ziehen.
Das Leben in Arbeitselefantenlagern lernte ich in den Jahren 1979 und 1980 in Mudumalai, einem Reservat von Tamil Nadu, kennen. Der WWF organisierte damals im Vorfeld der bald darauf beginnenden »Operation Elefant« Beob-

achtungscamps mit deutschen und Schweizer Wissenschaftlern, Lehrern und Studenten, und ich hatte diese Lager wissenschaftlich zu betreuen. Eine der ersten Aufgaben, die sich meine Mitarbeiter stellten, war, die Kommandoworte aufzulisten, gewissermaßen ein Fremdwörterbuch zu erstellen. 37 Befehlswörter kamen so zusammen. Was aber nicht heißen soll, daß jeder Elefant sie versteht. Das Kommando »Upper-barre!« zum Beispiel befolgten nur zwei junge Bullen; sie müssen sich dabei auf den Hinterbeinen aufrichten. Ein gut ausgebildeter Arbeitselefant, das haben die beiden bundesdeutschen Verhaltensforscher B. Rentsch und R. Altevogt 1953 in Karnataka festgestellt, befolgt zwischen 21 und 23 Kommandos.

Zwar ist Mudumalai nur wenige hundert Kilometer von Kakankote und den andern Elefantenzentren entfernt, die ich 1968 mit Joe Mascarenhas erstmals besucht habe, doch tönen hier die Befehle zum großen Teil schon ganz anders: »Vorwärts!« heißt hier »Hätt!« und nicht »Mall-mall!«; »Zurück!« heißt »Bidet!« und nicht »Bait-bait!« Die Mahuts kennen für denselben Befehl oft sogar verschiedene Worte. »Komm!« kann »Warteh!«, »Varig!«, »Da!«, »De!«, »Tavari!« oder »Bartha!« heißen. »Salam-barre!«, »Heb den Rüssel!«, ist das einzige Kommando, mit dem meine Mitarbeiter bei den Elefanten auf Verständnis stießen. Die grauen Riesen hätten für die vorgehaltene Banane ihren Rüssel aber wahrscheinlich auch ohne Befehl hochgenommen. Alle anderen Kommandos waren in den Wind gesprochen, sosehr meine Kollegen sich auch bemühten, die Stimme der Mahuts nachzuahmen. »Unsere Versuche, den Tieren etwas zu befehlen, wurden immer mit kalter Gleichgültigkeit quittiert«, schrieb damals Kurt Bachmann, einer der freiwilligen Elefantenbeobachter, in seinem Bericht über Menschen und Elefanten im Mudumalai-Reservat. Selbst die beste Liste mit phonetisch aufgeschlüsselten Befehlen ist noch lange keine Gebrauchsanleitung für den Umgang mit Arbeitselefanten. Diese gehorchen nur bestimmten Menschen, und »zahm« verhalten sie sich auch nicht gegenüber jedermann, und schon gar nicht gegenüber völlig unbekannten Europäern. Das sollten wir alsbald erfahren.

»Ihr habt jetzt alles, was ihr braucht, sonst schickt jemanden nach Thekkadi«, verabschiedeten sich Krishnamurthy, der Elefantendoktor, und Narasiman, der Oberförster, von uns: »Geht aber ohne Mahuts nie zu nahe an die Bullen!« rief noch einer der beiden aus dem anfahrenden Jeep. »Vor allem nicht mit weißen Kleidern«, ergänzte ein eifriger Forest Officer neben uns. »Quatsch«, antwortete einer, »so schlimm wird es nun doch nicht sein.«

Wir hatten uns im kleinen Dschungeldorf von Nardi aus Bambus und Gras ein kleines Häuschen bauen lassen und wollten von dort aus die Elefanten bei der Arbeit filmen. Die Riesen schritten jetzt zum Badeplatz und kamen, kaum hatten wir unsere Unterkunft bezogen, zurück ins Dorf, wo sie sich vor der Futterküche aufreihten und auf ihre abendlichen Zusatzrationen aus gekochtem Reis, Salz und Rohrzucker warteten. Meine Freunde und ich wollten dem Füttern aus der Nähe zusehen und stopften auch bald klebrige Futterknödel in die weit aufgerissenen Mäuler und die nach oben geschwungenen Rüssel. »Von wegen Gefahr«, maulte einer, »daß die Inder immer übertreiben müssen«, ein anderer.

Nach dem Füttern lösten die Mahuts die Ketten, mit denen sie die Vorderfüße der Elefanten gehobbelt hatten, stiegen auf und ritten ein kurzes Stück in den Dschungel, dorthin, wo dichter Bambus und Gras wuchsen. Hier hobbelten sie

Beim Bau von Stockaden leisten ausgewachsene Bullen Schwerstarbeit. Sie schleppen nicht nur schwere Teakstämme, sondern rammen diese auch noch in vorbereitete Löcher.

die Tiere wieder, legten die Spurketten aus und kehrten dann ins Lager zurück. Ihr Arbeitstag war zu Ende.

Uns jedoch hatte wieder einmal das Elefantenfieber gepackt. Das Licht war noch gut. Also wollten wir filmen, wie die Elefanten fraßen. Unmittelbar neben dem Camp rissen Indar, Mudumalai und Arjun, drei große Bullen, Blätter von Bambusstengeln, knappe fünfzig Meter von uns. Stative wurden aufgestellt, Kameras angeschraubt, Licht gemessen – und schon ging Mudumalai auf Renate, meine Frau, los. Trotz gehobbelter Vorderbeine hätte er sie früher oder später eingeholt, wären nicht die Mahuts herbeigeeilt und hätten den Bullen lachend gestoppt. »Was halten Sie jetzt von weißer Farbe?« fragte der Forest Officer trocken und deutete dabei auf die kleinen hellen Dreiecke im Muster ihres Pullovers. Dieser Vorfall war uns eine Lehre. Fortan folgten wir nur noch den Mahuts. Und dies war gelegentlich schon aufregend genug. Vor allem am Morgen, wenn die Männer bei Tagesanbruch im grauen, nebligen Dschungel ihre Elefanten suchten. Sie folgen dabei der Spur der langen Kette, die die Elefanten an einem der Vorderfüße nachschleifen. Und sie hoffen, den hellen Klang der Glocke zu hören, die jeder Arbeitselefant am Hals trägt. Trotzdem waren die grauen Schatten, die wir gelegentlich von weitem im Unterwuchs ausmachten, auch nicht immer auf den ersten Blick als zahme oder wilde Elefanten zu erkennen.

Und selbst wenn ein Mahut sicher ist, sein Tier endlich gefunden zu haben, geht er nicht einfach hin, um aufzusteigen und ins Camp zu reiten. Zuerst kauert er sich vor den Elefanten hin, spricht leise mit ihm, klatscht in die Hände oder macht irgendein anderes Zeichen, das nur er, der Elefant und vielleicht noch seine besten Freunde kennen. Dann steigt der Mahut auf, über den linken oder rechten Fuß, vielleicht über den Rüssel von vorne, aber immer auf dieselbe Art und Weise.

Dieses umständlich erscheinende Vorgehen hat seinen Sinn: Nicht einmal ein Mahut könnte einen fremden Elefanten stehlen; denn der würde ihn sofort angreifen. Der Mahut sichert sich auf diese Weise auch seinen Arbeitsplatz. Er kann kaum durch einen andern Elefantenführer ersetzt werden; dies geht nur dann, wenn er diesen einweist.

Die Mahuts delegieren bestimmte Aufgaben, vor allem Routinejobs. Wie das ablaufen kann, hat uns Oberförster Narasiman erklärt. Als er einmal Löhne auszahlte, erschienen ältere Kurumbas vor der Forest Lodge, die wir zwar regelmäßig im Teehaus, aber noch nie auf dem Rücken eines Elefanten gesehen hatten. »Der Mann da ist der Mahut von Cauvery, der Mutter von Wassim, und der neben ihm sein Kavedi, sein Gehilfe«, sagte Narasiman, als er dem »Piloten« 360 Rupien und dem »Copiloten« 320 Rupien aushändigte und die Zahlung durch einen Daumenabdruck quittieren ließ.

»Aber was ist dann mit dem Langhaarigen, der Cauvery immer reitet?« fragte ich.

»Der ist sein Schwiegersohn.«

»Ist der auch auf der Lohnliste?«

»Wieso auch? Die Familie kriegt ihr Geld ja so oder so«, erwiderte Narasiman.

»Ja, und Pomen, der zwölfjährige Junge, der Cauvery im Fluß wäscht und Wassim, ihren Sohn, betreut?«

»Der ist der Sohn des Alten. Auch hier bleibt der Verdienst in der Familie.«

»Wie groß sind denn die Familien?« wollte ich wissen.

»Wahrscheinlich umfaßt eine das ganze Dorf«, antwortete Narasiman.

Und schon erzählte der stattliche Brahmane, der

die kleinen kastenlosen Kurumbas liebte wie seine Kinder, eine seiner vielen Geschichten aus »Kurumbistan«, »You know, Doctor«, begann er wie üblich, »da war einmal ein schwerer Unfall. Ein Bulle tötete einen von mir angestellten Mahut. Ich hatte der Witwe ein paar tausend Rupien, für sie ein unvorstellbares Vermögen, auszuzahlen. Genauer gesagt, ich deponierte das Geld auf der Bank im Dorf und sagte ihr, sie würde von dort monatlich einen Anteil kriegen. Das reiche bis an ihr Lebensende.« Die Witwe hat jedoch bei weitem länger gelebt, als die Summe reichte. Die Kurumbas marschierten nämlich alle zusammen auf die Bank, und die Frau hob ihr gesamtes Vermögen ab. Das ganze Dorf ging Tag für Tag ins Kino, man betrank sich gehörig, kaufte billigen Schmuck aus Glas und Plastik für die Frauen und wurde obendrein von den Hinduhändlern noch so richtig übers Ohr gehauen. Als kein Geld mehr da war, ging es wieder heimwärts in den Dschungel, zu den Elefanten.

Der Alltag dieser Menschen ist in unseren Augen gleichförmig. Alles, was sie haben, teilen sie untereinander: die kleinen Fische und Garnelen, die sie in den Dschungelbächen fangen, die Wurzeln, die sie finden, die Eier ihrer Hühner oder die Löhne und die Rente.

Die Kosten für eine zehnköpfige Familie betrugen 1980 etwa 240 Rupien. Der Rest des Einkommens von 320 bis 360 Rupien wird für Luxusgüter ausgegeben, für Schmuck zum Beispiel. Die Arbeit mit den Elefanten ist zur Existenzgrundlage der Kurumbas geworden. Denn seit die einstigen Jäger und Sammler nicht mehr Axishirsche, Hasen und Riesenhörnchen, sondern höchstens noch Warane erlegen dürfen, seit ihre Dschungelheimat immer enger und artenärmer wird, können die Kurumbas, die niemals Bauern waren, sich immer weniger aus eigenen Quellen ernähren. Reis, Linsen, Gewürze, Zucker und Salz müssen sie ohnehin kaufen. Obwohl der Job mit den Elefanten die wichtigste Möglichkeit ist, Geld zu verdienen, ist der Beruf des Mahuts nicht sonderlich prestigeträchtig. Der Dorfälteste der Kurumbas thronte keineswegs auf dem größten Bullen und heimste den höchsten Lohn ein. Ganz im Gegenteil, er war lediglich Kavedi, Gehilfe, bei einer jüngeren Kuh. Jejahan, der Mahut von Arjun, dem größten und auch gefährlichsten Bullen, rangierte in der Hierarchie der Dorfgemeinschaft unter ferner liefen. Er zeichnete sich vor allem als »Schluckspecht« aus, wenn Rumflaschen die Runde machten. Ittiwili, der Schamane, schließlich verzichtete überhaupt auf das Elefantenführen. Trotzdem spielte er eine entscheidende Rolle in der Gemeinschaft. Und die gestaltete ihr Zusammenleben sehr intensiv. Viel Zeit blieb fürs tägliche Palaver, denn Elefanten kennen nur Kurzarbeit, die ihnen Krishnamurthy verschrieben hatte. Erwachsene Elefanten arbeiten täglich nur sechs Stunden, drei am Morgen, drei am späten Nachmittag, sechs- bis fünfzehnjährige lediglich die Hälfte und jüngere gar nicht. Im April und Mai »machen sie Ferien«. Narasiman mußte ständig aufpassen, daß die Kurumbas die Arbeitszeit der Elefanten nicht noch weiter verringerten. Dies gelang ihnen zum Beispiel, wenn eine Kuh ein Kalb gebar. Stellten sie ein oder zwei andere Weibchen zu Mutter und Kind, übernahmen diese sofort Tantenrollen und konnten, so versicherten jedenfalls die Kurumbas, nicht mehr getrennt werden. Somit kamen nicht nur die Elefantenmutter, sondern auch die beiden Tanten, demnach nicht nur zwei, sondern sechs Kurumbas, in den Genuß eines bezahlten Freijahrs. Solche Freijahre muß es vor sechs Jahren, als wir erstmals mit Narasiman die Kurumbyas besuchten, viele gegeben haben. Denn vier von seinen zwanzig Elefanten führten säugende Kälber, und wenigstens zwei waren hochschwanger. Väter waren wildlebende Bullen, wie die Mahuts erzählten.

Wurde eine Kuh brünftig, so erschienen mächtige, Stoßzähne tragende Elefantenmännchen in der Nähe der Kurumba-Siedlungen, lieferten den zahmen Bullen, die sich, weil sie gehobbelt waren, nicht wehren konnten, fürchterliche nächtliche Kämpfe. Und Krishnamurthy mußte dann morgens die Wunden nähen. Dann hielten die Kurumbas ihre Bullen tage- und wochenlang im Dorf, von dem sie die wilden Elefanten mit großen Feuern abschreckten. Die Elefantenkühe aber schickten sie in den Wald, und sie wußten, daß dies nach etwa zwei Jahren zusätzliche Ferien bringt.

HOFFEN AUF KURUMBISTAN

Wie schnell doch die Zeit vergeht! Vor vier Jahren noch war Soman erst 16, »now 25 and just married«, erzählt er mir im Sommer 1979.

Mit Zahlen steht Soman, wie alle Kurumbas, auf Kriegsfuß. Sein Schulenglisch lernte er, als die Kinderlähmung ihm das linke Bein verkrüppelte. Während damals die anderen Buben Arbeitselefanten wuschen oder Fische fingen, mußte er mit den Mädchen in Kargudi die Schulbank drücken. Er lernte lesen und schreiben, rezitierte endlos »Ghandi is papa of modern India« und brüllte mit im Chor »Good morning, sah'b!«, wenn der Range Officer, der Revierförster, dem Oberlehrer seine Aufwartung machte.

Eines Tages verfolgte ein wilder Elefant den Lehrer, der um sein Leben rannte. Soman war erstaunt über soviel Unvernunft. Denn bei den Kurumbas weiß jedes Kind, daß man sich bei solcher Gefahr rasch verstecken muß, am besten unauffällig zwischen den Wurzeln der großen Urwaldbäume, in einem Bambusgestrüpp oder in einer kleinen Bodenvertiefung verschwindet. Soman blieb von nun an der Schule fern, humpelte den Arbeitselefanten nach, wenn diese allabendlich vom Holzfällercamp zum Baden am Bach geführt wurden, machte sich nützlich, schrubbte gelegentlich den einen oder anderen der Tierriesen und zog mit den Mahuts in den Dschungel, wo die gehobbelten Arbeitstiere nachts weideten.

Heute nun thront der hinkende Soman auf Indar, dem größten der Elefantenbullen von Mudumalai. »Me mahut«, strahlt er, und er ist stolz, wenn er auf dem drei Meter großen Riesen vor Touristen posieren kann. Reiten dürfen die Touristen nicht mehr auf Indar, seit ein wilder Elefantenbulle ihn angefallen und schwer verletzt hat. »Dangerous«, hat Krishnamurthy, der Elefantendoktor, vor drei Jahren in Indars »Logbuch« geschrieben. Soman läßt sich mit Indar auch gerne bei der Arbeit fotografieren. Sie schichten ein paar armdünne Teakstämmchen im leeren Holzlager von Kargudi um, damit Pilze und Käfer sie nicht schon vor dem Verkauf mürbe fressen. Sonst gibt es keine Arbeit mehr für die beiden.

»Wo ist deine Familie?« frage ich Soman. »Nardi.« Somans Hand beschreibt einen weiten Bogen, bevor sie auf den engen Dschungelpfad weist, der durch Dickicht und wildgewachsenen Wald, dann über steile Bergrücken führt und schließlich nach insgesamt 21 Kilometern das Dorf Nardi erreicht. Die Kurumbas haben Nardi im Frühjahr 1980 errichtet. Aus Bambus und Gras fertigten sie Wände, Türen, Fensterläden und Dächer für die Hütten. Zusammengehalten werden sie von Schnüren und Seilen aus Baumrinde, die die Frauen und Mädchen auf ihren nackten Fußrücken und Schienbeinen gedreht haben. Nach zwei Wochen harter Arbeit stand der neue Ort: Futterküche für ein Dutzend Arbeitselefanten, Palaverhalle für die

Männer, Häuser für dreißig Familien, Badeplatz und Abfallgrube.
Nur vier oder fünf Kilometer von Nardi entfernt zerfällt das Dorf, in dem die Kurumbas im vorigen Jahr gelebt haben. Der Südwestmonsun bringt Regen, frischer Unterwuchs zersetzt und überdeckt die Hinterlassenschaften von Mensch und Tier, die nun wieder dem endlosen Kreislauf der Natur zugeführt werden.
Von Nardi aus zogen die Kurumbas vor vier Jahren mit ihren Arbeitselefanten in den unwegsamen Dschungel und schlugen die Bäume, die Narasiman, der Oberförster, mit Nummern gekennzeichnet hatte. Höchstens einer pro Hektar wurde gefällt. Jeweils vorher opfert Ittiwili, der Schamane, Kokosnüsse und Gewürze, besänftigte den Geist des Baumes und bat für alle Beteiligten um Vergebung. Kräftige Arbeitselefanten schleppten die Stämme dann ins Holzlager.
Frühestens nach dreißig Jahren werden in diesem Waldabschnitt wieder Bäume gefällt – so geschieht es seit langer Zeit. Dieses Vorgehen schont den Wald und nutzt dem Staat Tamil Nadu, der mit seltenen Hölzern sechs Millionen Rupien pro Jahr erwirtschaftet. Der Tourismus in Mudumalai zum Beispiel bringt deutlich weniger Gewinn: 200 000 Rupien pro Jahr.
1990 besuche ich Mudumalai wiederum. Soman ist jetzt knapp über dreißig. Seine Frau trägt schlohweißes Haar, liegt fast nur noch im kleinen Haus mit dem Grasdach, hustet dauernd, und Soman bittet um Malariapillen. Den anderen Kurumbas geht es kaum besser. In Mudumalai hat sich die Welt verändert.
Der Wald ist geschützt, für die Kurumbas und die Arbeitselefanten gibt es nichts mehr zu tun. Naturschützer aus den Städten wollen in den letzten noch bewaldeten Hügeln vom Nordfuß der Nilgiris Reservate für Elefanten, Pfauen und Touristen errichten – aber nicht für die seit Jahrtausenden im wilden Wald lebende Stammesbevölkerung der Kurumbas.
Derartiger Naturschutz läßt Funktionäre, Journalisten und Reiseleiter gut leben. Die Kurumbas aber lebten von geschützter Natur, von Fischen und Krebsen aus klaren Bächen, von Früchten, Kräutern und Knollen. Geschützt war ihre Welt vor allem deshalb, weil sich niemand außer ihnen selbst für sie interessierte, abgesehen von der Regierung, die gelegentlich vergleichsweise wenige Elefantenherden fangen und ausgewählte Dschungelbäume durch Kurumbas schlagen ließ. Der große, wilde Wald überlebte solche geregelten Eingriffe schadlos, den Kurumbas brachten sie geringen, aber sicheren Verdienst. Totaler Schutz macht die Kurumbas zu Fremden in der eigenen Heimat. Der stolze Soman, seine Verwandten und Freunde aus Nardi beginnen jetzt schon zu betteln. Die Jüngeren werden vielleicht in die Städte ziehen und verzweifelt Arbeit suchen, während der Forest Minister von Tamil Nadu bei seinem Besuch im Sommer 1990 laut darüber nachdachte, die nutzlos gewordenen Arbeitselefanten und ihre Kälber an Tempel zu verkaufen.
Die Vertreibung der Kurumbas wird die verbliebenen Wälder in Mudumalai nicht retten, auch wenn dann niemand mehr fischt, Bäume fällt und Bambus schlägt. Denn der Wald wird viel stärker bedroht durch die unzählbaren Rinder. In seinem Bestand gefährdet ist er aber vor allem, weil er zu lächerlich kleinen Inseln zusammengeschrumpft ist, auf denen sich die zusammengedrängten Herden der Elefanten nicht mehr ernähren können. Folglich suchen sie ihr Futter auf den Feldern und sogar in den Gärten der Menschen.
»Wenn ich den Kerl erwische, dann kriegt er eine Ladung Schrot in seinen fetten Hintern«,

Jeden Abend füttern die Kurumbas ihre Arbeitselefanten mit Leckerbissen, bevor sie sie in den Dschungel führen.

fluchte am Neujahrsmorgen 1984 Kotawala, der Pflanzer, Großgrundbesitzer und neuerdings auch Hotelier der »Bamboo Banks Lodge« am Rande des Mudumalai-Reservats. Mitten in der Blütenpracht von Weihnachtsstern, Bougainvillea und Jasmin stand er auf einer kuchenblechgroßen Spur des Täters und fuchtelte mit seinem Gewehr. »Zwei riesige Brotfrüchte hat er mir geklaut und halb gefressen; dafür wird er brennen«, donnerte Kotawala, während einer seiner Angestellten gerade einen Haufen »Visitenkarten« des Eindringlings aus dem prächtigen Blumenbeet karrte. Ein Viehzaun aus drei gespannten Stacheldrähten ist nun einmal kein Hindernis für ausgewachsene Elefantenbullen. Die schreiten ganz einfach darüber hinweg.

»Ich hab' bei Gott kein Restaurant für diese blöden Viecher«, fluchte Kotawala.

»Aber eines für Touristen, die von weither kommen, um einige der letzten wilden Elefanten zu sehen«, entgegnete ich.

»Selbst wenn sich die Fremden jeden Abend in meiner Bar mit teurem Importwhisky halb zu Tode saufen würden«, konterte der wütende Kotawala, »ersetzen sie mir nur einen geringen Teil des Schadens, den ein paar Elefantenbullen in meinen Erdnuß- und Maulbeerkulturen anrichten. Noch nie gab es so viele Elefanten hier. Und nun kommen noch Leute wie du, Doktor Sah'b, und erzählen uns, wir sollten diese Pest auch noch schützen. Packt sie euch doch ein! Schifft sie nach Europa oder Amerika, laßt sie bei euch frei laufen und schaut dann, was passiert! Ich jedenfalls habe genug und weiß, wie ich mich zu wehren habe.«

Was er damit meinte, war mir sonnenklar. Als ich 1979 zum erstenmal seine Farm besuchte, schwelten noch die Knochen eines erschossenen und dann verbrannten Elefanten auf dem Feld hinter dem Haus. Wegen dieser offensichtlichen Wilderei wurde niemand verurteilt. Denn Farmarbeiter, Bauern und Hirten schwiegen, weil wütende Elefantenbullen immer häufiger Menschen umgebracht, Felder verwüstet und geplündert hatten.

»Zwischen 30 und 50 Menschen werden jährlich in Südindien durch Elefanten getötet«, faßt Raman Sukumar, Chef der Elefantenforschungsgruppe von der Universität in Bangalore 1989 zusammen: »Nur die Hälfte der Fälle werden offiziell überhaupt registriert. Auch in anderen Teilstaaten Indiens steigen die Todesfälle.«

»In Nordbengalen waren es um 1970 jährlich etwa dreißig«, weiß Dhriti K. Lahiri-Choudhury aus Calcutta, »1990 waren es 60. Allein 1989 töteten Elefanten in Assam 52 Menschen. 1988 und 1989 starben in Bihar 24 durch Angriffe einer streunenden, offenbar wegen Landerschließungen heimatlos gewordenen Herde.« Und in Andhra Pradesh, wo 1985 einige Gruppen aus dem benachbarten Tamil Nadu einwanderten, ließen seither etwa 50 Menschen ihr Leben in fatalen Begegnungen mit den Tierriesen.

Vier von fünf Elefanten, die Menschen töteten, sind Bullen. Das hängt damit zusammen, daß Bullen, besonders während der Musth (davon wird später noch ausführlich die Rede sein), viel angriffslustiger sind als Weibchen. Zudem wagen sich Bullen einzeln oder vereint in kleinen Gruppen eher auf Felder und in die Nähe des Menschen. Besonders nachts geschehen dann die Unfälle, wenn Bullen sich nicht mehr durch Lärm und Feuer, Raketen und andere Feuerwerkskörper vertreiben lassen und ungestüm Menschen annehmen. Zum tödlichen Unfall reicht oft nur ein kläffender Köter, der einen Elefanten verbellt, dann plötzlich fliehend bei den Hütten der Menschen Schutz sucht und so den Bullen, der ihn wütend verfolgt, in die kritische Nähe der Menschen führt. Und dann wären noch Betrunkene zu erwähnen, die zu später Stunde von jenen schäbigen Hütten am Rand des Dorfes, wo billiger Fusel zu haben ist, nach Hause wanken. »Treffen sie dann einen Elefanten, erkennen sie plötzlich Ganesha-Baba', den Elefantenköpfigen, und wollen ihm opfern. Der Trunkenbold opfert sich dann selbst«, erzählt Lahiri-Choudury.

Die zunehmenden tödlichen Zwischenfälle beruhen weitgehend darauf, daß sich der Lebensraum des Menschen immer mehr auf Kosten natürlicher Lebensgemeinschaften ausbreitet. Davon sind auch Schutzgebiete nicht ausgenommen. Das zeigt die Entwicklung der südindischen Reservate von Mudumalai, Bandipur und Nagarholle. Als ich hier vor fast einem Vierteljahrhundert mit Joe Mascarenhas weilte, blühte der siebzigjährige Bambus, versamte und starb.

Zwar wuchsen nach den ersten warmen Regen bald wieder saftige Triebe – sozusagen die Geburt einer künftigen Futtergeneration für Elefanten. Aber dann war es aus: Tausende von Rindern, die von den Bauern aus der Umgebung in die letzten Wälder getrieben wurden, fraßen praktisch über Nacht den grünen Teppich weg. Heute gleicht das, was einst Dschungel war, einer »guten Stube«. Der Boden ist »sauber«, sieht man von den Lantanasträuchern ab.

Lantana stammt aus Südamerika. Mit Missionaren und Pflanzern fand sie den Weg nach Afrika und Südasien. Dort wurde sie wegen ihrer Blütenpracht geschätzt. Heute kann man sie in Mitteleuropa beim Gärtner kaufen. In Südasien wurde sie bald wild und begann sich rasend schnell auszubreiten. Dort, wo sie wächst, haben einheimische Pflanzen häufig ausgespielt. Junge Dschungelbäume können nicht mehr aufwachsen, weil sie von Lantana ausgeschattet werden. Die orangegelben, gelegentlich auch dunkelblauen oder violetten Blüten der Lantana werden von Schmetterlingen bestäubt und ihre hellroten Früchte werden von Bülbüls gefressen. Diese Vögel können die Samen nicht verdauen, tragen sie fort und lassen sie irgendwo fallen. Dort keimen sie vor allem an sonnigen und vegetationsarmen Stellen, also beispielsweise dort, wo Rinder alles Gras weggeputzt haben. Lantana wächst auch an Straßen und Dschungelpfaden, auf denen riesige Rinderherden zu den Weiden in den Reservaten getrieben werden. Lantana wächst auch entlang des Weges nach Masinagudi, dem Hauptquartier des Reservats, in dem ein Impfposten eingerichtet worden ist, nachdem 1968 die Rinderpest einen großen Teil der Bestände des Gaur, des mächtigen indischen Wildrindes, vernichtet hat. Und erwähnt seien auch die Tausende von Rindern, die durch das Reservat von Mudumalai in die Schlachthäuser Keralas getrieben werden.

»Stopp doch endlich, siehst du den Elefanten nicht!« Verdattert stand der Fahrer auf der quietschenden Bremse. Sechzig Schritt vor uns riß ein mächtiger, Stoßzähne tragender Bulle Äste von einem Baum. Ob es sich um Kotawalas Besucher handelte oder nicht, war mir gleich. Trotzdem mußte ich an den Farmer denken. Vielleicht hatte er diesen Bullen schon einmal auf den Feldern erwischt und ihm eine Ladung Schrot in die empfindliche graue Haut gebrannt. Elefanten, das weiß ich aus langjähriger Erfahrung in Südasien, vergessen solche Schrecken nie, greifen fortan jeden Menschen an.

Meine Begleiter haben damals über meine Vorsicht gelacht. Doch drei Jahre früher wurde einer meiner Bekannten, ein erfahrener Förster, wenige Kilometer von hier entfernt von einem verletzten Elefantenbullen getötet. Der Mann wollte den Elefanten lediglich aus der Nähe fotografieren. Selbstverständlich erhielt der »Killer« dann die Kugel.

Krishna, so heißt der Fahrer, ist heute mit Elefanten in Mudumalai vertraut und bringt Touristen bis in nächste Nähe zu den Herden, wenn die neben den Pisten stehen. Er brauche keine Angst mehr zu haben, erzählte er uns 1990, in Mudumalai gäbe es höchstens noch drei erwachsene Bullen und die lebten ganz woanders.

In der Tat: die großen Männchen sind selten geworden. In den siebziger und achtziger Jahren schossen in Südindien Wilderer, die nach wie vor hinter dem Elfenbein her sind, und Bauern, die ihre Felder gegen den unerwünschten unersättlichen Besucher mit Feuerwaffen verteidigen, dermaßen viele Bullen, daß, so teilt Raman Sukumar 1989 mit, nur noch einer von drei eines natürlichen Todes stirbt.

Während Jahren starben so in Südindien jährlich wenigstens 150 Bullen. Die Folgen wurden vorerst deutlich im Periyar-Reservat, das etwa eine Tagesreise südlich von Mudumalai liegt. In dem 741 Quadratkilometer großen Schutzgebiet leben rund 600 Elefanten, ein Zehntel des gesamten Bestandes von Kerala, Tamil Nadu und Karnataka. Als im Mai 1979 die Elefantenbevölkerung geschätzt wurde, zählten Forest Officers und Stammesangehörige hier lediglich noch zwei Dutzend Bullen. 100, 200 oder mehr waren in den letzten Jahren gewildert worden.

Das Reservat von Periyar vermag wohl auch nicht mehr die hier noch eher zurückgezogen lebenden Herden zu ernähren. Dies zeigt sich in der Fortpflanzungsleistung der Elefanten. Die Schätzungen ergaben lediglich ein Kalb pro elf Weibchen. In den zusammenhängenden Reservaten in den Anamalai-Bergen (insgesamt 3800 Quadratkilometer) und am Nordfuß der Nilgiris, wo Bandipur, Mudumalai und angrenzende Schutzgebiete immerhin eine Fläche von rund 10 000 Quadratkilometern umfassen, sieht es – jedenfalls heute noch – besser aus. Hier leben auf 100 Quadratkilometern Schutzzone nicht 78 Elefanten wie in Periyar, sondern nur die Hälfte, nämlich 38 beziehungsweise 40. Hier werden auch mehr Junge geboren und aufgezogen: eines pro drei Weibchen in den Anamalais und eins pro zwei Weibchen in dem größten geschützten Gebiet von Bandipur und Mudumalai. Diese beiden Gebiete vermögen offenbar auch die Bullen besser zu schützen. In den Anamalais zählten die Forest Officers und die Stammesangehörigen auf 100 Weibchen deren 30. In Bandipur und Mudumalai waren es 1979 sogar 55, heute sind es aber beträchtlich weniger.

Die Größe der Schutzgebiete bestimmt also mit darüber, wie viele Elefanten überleben. Doch selbst die vergleichsweise große Region von Bandipur und Mudumalai wird, langfristig gesehen, zu klein sein, vor allem dann, wenn die letzten wilden Elefanten – die Schätzung ergab einen Bestand von rund 4000 Tieren – ihre Nahrung mit Abertausenden von Rindern teilen müssen. Auch von ihnen gibt es schon zu viele in den Reservaten, als daß diese sie ernähren könnten. Auch hier verlassen die Bullen den Lebensraum der Herden, und es ist nur eine Frage der Zeit, bis sich auch die Herden bei ihrer unermüdlichen Suche nach Freßbarem auf Reis, Zuckerrohr und Maulbeerbäume umstellen werden. Und dann werden auch Elefantenkühe und -kälber mit Schrot von den Feldern vertrieben, verletzt und so zu »Killern« umfunktioniert, die man schließlich in Notwehr erschießen wird.

Der große, wilde Wald, die Heimat der Elefanten, wird dann schon verarmt sein. Lantana

wird von ihm Besitz ergriffen haben, Bambus und mit ihm Hunderte von Pflanzen werden ausgestorben sein. Der Dschungel, die naturgewollte Vielfalt, wird immer ärmer. Und just jene Menschen, die diese Vielfalt seit unzählbaren Generationen kennen, müssen sie als erste verlassen, nur weil Städter, wahrscheinlich ergriffen von schlechtem Gewissen, nun endlich auf ihre Art schützen wollen, was letztlich auf diese Weise nicht zu schützen ist.
In dieser fast hoffnungslosen Situation könnten die als Kastenlose verachteten Kurumbas helfen. Denn Soman und seine Freunde müssen nicht wie die Experten aus Hochschulen und Ministerien Elefanten und Dschungel erst jahrelang »studieren«. Sie kennen sie aus langjähriger Erfahrung, aus Schilderungen ihrer Väter und Großväter, aus ihren Legenden. Schon allein dieser Wissensvorsprung würde ihr Heimatrecht in den letzten Wäldern rechtfertigen. Diesbezüglich macht heute schon einer der Kurumbas von sich reden. Ich meine Manban. Im Sommer 1990 half er seinem Vater, dem Mahut eines der großen Bullen, und trainierte mit zwei Jungtieren. Das sei nur sein Ferienjob, gab er in fehlerfreiem Englisch stolz zu erkennen. Das College hätte er mit Erfolg abgeschlossen. Im Herbst ginge er dann an die Uni von Coimbatore. »Was wirst du studieren?« wollte ich wissen. – »Das gleiche wie du, Doktor Sah'b, – Biologie.« In seinem letzten Brief, den ich kürzlich erhielt, erzählte Manban, er hätte die 2000 Pflanzen, die er in Mudumalai als Kind kennengelernt hatte, aufgelistet und mit den korrekten wissenschaftlichen Bezeichnungen versehen. Englische Bezeichnungen hätten nur ganz wenige gehabt.
Wenn ich heute an Manban denke, fällt mir sofort ein anderer Mahutjunge aus Südindien ein, der früh die Sicherheit der Familie verließ, um in die große weite Welt zu ziehen: Sabu. Filme wie der »Elefantenboy« oder »Der Dieb von Bagdad«, in denen er mitspielte, werden heute noch mit steter Regelmäßigkeit zwischen Weihnachten und Neujahr im Fernsehen wiederholt. Sabu jedoch ist seit mehr als 40 Jahren tot. »Er starb als Alkoholiker im fernen Hollywood«, erzählt mir eines Abends ein Forest Officer, »die Trennung von Familie, Elefanten und Dschungel brach ihm das Herz.«
Jeder Kurumba hofft, daß Manban bald zurückkommen wird, als Naturschutz- oder Forstbeamter. Vielleicht wird er dann auch mithelfen in zeitgemäßen Schutzprojekten für die Tierriesen. Die könnten wie folgt aussehen: Wo zu viele Elefanten leben, könnten die Kurumbas überzählige einfangen und umsiedeln oder zähmen. Wo wilde Elefanten fehlen, könnten zahme, von Kurumbas geführte Arbeitselefanten die ökologische Rolle wilder Elefanten übernehmen. Zudem könnten mit Hilfe von Arbeitselefanten und Kurumbas die Restwälder weiterhin schadlos genutzt werden.
Selbstverständlich weiß ich, daß zur Zeit westliches Spezialistentum auch in Südasien Triumphe feiert. Triumph des Agronomenfleißes über die grüne Hölle, den Regenwald, zum Beispiel. Wo einst schier undurchdringlicher Dschungel wucherte, schießen jetzt etwa Ölpalmen oder Gummibäume in die Höhe. Sie liefern Rohstoffe für den Export und tragen damit zur Schuldentilgung bei. Importiert wurden dafür aber westliche Sitten. Dazu gehören Artenschutz und selbstverständlich Schutz der letzten Elefanten. Denn neben dem Tiger ist in Amerika und Westeuropa kaum ein südasiatisches Tier dermaßen populär wie der graue Riese. Aber: Elefanten passen zu Monokulturen ungefähr so gut wie die Faust aufs Auge.

MALAYSIA UND SUMATRA: DIE GUMMI-LÖSUNG

Der stürmische Aufbruch ins Zeitalter westlicher Hochleistung hat Malaysias Dschungel, die Heimat der Elefanten, vernichtet. Heute leben dort nach offiziellen Angaben 500 oder 600. Kaum eine Herde bewohnt noch vom Menschen ungestört den Lebensraum, der ihr vor 30 oder 40 Jahren zum Überleben ausreichte. Und in vielen Gebieten Malaysias sind die überlebenden Bestände dermaßen klein geworden, daß fraglich erscheint, ob in den Herden überhaupt noch genügend Tiere leben, um Nachwuchs aufzuziehen.

500 oder 600 wilde Elefanten, gemessen an der Fläche der Halbinsel von 132 000 Quadratkilometern ist das ein verschwindend kleiner Bestand. Dennoch richten die Tiere beachtliche Schäden an. Ein Beispiel: Der Federal Land Development Authority (FELDA) unterstanden 1980 5261 Quadratkilometer neu erschlossenen Landes. Jährlich rodet sie weitere 405 Quadratkilometer. Auf den freien Flächen werden vor allem Ölpalmen und Gummibäume angepflanzt, die beide wichtige Ausfuhrgüter liefern. Gummi bringt zwanzig und Palmöl zehn Prozent des Exporterlöses.

Elefanten bevorzugen Ölpalmen. In ihrer natürlichen Regenwaldumgebung leben sie zum großen Teil von Palmen. Das soll allerdings nicht heißen, daß sie Gummibäume völlig verschmähen.

Die letzten Elefantenherden Malaysias verursachten in FELDA-Gebieten bis 1980 – so James S. A. Blair – einen Schaden von vier Millionen Gummibäumen und Ölpalmen. Rechnet man die Ernteeinbußen hinzu, so ergibt sich ein Verlust von 100 Millionen US-Dollar. Allein in der Provinz Südjohore beläuft sich der von einer einzigen Herde jährlich verursachte Schaden auf 1,8 Millionen US-Dollar.

Noch in den siebziger Jahren wurden Elefanten, die Plantagen plünderten, meist kurzerhand erschossen. Dann begannen die FELDA und das Malaysian Department of Wildlife and National Parks zusammenzuarbeiten. Ihr Ziel hieß, möglichst viele der letzten Elefanten möglichst kostengünstig und »human« zu erhalten, und dies wohl oder übel auch in der Nähe der neu entstandenen und noch entstehenden für die Exportwirtschaft wichtigen Plantagen. Aufwand und Kosten sprechen für die Ernsthaftigkeit, mit der man das Problem anging: Mit Maschinen- und Menschenkraft wurden insgesamt 200 Meilen Gräben um die Pflanzungen der FELDA ausgehoben. Hügelauf, hügelab, über Ebenen und durch unwegsames Gebiet zogen sich die 1,8 Meter tiefen, oben 2,1 Meter und unten 1,5 Meter breiten Hindernisse. Jede Meile dieser Sperranlage hat 2250 US-Dollar gekostet.

Der Erfolg war jedoch gering. Der Regen wusch die Kanten ab, und die Hitze trocknete die Wände aus, bis sie abbröckelten und einfielen.

Täglich zweimal – am Morgen vor und am Abend nach der Arbeit – werden die Arbeitselefanten von den Kurumbas geschrubbt und mit flachen Steinen massiert.

Schon bald sprach man von »Elephant-arse-erosions«, EAE, von Erosionen, die entstanden, weil die grauen Riesentiere auf ihrem Hinterteil in den künstlichen Graben rutschten, ihn dabei noch etwas auffüllten und sich dann flink mit Rüssel und Vorderbeinen Treppenstufen in den Gegenhang gruben. Also versuchte man, die Hindernisse zu verstärken. Ein findiger Kopf kam auf eine scheinbar glänzende Idee. Die innere Grabenflanke sollte mit rasch wachsendem Dorngestrüpp bepflanzt werden. Dedap oder Indian Coral (*Erythrina indica*) wurde 39 000mal verjüngt und gesetzt.
Die Elefanten hat dies alles aber wenig gestört: Sie brachen die spröden Zweige vorsichtig ab. Vielleicht haben sie sie sogar gefressen, gilt doch *Erythrina indica* bei Kennern als »Heilpflanze« für Elefanten.
Wenn schon natürliche Dornen und Stacheln nichts nützen, so überlegte man nun, werden es wohl künstliche schaffen. Stacheldrahtzäune mußten her; 9000 US-Dollar kostete die Meile. Auch dieser Aufwand war umsonst: Findige Elefantenrüssel erfühlten rasch die Schwachstellen im Zaun, und kräftige Vorderfüße traten die drei Meter hohen Holzpfosten um. »Incompatible neighbours« – »unvereinbare Nachbarschaft« – hieß 1979 das Motto eines Workshops der FELDA. Sein Fazit: Fortan verzichtete man auf Gräben und Stacheldrahtzäune. Neue, noch teurere Bollwerke mußten her, Elektrozäune! Hochspannungsschläge von 4000 bis 5000 Volt wirkten, sieht man von Ausnahmefällen ab. Einem Bullen soll es 28mal gelungen sein, dieses Hindernis umzutreten. Sicher werden findige Ingenieure auch solche Probleme noch zu lösen wissen. Ob sich ihre Verbesserungsvorschläge dann allerdings in die Tat umsetzen lassen, ist eine andere Frage – eine ökonomische. Eine ökologische Frage jedoch ist, warum die abgedrängten Wildelefanten dermaßen »stur« auf die Plantagen drängen, wo mögliches Futter dicht wächst. Bequemlichkeit ist es wohl kaum. Sie nehmen ja in Kauf, vertrieben, verletzt oder gar getötet zu werden. Hunger ist wohl eher eine Antwort. Wo Elefanten noch leben dürfen, ist der Boden wahrscheinlich wenig fruchtbar. Sonst wäre ja auch hier gerodet worden. Was man ihnen läßt, ist zuviel zum raschen Sterben, aber zuwenig zum Überleben. Früher oder später bringt das scheinbar elefantenfreundliche Vorgehen das gleiche Ergebnis wie gezielte Verfolgung: Aussterben. Wie schnell dies gehen kann, habe ich in Sumatra erfahren.
Im Frühjahr 1970 reiste ich, im Auftrag des WWF und der IUCN, zum erstenmal nach Nordsumatra. Ich sollte möglichst viele Daten über die letzten hier noch vorkommenden Orang-Utans, Sumatranashörner, Nebelparder und Tiger sammeln und erste Vorschläge entwickeln für einen wirkungsvollen Schutz des 6000 Quadratkilometer großen Leuser-Reservats und seiner umliegenden Schutzzonen von 1400 Quadratkilometern – eines der größten heute in der Alten Welt noch vorkommenden geschlossenen Dschungelgebiete. In diesem oft schwer zu durchdringenden Pflanzenmeer lebten auch Elefanten, und jeden Morgen, wenn meine sechs Begleiter und ich aus feuchten Decken gekrochen, Tee getrunken und unsere Habseligkeiten geschultert hatten, suchten wir eine Elefantenstraße, um bequem weitermarschieren zu können. Aber den Riesen begegnen wollten wir nicht unbedingt – jedenfalls nicht, wenn kein starker und leicht erklimmbarer Baum in der Nähe war.
Noch heute erinnere ich mich an jene beklemmenden Stunden, als Poniran, der Naturschutzbeauftragte von Atjeh, sowie Bangun, Samudin, Poran, Hussein und ich auf einem Wechsel

vorwärtstappten und dabei immer wieder die oft noch dampfend warmen riesigen Kothaufen eines offenbar mächtigen Einzelbullen sahen, der sich nur wenige hundert Meter vor uns einen Weg durch den dichten Unterwuchs bahnte. Gelegentlich hörten wir sogar, wie er Äste brach. Gesehen haben wir ihn nie.

Dagegen konnten wir später eine Herde von acht Tieren beobachten, die sich bei Pendeng in einer Bananenpflanzung verpflegten.

Wir identifizierten 31 Futterpflanzen, meist Palmen und Kletterpflanzen, kartierten an 90 Orten Spuren von erwachsenen Bullen und an 66 Orten Spuren von Gruppen, die zwischen zwei und acht Mitglieder umfaßt haben mußten. Verglichen mit den Verbänden, die ich früher in Indien und auf Sri Lanka beobachten konnte, waren die im tropischen Regenwald von Nordsumatra sehr klein.

Aber Elefanten gab es dort fast überall: entlang des Alas-Flusses, im Regenwald, im feuchten Mooswald, ja sogar in den Nadelwäldern, die unter Einfluß der Menschen zwischen 600 und 1200 Meter Meereshöhe wachsen. Wir fanden Elefantenspuren auf den Weiden und manchmal natürlich auch in den Reisfeldern.

Ich beschäftigte mich aber vor allem mit Nashörnern und Orang-Utans – sie schienen gefährdeter zu sein als die Elefanten. Drei meiner Begleiter zum Beispiel, erfahrene Pawangs (Jäger), hatten in den letzten Jahren zwölf Sumatranashörner in Fallen getötet: einen Bullen, zwei Jungtiere und neun Weibchen. Weil vor allem Weibchen und Jungtiere gewildert wurden, war das Ende dieser kleinen Nashornart schon nah. Ähnlich bedroht waren die Orang-Utans. Manchmal wurden sie mit Fallen gefangen, meist aber erschossen die Wilderer die Muttertiere und sammelten die hilflosen Säuglinge ein. Ich schätze, daß damals jährlich 200 Orang-Utans erschossen oder gefangen wurden, obwohl zoologische Gärten und Museen längst auf die Einfuhr gewilderter Menschenaffen verzichteten. Die Jungtiere wurden an Schiffskapitäne, Kaufleute oder Diplomaten verkauft.

Damals wurden die auf dem Papier sehr strikten Naturschutzgesetze im Norden Sumatras nicht besonders streng gehandhabt. Reisbauern forderten gelegentlich, wenn Elefanten ein Reisfeld plünderten, die Hilfe der Polizei an. Das klappte immer rasch. Schließlich brachte die Jagd auf die Tierriesen Abwechslung in das eintönige Leben der Polizisten.

Meine ursprüngliche Annahme, die Tierriesen seien trotz mancher Verfolgung nicht bedroht, erwies sich bald als falsch. Einer meiner Begleiter, der Naturschutzbeauftragte von Atjeh, S. Poniran, kam bei seinen Beobachtungen zu dem Schluß, daß in diesem riesigen Gebiet 1970 dreimal weniger Elefanten lebten, als der amerikanische Primatologe C. R. Carpenter in den dreißiger Jahren geschätzt hatte. Markus Borner, ein Züricher Zoologe, der meine Studien über die Sumatranashörner im Leuser-Reservat fortsetzte und drei Jahre im Regenwald lebte, kam 1976 zu dem Ergebnis, daß im gesamten Leuser-Massiv bestenfalls noch rund ein Zehntel des Bestandes von vor vierzig Jahren überlebt hatte.

Wilderei ist sicher ein Grund des raschen Schwundes. Und Fischer, die in den Urwaldbächen mit Reusen und Netzen auf Fang gehen, schützen ihre Standplätze mit den tödlichen Speerfallen, die ich schon beschrieben habe. Die Hauptursache aber besteht darin, daß einstige Nahrungsgebiete der Elefanten längst den Pflanzungen der Menschen weichen mußten. Allein in Südsumatra steht heute nur noch auf 17 Prozent der Landfläche Regenwald. Vor zwanzig Jahren waren es noch 44 Prozent.

1984 begannen Raleigh Blouch, Charles Santipillai und Hayani Suprahman die wilden Elefanten auf Sumatra zu schätzen. Die Erhebungen wurden mehrmals wiederholt. Trotzdem verfügen wir auch heute noch über kein genaues Bild. Im oft schwer zu durchdringenden Regenwald, wo die Fluchtdistanz der Tiere meist größer ist als die Sichtdistanz für den Beobachter, sollen noch 2800 bis 4800 Elefanten vorkommen, etwa ein Drittel davon in Riau (Zentralsumatra) und rund die Hälfte in den vier südlichen Provinzen von Lampung, Südsumatra, Bengkulu und Jambi. Der Rest lebt im Norden, vor allem im Leuser Reservat.

Rund 3000 bis 5000 freilebende Individuen einer vom Aussterben bedrohten Tierart ergeben auf den ersten Blick einen sehr hohen Bestand. Man mag sich vielleicht sogar fragen, ob die Sorgen der Artenschützer nicht übertrieben seien. Sie sind es nicht: Denn der Sumatra-Elefant drängt sich heute in 44 Populationen zusammen. Jede dritte davon umfaßt weniger als 50 Mitglieder, in einem weiteren Drittel wurden zwischen 50 und 100 Tiere geschätzt. In einem Viertel sind es immerhin zwischen 100 und 200. Lediglich eine von elf Populationen umfaßt mehr als 200 Mitglieder. Diese Aufspaltung spiegelt die Entflechtung der Wälder durch die Menschen wider. In den Tälern, in denen Bäche und Flüsse einen fruchtbaren Boden gewährleisten, in denen einst Palmen und Bambushaine, Gräser und wilde Bananen wuchsen, wird Reis angebaut. Man hat den Elefanten auf diese Weise bei weitem nicht den ganzen Lebensraum genommen, aber dessen wichtigsten Teil, nämlich jene Zonen, in denen die Mütter einst ihre Säuglinge aufziehen konnten, ohne große Wanderungen machen zu müssen. Auf ihrer unermüdlichen Futtersuche durchwandern die Gruppen jetzt die Hochwälder, in denen es nur spärliche Nahrung gibt. Die empfindlichen Säuglinge sind diesen Strapazen meist nicht gewachsen.

In den Regenwaldgebieten Südostasiens ist es offenbar nicht mehr möglich, daß Menschen und Elefanten unbeschadet nebeneinander leben. Der heute praktizierte »Kompromiß«, dem Menschen die fruchtbaren Böden in den Talsohlen, den Elefanten lediglich die Wälder an den steilen Talhängen zu lassen, wird dazu führen, daß die Elefanten aussterben werden.

Angemessene Lösungen will die »Asian Elephant Specialist Group« der IUCN finden. 1980 trafen sich Naturschutzbeamte und Elefantenforscher erstmals in Colombo. Das bisher letzte Treffen fand 1992 im indonesischen Bogor statt. Bei diesen Treffen berichten die Experten von ihren Erfahrungen, von Lösungsmöglichkeiten des sich immer dramatischer zuspitzenden Konfliktes zwischen Elefanten und Menschen, von Umsiedlungsaktionen, Wanderungen, Nachwuchs- und Sterberaten und vor allem von Bestandsschätzungen. Dabei zeigt es sich immer wieder, wie unsicher selbst Menschen sind, die jahrelang im Dschungel gelebt haben, wenn es gilt, die Frage zu klären, wo und wie viele wilde Asiatische Elefanten es noch gibt.

DER RÜCKZUG

Bis ins 13. Jahrhundert war der Pandschab ein Zentrum für Elefantenjagd und -fang der indischen Herrscher. Örtliche Ausrottung, Reisanbau und die durch menschlichen Raubbau beschleunigte Ausbreitung der großen Wüste Tharr zwangen die Elefanten dann nach Osten, etwa nach Radjasthan. Von dort stammte einst der Lieblingselefant Akbars des Großen. Doch die Wüste sandte schon damals ihre Vorboten über ganz Radjasthan nach Osten, bis nach Fatepur Sikri. Diese Stadt, Akbar hatte sie als Residenz bauen lassen, mußte bereits nach 14 Jahren wieder verlassen werden. Die Wälder in ihrer Umgebung waren im Übermaß geschlagen worden, und der Grundwasserspiegel war daher gesunken. Den seßhaften Bauern folgten bald die Nomaden. Überall, wo Hochkulturen siedelten, mußten die Elefanten den Feldern, Kultursteppen und häufig der nachfolgenden Wüste weichen. Noch im 18. Jahrhundert lebten Elefanten dort, wo heute Millionenstädte wuchern: Rangun, Colombo, Delhi oder Bombay. Noch Ende des 20. Jahrhunderts lebten sie vor Bangalore, der heutigen Industriemetropole im südindischen Staat Karnataka, und noch vor 40 Jahren in der Nähe der Stadt Kandy im Hochland von Sri Lanka. Überall, wo es heute noch Elefanten gibt, sind sie auf dem Rückzug: in Indien, Nepal, Bangladesch, Bhutan und Birma ebenso wie in Malaysia, Thailand, Laos, Kambodscha und Vietnam oder auf Sri Lanka, Sumatra oder Borneo.

Auf dem indischen Landkoloß schätzen die Experten zwischen 17 000 und 22 000 wilde Elefanten in vier weit voneinander entfernten Vorkommensgebieten. In Südindien halten sich die letzten Herden mit schätzungsweise 6000 bis 8000 Elefanten an die Hügelländer der Western und Eastern Ghats sowie der Nilgiris, der »Blauen Berge«. Ihre einst kontinuierliche Verbreitung über weitere Gebiete von Karnataka, Tamil Nadu und Kerala schmolz zwischen Tee- und Kaffeegärten, Reisfeldern, Stauseen und Kultursteppen zu Inseln. In den Nilgiris und Eastern Ghats rechnen die Fachleute noch mit 4000 bis 5000. In den Anamalai Hills sollen noch 800 bis 1000 vorkommen und auf dem Periyar Plateau 700 bis 1000. Südindien gilt als verhältnismäßig sicheres Elefantengebiet. Hier garantieren Reservate wie Nagerhole, Bandipur, Mudumalai und Wynad große, kaum unterbrochene Schutzräume.

Ganz anders liegen die Verhältnisse in Bihar und Orissa, zwei Staaten im Osten Zentralindiens. Hier rechnen S. P. Shahi und S. Chowdury mit insgesamt 1600 Tierriesen. Sie überleben, zerrissen in kleine Bestände, in einem vom Menschen durch Brandrodung stark in Mitleidenschaft gezogenen Lebensraum. In den Reservaten von Simlipal und Satkosia halten sich noch je 300 bis 400.

In den noch bewaldeten Vorbergen des zentralen Himalaja, in Uttar Pradesh, im bekannten Corbett-Nationalpark, im Rajaji Reservat und

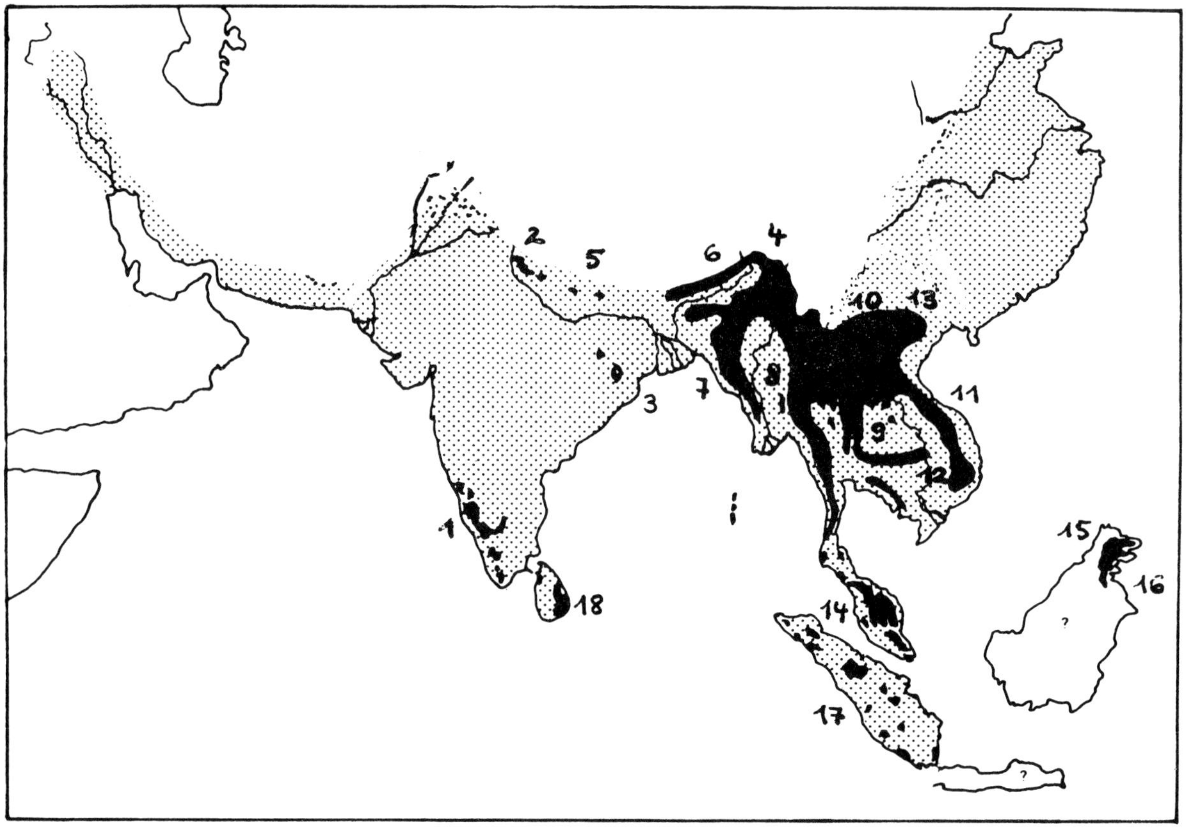

Im Altertum reichte das Verbreitungsgebiet des Asiatischen Elefanten vom Euphrat- und Tigris-Becken im Westen bis zum Gelben Fluß im Osten (gepunktet). Die heutigen Verbreitungsgebiete (schwarz) sind kleine bis kleinste Inseln. (nach Olivier, 1978) Santiapillai und Jackson (1990) fassen folgende Bestandsschätzungen zusammen:

Region/Länder	Wildelefanten		Arbeitselefanten	
	minimal	maximal	minimal	maximal
1 Südindien	5750	7150	300	350
2 Nordwestindien	525	525	500	750
3 Zentralindien	2310	2310		
4 Nordostindien	8725	12135	1460	1660
5 Nepal	50	90	64	80
6 Bhutan	60	150		
7 Bangladesch	200	350	50	70
8 Birma	3000	10000	2500	?
9 Thailand	1300	2000	5300	5300
10 Laos	2000	3000	1332	1332
11 Kambodscha	2000	2000	500	600
12 Vietnam	1500	2000	600	600
13 China	150	300		
14 Malaysia, Halbins.	800	1000		
15 Sabah	500	2000		
16 Kalimantan	100	500		
17 Sumatra	2800	5000	50	60
18 Sri Lanka	2700	3200	100	200
Total	34470	53710	12756	13502

den umliegenden Gebieten mögen noch 750 Elefanten vorkommen. Wie viele von ihnen regelmäßig nach Nepal wandern oder, anders ausgedrückt, wie viele der 60 bis 85 Elefanten aus den südnepalesischen Reservaten von Shukla Phanta, Karnali Bardia, Chitawan, Koshi Tappu oder Jhapa indisches Territorium aufsuchen, weiß bis heute niemand.

Grenzgänger gibt es im Nordosten auch zwischen Bhutan und Indien. Das Tal des Manasflusses, der beide Länder trennt, gilt als Zentrum einer verhältnismäßig starken Elefantenbevölkerung. Ihr Verbreitungsgebiet in den Vorbergen des Himalaja beginnt in West-Bengalen und zieht sich von Arunachal bis Assam. Dhriti K. Lahiri-Choudury, der wilde Elefanten gemäß alter assamesischer Tradition vom Rücken zahmer Artgenossen aus beobachtet, rechnet hier mit 3600 bis 5600.

Rund 1700 Elefanten sollen heute noch im und um das Kaziranga-Reservat, das wegen seiner Panzernashörner berühmt wurde, vorkommen. Ein dritter beachtlicher Bestand mit 2500 bis 3500 Mitgliedern breitet sich heute noch über die Garo- und Khasi-Berge nach Meghalaya aus. Und in den Chittagong-Bergen im Dreiländereck zwischen Bangladesch, Indien und Birma leben möglicherweise noch 300 bis 350.

Birma ist für ausländische Elefantenexperten immer noch »Terra incognita«. Konservative Schätzungen rechnen hier mit 5000 bis 10 000 wildlebenden Tierriesen. Ihre Verbreitung beschränkt sich auf die Berge und Hügel im Norden, die Grenzregion mit Indien und Bangladesch, einige Gebiete im Zentrum, auf Südbirma und ganz besonders auf die Shan-Staaten im Osten. Hier grenzt Birma an China, genauer, an Yünnan. Hier sollen nach Schätzungen von 1987 rund 250 Elefanten überleben.

Die letzten genaueren Schätzungen aus Thai-

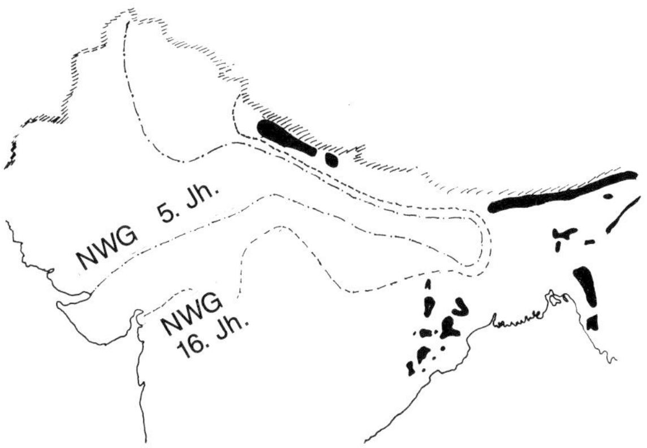

Ausrottung des Asiatischen Elefanten in Nordindien. Die Nordwestgrenze (NWG) des Areals hat sich zwischen dem 5. und dem 16. Jahrhundert nur insofern verschoben, als vor allem der Pandschab und das Gebiet der heutigen Wüste Tharr elefantenfrei wurden. Die Verbreitung um 1990 ist schwarz dargestellt.

land stammen aus dem Jahre 1977. Damals kamen Boonsong Lekagul und Jeff McNeely auf 2600 bis 4450. Was ich bereits über das Vorkommen in Malaysia, Bihar, Orissa oder Sumatra geschildert habe, gilt auch für Thailand: Es sind meist kleine Splittergruppen, die in letzten Waldinseln überleben. Kein Wunder: Thailands Wälder schwanden in den letzten 50 Jahren von 80 auf 30 Prozent der Landfläche.

In Laos schätzte der Fachmann Venevongphet 1988 einen Bestand von 2000 bis 3000. Von Vietnam meldet Vu Khoi 1988 1500 bis 2000, und in Kambodscha bleiben möglicherweise noch 2000. Überall in Südostasien beschränkt sich das Vorkommen fast ausschließlich auf Hügel- und Bergketten.

Wie unsicher die Schätzungen auf Inseln sind, habe ich bereits von Sumatra berichtet. Auf Borneo leben heute an der Grenze zwischen Sabah und Kalimantan zwischen 500 und 2000 Tierriesen, wobei nicht sicher ist, ob es sich bei ihnen um ursprüngliche Bewohner der Insel handelt oder um Nachkommen von verwilder-

ten Arbeitselefanten, die um 1750 von den Briten auf die Insel gebracht worden waren.
Faßt man alle diese Schätzwerte zusammen, so kommt man auf einen Bestand von 35 000 bis 54 000. Das sind wenigstens zehnmal weniger als beim Afrikanischen Elefanten. Der Asiatische Elefant, der ebenso wie sein afrikanischer Vetter großräumiges Grasland bevorzugt, lebt heute nur noch in meist weit abgelegenen Rückzugsgebieten. Die vorliegenden Beobachtungen mögen lückenhaft oder gar falsch sein. Selbst sehr große Tiere, vor allem, wenn sie in dichten Waldgebieten leben, können von Wissenschaftlern und Naturschützern »übersehen« werden. Dazu gehört etwa der Kouprey, das größte bekannte Wildrind Südasiens. Er wurde erst 1937 in Kambodscha und den angrenzenden Ländern zu Thailand entdeckt. Ob er heute überhaupt noch existiert, weiß niemand. Umgekehrt galt der Manipur-Leierhirsch nach dem Zweiten Weltkrieg als ausgestorben. 1951 wurde er aber auf den schwimmenden Grasländern des Longtak-Sees wiederentdeckt.
Sicher lassen die angeführten Beispiele Spielraum für Hoffnungen, daß irgendwo in Südasien auch Elefanten übersehen worden sind. Optimisten mögen glauben, was Pflanzer und Reisbauern befürchten, nämlich daß die Schätzungen falsch, das heißt zu niedrig sind. Dies haben die jüngsten Studien über den Sumatraelefanten ja auch bewiesen.
Experten allerdings wissen längst, daß jene einfach erscheinenden Meßwerte wie Bestandsgröße, Bestandsdichte oder Biomasse, nach denen Laien, Journalisten und Beamte immer zuerst fragen, im besten Fall grobe Anhaltspunkte sind. Dies gilt nicht nur für Studien über Fliegen, Schmetterlinge oder Erdkröten. Es gilt auch für Feldbeobachtungen an Hirschen, Büffeln, Nashörnern oder eben Elefanten. Angaben, wie ich sie in diesem Kapitel erwähnt habe, spiegeln nicht nur den tatsächlich vorhandenen Elefantenbestand wider, sondern auch die Schätzmethode. Auch hierzu ein Beispiel. Die Zahl der wildlebenden Elefanten in Malaysia wurde wiederholt geschätzt: von 1960 bis 1963 von Medway auf 682, von 1966 bis 1968 von Stevens auf 443, von 1970 bis 1974 von Khan und Robert Olivier auf 601 und 1977 von Khan auf 556 Tiere. Diesen Zahlen lagen Beobachtungsprotokolle zugrunde über Herden oder Einzeltiere, die in Siedlungsnähe beobachtet wurden und auf Pflanzungen Schaden stifteten. Selbstverständlich kann man einen Bestand auch anders schätzen. Robert Olivier hatte 1978 eine Gruppe von Elefanten mit Radiosendern markiert, so daß er sie mit Peilgeräten verfolgen konnte. Er kannte somit die Bestandsdichte in seinem Beobachtungsgebiet, wußte also, wie viele Elefanten dort pro Quadratkilometer vorkamen. Rechnet man diesen Wert auf die gesamte in Malaysia noch vorhandene, vom Menschen wenig gestörte Waldfläche hoch, so ergibt sich für die Halbinsel ein Bestand von 3000 bis 6000 Elefanten, fünf- bis zwölfmal mehr, als offiziell geschätzt worden war. Im Regenwald ist eine Schätzung besonders schwierig. Man wird die Bestände in diesen Regionen nie genau zählen können, weil die Beobachtungsbedingungen schlecht sind und die Fluchtdistanz der Elefanten meist größer ist als die Sichtdistanz des Menschen.
Genauere Angaben erhält man dagegen in laubwerfenden lichten Monsunwäldern, wie sie etwa einen großen Teil des südindischen Elefantengebiets überziehen. Dort wurde auch mit einem großen Aufwand an Fachleuten gezählt. Hunderte von Kurumbas und andere Stammesangehörige durchstreiften an bestimmten Stichtagen mit Forest Officers die Wälder. Und

weil überall zur selben Zeit gezählt wurde, waren Doppelbeobachtungen praktisch ausgeschlossen.
In unseren Beobachtungsgebieten auf Sri Lanka kannten John Eisenberg, George McKay und ich viele Einzeltiere, Gruppen und Herden. Wir konnten ziemlich genau sagen, wie viele Elefanten sich zu einem bestimmten Zeitpunkt in einem vergleichsweise kleinen Ausschnitt der Reservate von Wilpattu, Gal Oya oder Yala aufhielten. George McKay hat unsere Erfahrungswerte extrapoliert und ist zu dem Schluß gekommen, daß auf der Insel noch rund 2000 Elefanten leben. Dieser Wert erscheint mir persönlich zu niedrig. Denn verglichen mit der Zahl von damals 580 Arbeitselefanten, würde er bedeuten, daß ungefähr jeder fünfte Ceylonelefant in Gefangenschaft lebt. Dies ist kaum glaubhaft, denn seit 1960 wurden kaum noch Lizenzen für Fang und Haltung ausgestellt. Ceylonelefanten pflanzen sich bis heute in Gefangenschaft nicht fort, und ihre Lebenserwartung ist alles andere als hoch. Die Schätzung von Thilo W. Hoffmann, dem langjährigen Präsidenten der Wildlife Protection Society, scheint mir daher vernünftiger: Er rechnet mit 4000 wildlebenden Elefanten auf der Insel. Heute glauben A. B. Fernando und S. K. Kotagama, es seien 3000.
Der langen Rede kurzer Sinn: Bestandsschätzungen sind, vor allem, wenn sie große Landschaftsräume berücksichtigen, fehlerhafte, für den praktischen Naturschutz vielleicht sogar gefährliche Werte. Sie lassen sich zwar in Statistiken führen, aber sie sagen herzlich wenig über das Befinden einer bedrohten Tierart in ihrem Lebensraum. Darüber sagen Angaben über das Vorkommen von Futterpflanzen oder Wasserquellen, über Nachwuchsraten oder Sterberaten, über das Vorkommen verschiedener Alters- und Geschlechterklassen bedeutend mehr aus.
Was das Schicksal der letzten wildlebenden Elefanten betrifft, so ist es meiner Meinung nach fast nebensächlich, ob auf Sri Lanka 2000 oder 4000 dieser Tiere leben, ob D. K. Lahiri Choudhury, der in einem bewunderungswürdigen Alleingang die Bestände in Nordostindien schätzte, eine Herde vielleicht doppelt gezählt und andere übersehen hat. Was das Schicksal der letzten Elefanten angeht, spielt es auch kaum eine Rolle, ob S. Poniran sich in Nordsumatra lediglich auf unsichere Informationen von Ansässigen beruft und dabei ganz niedrige Bestandeswerte erhält oder ob er mit komplizierten Umrechnungen versucht, den effektiv vorhandenen Bestand zu errechnen. Wichtig für mich ist die Tatsache, daß überall in Südasien der natürliche Lebensraum für wilde Elefanten schwindet. Wie gesagt, siedelnde Menschen, Reisbauern, Zuckerrohr- oder Ölpalmenpflanzer und Elefanten sind Konkurrenten um Lebensraum und Nahrung. Konkurrenten können nicht kooperieren. Dies ist eine einfache ökologische Regel. Und sie gilt auch für das ökologische Verhältnis zwischen Tierriese und Mensch. Das Jahrtausende dauernde Zurückweichen des Elefanten vor Reis- und anderen Kulturen beweist es. Und daran hat auch die Tatsache nichts geändert, daß Elefanten als heilig verehrt, als Statussymbole gehalten und als Repräsentationstiere verschenkt wurden und werden. Auch die von den jeweils Herrschenden erlassenen Schutzbestimmungen für Elefanten und ihren Lebensraum haben nicht gefruchtet. So betrachtet, scheinen auch die seit 1977 in fast allen südasiatischen Ländern geltenden Gesetze und Verordnungen, die, jedenfalls auf dem Papier, den Elefanten schützen, kaum langfristigen Erfolg zu zeitigen.

Ganz im Gegensatz zur »Operation Tiger«, die bereits sieben oder acht Jahre nach ihrem Beginn als erfolgreichste Naturschutzaktion galt.

Der große Erfolg, der bei den Tigerprojekten erzielt worden ist, wird der »Operation Elefant« wahrscheinlich versagt bleiben – meiner Meinung nach aus zwei Gründen: Tiger sind für Menschen und ihre Haustiere keine Konkurrenten, sondern Feinde. Feinde und Beute können, so eine andere ökologische Regel, miteinander kooperieren. Noch mehr: Die von »maneaters«, seltenen Ausnahmen, und »cattle-lifters«, Vieh jagenden Tigern, verursachten Schäden sind gering. Elefanten verursachen vergleichsweise hohe Schäden. Tiger überleben überall, wo sie Beute finden. Da ihr Beutespektrum breit ist, vom Hasen bis zum Elefantenkalb reicht, ist es möglich, Tiger in Gebieten zu schützen, die für den Menschen als Agrarfläche von untergeordneter Bedeutung sind, wie beispielsweise waldreiche Hügelländer. Hier leben genügend Axishirsche, Sambare, Languren und Wildschweine.

Elefanten dagegen bleiben nicht in solchen Gebieten. Sie verlassen sie und suchen ihre Nahrung in den Talsohlen und damit auf den Feldern des Menschen, wo sie als Konkurrenten nicht geduldet werden.

Ein derartiges, unlösbares Problem verlangt nach genauen Forschungserkenntnissen. Der Asiatische Elefant galt Ende der sechziger Jahre, als er einerseits zum Problemtier wurde, andererseits Naturschützer seine Bedrohung durch den Menschen allmählich erkannten, als eines der populärsten Tiere. Allerdings wußte man kaum etwas Genaues über ihn. Viele Informationen beruhten auf Legenden. Man kannte beispielsweise damals noch nicht einmal seine Tragzeit. Das erste wissenschaftliche Forschungsprojekt, das sich mit dem Tierriesen näher auseinandersetzte, war der Smithsonian Elephant Survey auf Sri Lanka, der 1967 begann und unter der Leitung von Helmut K. Buechner vom Department of Ecology und John F. Eisenberg vom National Zoological Park in Washington stand. An dieser ersten Studie über freilebende Asiatische Elefanten habe ich als Field Director teilgenommen. Von ihren Ergebnissen, viele davon sind heute noch Grundlagen für moderne Studien, werde ich vorerst berichten.

FORSCHEN FÜR VERTRIEBENE

Der geblendete Elefantenbulle stand im seichten Wasser des künstlichen Teichs. An seinem Geschlechtsteil und an seinen Flanken schwärten eitrige Wunden. Metallteile und Glassplitter hatten sie gerissen, als das Tier nichtsahnend den feinen über seinen Wechsel gespannten Faden zerriß und damit die Explosion auslöste. Sie jagte ihm aus dem kurzen Eisenrohr, das schußbereit verborgen im Gebüsch lag, die Splitter in den Leib. Fast wahnsinnig vor Schmerz hat er sich zum Wasserloch geschleppt. Hier haben sie ihn dann gestellt, die Burschen und die jungen Männer aus der neuen Siedlung im Süden von Anuradhapura. Jetzt, da sich der Tierriese nicht mehr wehren konnte, hatten sie Mut, beschimpften sie den Gepeinigten, reizten sie ihn mit abgerissenen Wedeln von den nahen Kokospalmen und bewarfen sie ihn mit Steinen. Einer mußte ihm vor kurzem die Augen ausgeschossen haben, aus Wut, vielleicht auch aus abergläubischer Angst: Der Sterbende sollte nicht sehen, wer sein unnötiges Leiden verlängern half.

Nachts, das wußten sie, würden sie dann mit den anderen Dorfbewohnern in den einfachen Palmhäusern sitzen, beschwörende Mantras leiern und hoffen, die letzten wilden Elefanten aus dem nahen Wald würden sie, ihre karge Ernte und ihre wackligen Hütten verschonen.

Unheimliche Ängste befielen die Siedler immer, wenn die Sonne unterging. Sie meinten, die Aliyas, die Bullen würden ihnen am Weg zum Wasserloch oder zum nächsten Dorf auflauern, um sich zu rächen. Recht hatten sie. Denn am Ende der sechziger Jahre, als ich mit meinen ersten Elefantenstudien auf Sri Lanka begann, gab es wohl keinen unverletzten Elefanten mehr an der Rodungsfront, die sich als breites Band vom Nordwesten der Insel der Ostküste folgend nach Süden spannte.

Zwar trieben die Rodungsarbeiten die Elefanten zurück – allerdings nur vorübergehend. Kaum waren die Felder erstmals bestellt, lockten sie die hungrigen Tierriesen an. Ganze Ernten der umgesiedelten und unerfahrenen Pflanzer wurden über Nacht verwüstet. Die Regierung versuchte zu entschädigen. Im besten Fall reichten die Summen aus, um die Pflanzer bis zur nächsten Ernte einigermaßen zu ernähren.

Manchmal töten Bullen Menschen. Doch weit mehr Tierriesen werden von den aufgebrachten Siedlern in ihren Pflanzungen getötet.

Wildhüter verhaften die Schützen und führen sie den Gerichten zu. Aber sie helfen auch den Bauern, die Elefanten mit ungefährlichen Knall- und Leuchtgranaten aus der Nähe frischbestellter Felder zu vertreiben. Trotzdem: Weiterhin sterben Elefanten an der Kultivationsfront. Die Anzahl der mit Verletzungen tot aufgefundenen Bullen ist in den vergangenen Jahren sogar erheblich angestiegen.

Die Siedler haben inzwischen ihre Taktik geändert. Sie verletzen die Elefanten mit grobem Eisenschrot und Glassplittern aus selbstgebastelten Mörsern, deren Ladungen durch die Elefanten selbst gezündet werden. Diese Waffen töten nie sofort. Tage-, wochen-, vielleicht monatelang leben die verletzten Elefanten weiter, und wenn sie endlich sterben können, sind sie meist weit entfernt von den Pflanzungen. Jedenfalls besteht kaum je eine Möglichkeit, die Schuldigen zu finden.

So ist es jetzt auch bei der Siedlung im Süden von Anuradhapura. Ranger de Silva bleibt nichts anderes übrig, als so lange zu warten, bis der geblendete Bulle das Wasserloch verlassen hat. Dann erschießt er ihn.

Kaum haben die beiden Veterinäre unseres Teams, M. R. Jainudeen und J. B. Jayasinghe, und ich den Riesen ausgemessen, seziert und ihm bestimmte Gewebeproben entnommen, gießt einer von de Silvas Helfern einen Behälter voll Petroleum über den Kadaver und zündet ihn an. Der tote Elefant, so versichert er uns, würde noch tagelang schwelen, und schließlich bleiben nur die Backenzähne und vielleicht einige Knochenreste übrig.

Derartige Vorkommnisse wird es geben, bis in den neu entstandenen Siedlungsgebieten keine Elefanten mehr leben. Das wußte schon damals jeder, die Siedler, die Wildhüter und auch wir, die Forscher, die dafür bezahlt wurden, daß sie die Lebensgrundlagen der Elefanten ergründeten und Schutzkonzepte entwarfen. Wollte man das Schicksal der Tierriesen nicht den zu Recht aufgebrachten Siedlern überlassen, so mußten Wege gefunden werden, wie man sie ein für allemal von hier vertreiben konnte. Noch besser, so schien es jedenfalls damals, wäre eine Umsiedlung. Daß dies ein ebenso teures wie problematisches Unterfangen sein würde, wurde erst Jahre später klar. Jedenfalls setzte der damalige Wildlife Warden Lyn de Alwis alles daran, Umsiedlungspläne in die Tat umzusetzen. Zwar konnte ihm unser Forschungsteam dazu wichtige Hinweise liefern, was die Schätzungen von Größe und Gewicht der wilden Elefanten anbetraf oder deren Fang mit Hilfe von Drogengewehren. Doch vorerst bestand die Aufgabe des Smithsonian Elephant Survey darin, die Tierriesen dort zu beobachten, wo sie noch verhältnismäßig ungestört leben konnten: in den drei großen Reservaten Yala, Gal Oya und Wilpattu.

Wichtig waren derartige Untersuchungen aus verschiedenen Gründen: Sie betrafen etwa das Freßverhalten. Was und wieviel fressen Elefanten täglich? Reicht das in den Schutzgebieten vorhandene Futter aus, um die Tierriesen zu ernähren, oder fressen sie bereits mehr als nachwächst? Dies war einer der Fragenkomplexe. Ein anderer: Wie viele Elefanten leben in den Reservaten? Wie viele davon sind Bullen, Kühe oder Jungtiere? Wie groß sind Nachwuchs- und Sterblichkeitsraten? Vermehrt sich der Bestand, bleibt er stabil, oder nimmt er vielleicht sogar ab? Neben Fragen zur Populationsdynamik mußten wir herausfinden, ob die Elefanten jahrein, jahraus in den ihnen zugedachten Schutzgebieten bleiben oder ob sie diese nicht gelegentlich verlassen, um sich ihr Futter in den Reisfeldern und Pflanzungen der Menschen zu holen.

Wir teilten unser Team in drei Gruppen auf: John Eisenberg und sein ceylonesischer Assistent Melvyn Lockhart arbeiteten im Wilpattu-Nationalpark im Nordwesten der Insel. George McKay beobachtete die Herden im Gal-Oya-Nationalpark. Er wollte sich vor allem mit den Ernährungsgewohnheiten der Elefanten befassen. Ich zog mit meinen beiden ceylonesischen Assistenten Anil Jayasuriya und A. P. W. Nettasinghe in den Yala- oder Ruhunu-Nationalpark

an der Südspitze der Insel. Ich hatte damals bereits Erfahrungen gesammelt mit dem Studium des Sozialverhaltens wildlebender Säugetiere: 1960/61 zusammen mit dem Züricher Verhaltensforscher Hans Kummer bei Mantelpavianen in Ostäthiopien und von 1963 bis 1966 bei Rehen in der Schweiz. Meines Erachtens bestand unsere erste Aufgabe nun darin, die Beziehungen zwischen Elefanten zu ergründen.
Der Yala-Nationalpark mißt ungefähr 1200 Quadratkilometer und liegt etwa auf dem sechsten nördlichen Breitengrad. Er erstreckt sich über eine ausgedehnte Küstenebene, aus der riesige, bis neunzig Meter hohe Gneisfelsen ragen. Seine Pflanzendecke besteht aus »Zweitwuchs«, vor allem aus Buschwäldern, die keine fünf Meter hoch werden. Diese werden durch kleine Waldinseln unterbrochen. Dünne Waldstreifen folgen der Küste und den Flüssen, hauptsächlich dem Kumbukanoya und dem Menik Ganga. Besonders in der Nähe der Küste dehnen sich größere oder kleinere Grasländer. Es handelt sich entweder um natürliche Senken – sogenannte Villus – entlang von Lagunen, auf denen regelmäßige Überschwemmungen während des Nordostmonsuns die Verwaldung verhindern, um ehemalige Rodungsflächen oder um verlandete Stauseen der singhalesischen Hochkulturen. Deren Tempelstädte standen bis ins 12. Jahrhundert im Gebiet des heutigen Nationalparks. Warum das Königreich von Yala zerfiel, ist meines Wissens nicht bekannt. Die Historiker nehmen an, daß dessen Bevölkerung Malariaepidemien auswich. Zwar lebten bis zur letzten Jahrhundertwende noch Einsiedler und einige Wedda-Familien in Yala. Doch sie konnten nicht verhindern, daß der Dschungel zurückkam und mit ihm die großen Wildtiere, die Elefanten, die Sambare oder Pferdehirsche, die Axishirsche, die Wildschweine, Leoparden und Lippenbären, ganz zu schweigen von den Herden verwilderter Wasserbüffel.
Als wir im Frühjahr 1967 nach Yala zogen, war der riesige Park praktisch menschenleer, abgesehen von Okanda, einem kleinen Dorf an seiner östlichen Peripherie, und Patnangala im Westen, einem natürlichen Hafen, wo gelegentlich einheimische Fischer ihre einfachen Lager aufschlugen. Hier in Patnangala bauten wir unser Camp auf, zwei große Häuser aus getrockneten und geflochtenen Palmwedeln und einige Zelte.
Dort erlebten wir die kurze Regenzeit zwischen März und Ende April, der dann bis Mitte Oktober eine Trockenzeit folgt. Während dieser heißen Sommermonate steigt die mittlere Temperatur von 27 gelegentlich auf 37 Wärmegrade, besonders dann, wenn der trockene Kachanwind über die dürren Ebenen fegt. Im Oktober setzt der Nordostmonsun ein, der bis Ende Januar dauert und dem Park die meisten Niederschläge bringt. Die jährliche Niederschlagsmenge Yalas wird mit 1100 Millimetern angegeben. Dabei fällt im südlichen Parkteil etwas weniger Regen, 900 Millimeter, und im nördlichen etwas mehr, 1300 Millimeter.
Unser Standquartier war kaum fertig, als Somapala, der Koch, außer Atem aus dem nahen Dschungel gelaufen kam und nervös meldete: »Aliya inuade.« – »Da steht ein Elefantenbulle.« Keiner von uns war bisher einem wilden Elefanten in nächster Nähe begegnet.
Doch wir gewöhnten uns allmählich an sie. Und die Riesen gewöhnten sich an uns. Bald inspizierten sie unser Camp aus nächster Nähe, fraßen die grünen Holzstämmchen, die die Fensterklappen offenhielten, und zermalmten Kokosnüsse zwischen ihren riesigen Backenzähnen. Diese Leckerbissen kugelten wir ihnen zu, wenn wir unter dem »sicheren« Hausdach standen.

Wagten wir uns dagegen in der Anwesenheit eines Elefanten ins Freie, dann jagten uns die Riesen zurück.

Die Intimität zwischen einigen wilden Elefanten und meinem Team brachte auch sofort erste Erfolge: Wir lernten ganz bestimmte Tiere individuell kennen, und wir lernten auch, wodurch sich einzelne Wildelefanten voneinander unterscheiden lassen: die Länge der Schwänze zum Beispiel oder die Form und Länge ihrer Schwanzquasten, ihre Ohrläppchen, die lang und schmal oder auch kurz und rund sein können, oder den oberen Ohrrand, der entweder glatt verläuft oder als dünnes Band nach vorne oder hinten herunterhängt und dann meistens mehrere Narben trägt.

Wir lernten außerdem Männchen und Weibchen zu unterscheiden, was bei Ceylonelefanten gar nicht so einfach ist, wie es scheint. Denn nur etwa einer von zehn Bullen trägt Stoßzähne. Und die weiblichen Geschlechtsteile befinden sich ziemlich genau dort, wo auch die männlichen zu suchen sind, nämlich im hinteren Drittel des Bauchs. Die Hoden der Männchen sind von außen nicht zu sehen. Ein sicheres Unterscheidungsmerkmal ist für den Erfahrenen die Kopfform. Männchen haben größere, rundere Schädel, und die Ansatzstelle des Rüssels ist viel muskulöser.

Die beiden offensichtlichsten Merkmale, an denen jeder interessierte Laie einzelne Zoo- oder Zirkuselefanten rasch zu unterscheiden lernt, führten in die Irre. Ich meine Körpergröße und Ausmaß der hellen, depigmentierten Hautstellen, die rosarot oder weißlich auf der schiefergrauen Haut leuchten. Wilde Elefanten sieht man nämlich nur beim Baden »nackt«, sonst ist ihr Körper schlammbedeckt oder mit Staub eingepudert, und Körpergröße ist zunächst einmal subjektiv empfunden und nicht objektiv gemessen. Floh etwa einer der ersten Elefanten, die wir trafen, vor uns, dann hielten wir ihn für viel kleiner als seinen Artgenossen, der uns nachrannte.

Immerhin konnten wir beginnen, eine Kartei von Steckbriefen anzulegen. In ihnen faßten wir Merkmale bekannter Elefanten zusammen und hielten fest, wo, wann und, wenn möglich, mit wem wir die »Bekannten« zusammen gesehen hatten. Ein Jahr später war diese Kartei so vollständig, daß wir sie zur Entschlüsselung des sozialen Systems der wildlebenden Yala-Elefanten gebrauchen konnten. Damals, vor 25 Jahren, habe ich nicht im geringsten daran gedacht, daß einige der Tierriesen später über Jahre und Jahrzehnte weiter beobachtet wurden und daß ich sie, als ich in den siebziger und achtziger Jahren auf Sri Lanka zurückkehrte, wiedererkannte. Wahrscheinlich erkannten auch sie mich wieder. Davon später.

Vorerst aber mußten wir uns damit begnügen, Aktivitäten nachzuspüren, denen Elefanten offenbar ihr Leben lang die größte Aufmerksamkeit schenken: Fressen und Trinken, Baden und Hautpflege. Und gelegentlich überraschten wir sie sogar beim Schlafen. Soziales Verhalten bemerkten wir selten. Gelegentlich kontrollierten sich zwei Tiere mit ihren Rüsseln. Kühe säugten ihre Kälber, oder wir hörten dumpfes Grollen und Brüllen – ganz offensichtlich Kontaktlaute. Verglichen mit den Mantelpavianen in Ostäthiopien, die ich sieben Jahre früher mit Hans Kummer an ihren Schlaffelsen beobachten konnte, waren die Elefanten hier in Yala geradezu »wortkarg«. Sie schienen sich überhaupt nichts mitzuteilen zu haben. Sie fraßen lediglich. Daß sie sich aber »zum Fressen gern« haben können und sich dann gegenseitig Futterportionen mit den Rüsseln in die Mäuler schieben, wußte ich damals ebensowenig wie, daß sich zwei rivalisierende Bullen Freßkämpfe liefern – oft stundenlang, bevor sie sich mit Stirnen oder Stoßzähnen stoßen oder gar versuchen, dem Gegner einen Teil seines Schwanzes abzubeißen.

Gerade die Tatsache, daß Elefanten selten offensichtliche soziale Verhaltenselemente zeigen, zwang mich dazu, mich um Wechselwirkungen zwischen den Tierriesen und ihrer Umwelt zu kümmern. Mein damals lediglich auf das Sozialverhalten einer einzigen Tierart ausgerichtetes Interesse wurde mehr und mehr abgelöst von einem ökologischen. Weil die Elefanten so »wortkarg« waren, mußte ich möglichst viele andere Tierarten, mit denen sich die Elefanten ihren Lebensraum teilen, aber auch wichtige Pflanzen in unsere Untersuchungen mit einbeziehen.

WIE ELEFANTEN SICH PFLEGEN

Die sicherste Methode für Anfänger, im Yala-Nationalpark oder in einem anderen Elefantengebiet Elefanten zu beobachten, besteht im Ansitzen an Wasserlöchern. Hier erscheinen, besonders am späten Nachmittag, Einzelbullen oder Gruppen mit Weibchen und Jungen zum Trinken, Baden und zur Hautpflege. Vor dem Trinken saugen Elefanten einige Male etwas Wasser in den Rüssel und blasen es heftig aus. So reinigen sie das Rüsselinnere. Dann führen sie den leicht eingedrehten vorderen Rüsselteil waagerecht knapp unter die Wasseroberfläche und saugen bis zu dreißig Liter Wasser ein. Anschließend heben sie den Kopf, rollen den Rüssel nach oben und blasen das aufgenommene Wasser ins Maul. Neugeborene trinken aber wie Rinder oder Pferde, das heißt direkt mit dem Maul. Auch größere Elefanten trinken gelegentlich so, wenn sie sich an seichten Stellen hingelegt haben. An Wasserstellen wird aber nicht nur getrunken, sondern auch gebadet, gesuhlt und die Haut gepflegt.

Elefanten ziehen Badeplätze vor, in denen sie sich hinlegen und dabei vom Wasser völlig bedecken lassen können. Sind die Wasserstellen nicht tief genug, dann legen sie sich trotzdem hin und besprühen sich mit Wasser aus dem Rüssel, oder sie heben das »obere« Hinterbein an und schlagen damit so lange auf die Wasseroberfläche, bis sie naß sind.

Nach dem Bad massieren besonders die erwachsenen Bullen ihren Körper mit feuchter Erde ein. Dazu suchen sie seichte Randzonen der Badeplätze oder Suhlen, Schlammbäder, auf. Dort legen sie sich hin und wälzen sich. Schlammassagen erfolgen aber auch im Stehen. Dabei erfaßt die Rüsselhand feuchte Erde, wirft sie an Schläfen, Flanken, Brust und Beine und reibt sie dann ein, oft mit Hilfe kleiner, faustgroßer Steine, die der Rüssel prüfend vom Boden liest. Diese Steine sind gewissermaßen einfache Werkzeuge.

Nach der Schlammassage suchen die Elefanten ganz bestimmte Bäume auf. Sie stehen meist unmittelbar neben den Badeplätzen und Suhlen. An ihren Stämmen scheuern sie Stirn, Rüssel, Flanken und Hinterteil. In Yala bevorzugen sie dafür Manilkarabäume. Deren borkige Rinde wird nach langem Gebrauch oft glattpoliert. Die Scheuerstämme sterben zwar nicht ab, aber ihre Stämme spalten sich gelegentlich und erhalten dadurch tiefe, breite Risse, an deren Rändern das Holz scharfe Kanten bildet.

Dies ist ganz im Sinne der Elefanten. An diesen, stumpfen Messerklingen ähnelnden Strukturen läßt sich die empfindliche Haut am intensivsten kratzen. Der häufige Gebrauch ein und desselben Scheuerbaums bringt aber noch einen anderen Vorteil für die Tierriesen: Der Baum wächst gezwungenermaßen krumm, und an schiefen Stämmen lassen sich Rücken und Bauch scheuern. Die Elefanten müssen dazu lediglich an der

Ein gefangenes Elefantenkalb kratzt sich mit einem Stock (oben), kürzt das Instrument auf passende Länge (Mitte) und benutzt es wieder (unten).

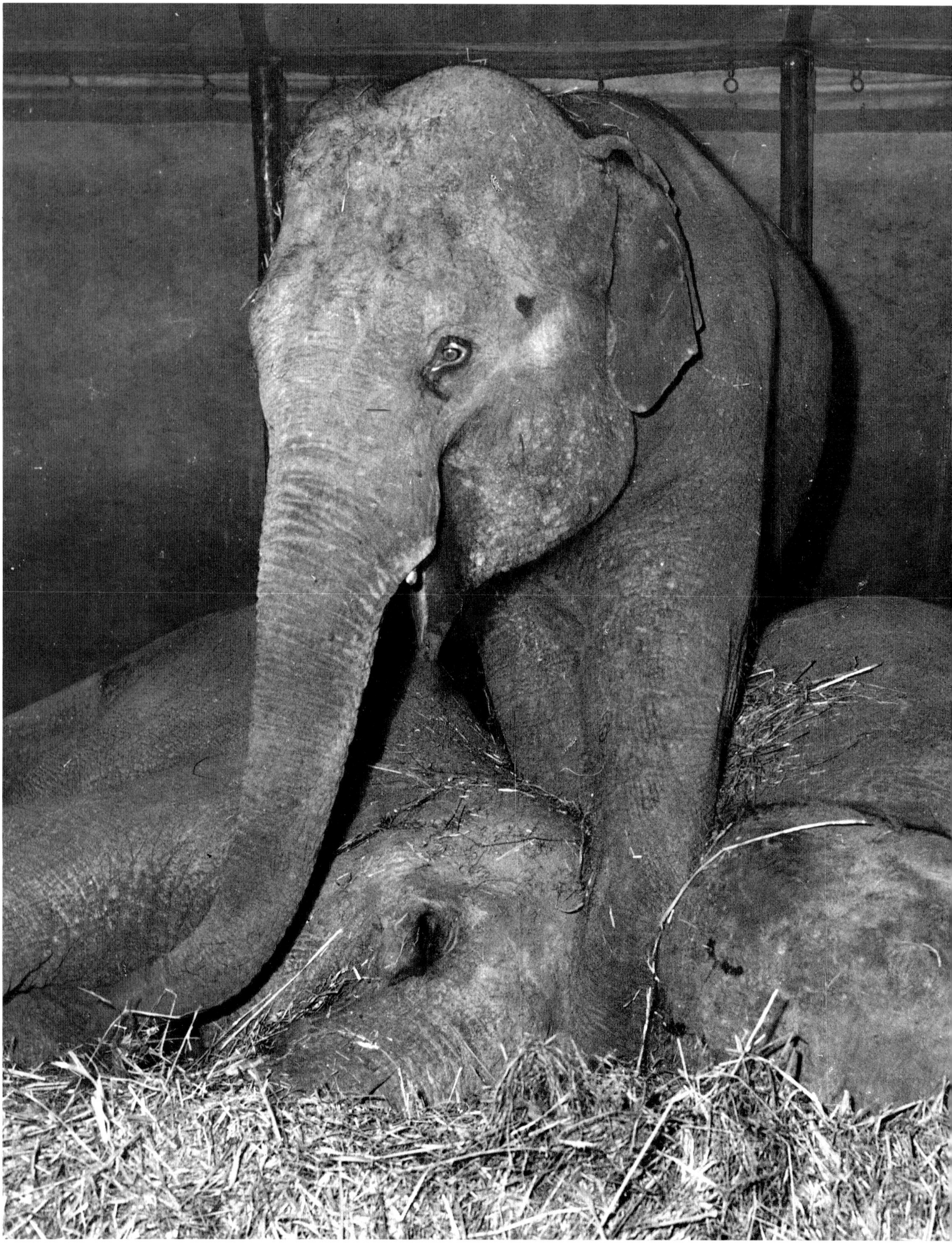

richtigen Stelle unter oder über dem schief gewachsenen Stamm stehen.

Nach dem Scheuern erfassen Elefanten mit der Rüsselhand trockene Erde oder Sand und werfen sie über den Kopf auf Nacken, Schulter und Rücken oder seitwärts an Flanken, Hals und Brust. Im Moment des Abwurfs blasen sie Luft durch den Rüssel und zerstäuben so den »Puder«. Säuglinge, die ihre Rüssel noch nicht gebrauchen können, wälzen sich an trockenen Stellen am Boden, ein Verhalten, das bei erwachsenen Elefanten nur selten zu beobachten ist.

Gelegentlich kratzen sich Elefanten mit feinen Aststücken, die sie in der Rüsselhand halten und die sie mit Hilfe der Zähne oder der Vorderfußnägel auf Bleistiftlänge verkürzen und schärfen. Auch die frischgefangenen Elefanten in Kakankote bedienten sich selbstbearbeiteter Werkzeuge zur Hautpflege. Die Gefesselten schlugen mit langen Ästen des Feigenbaums, die man ihnen als Futter vorgelegt hatte, gegen Bauch, Flanken und Hinterbeine, um lästige Insekten abzuwehren. Sie verkürzten die Werkzeuge, wenn sie zu lang waren, oder suchten, falls sie zu kurz waren, nach geeigneteren. Gefangene Elefanten bewerfen ihre Körper häufig mit Pflanzenteilen, solange sich ihnen keine andere Möglichkeit der Hautpflege bietet. Dieses Verhalten ist bei Wildelefanten selten. Es tritt aber in Konfliktsituationen auf, etwa dann, wenn sie plötzlich einem Schakal oder einem Menschen gegenüberstehen oder von Krähen, Reihern oder anderen kleinen Tieren erschreckt werden. Gelegentlich werfen sie dann das ergriffene Material gegen den Störenfried.

Bemerkenswert ist die Tatsache, daß Elefanten Werkzeuge einsetzen. Werkzeuggebrauch ist selbst bei Säugetieren selten. Beschrieben wurde es wiederholt von Schimpansen durch Adrian Kortlang und Jane Goodall. Diese Menschenaffen benutzen Knüppel, um Leoparden aus ihrer Nähe zu vertreiben, und feine, selbst entrindete Zweige, um in Termitenhügeln und Ameisenhaufen nach Insekten zu »fischen«. Auch die Seeotter im nördlichen Pazifik bedienen sich solcher Instrumente. In diesem Fall sind es Kieselsteine, die die großen Wassermarder in einer Vorderpfote halten, um damit Muscheln und Krustentiere aufzuschlagen. Dazu schwimmen sie auf dem Rücken, und ihr Brustkorb dient gewissermaßen als Amboß.

Wird nun der Gebrauch von Steinen, Zweigen und Ästen zum Massieren, Kratzen und Beschlagen der Haut immer wieder neu erfunden, oder kopiert dabei ein Tier ein anderes, das diese Tricks schon beherrscht? Elefanten sind sicher ausgesprochene Imitatoren. Ein Mitglied der Gruppe macht häufig und bis ins kleinste Detail genau das nach, was die anderen machen. Dies beobachtete ich, als Elefanten sich anschickten, zu ruhen, zu dösen oder gar liegend zu schlafen. Ebenso beobachtete ich, wie sie gruppenweise fraßen: Die Art der Futterpflanzen, der Freßstil (damit meine ich Art und Weise, wie sie das Futter vorbereiten), ja, sogar der Rhythmus, in dem sie vorbereiteten und fraßen, waren häufig bei allen Gruppenmitgliedern gleich. Tagsüber legen sich erwachsene Elefanten nur zu Schlafpausen von wenigen Minuten in Suhlen oder Wasserlöcher nieder. Es fällt auf, daß sie sich praktisch gleichzeitig hinlegen und auch miteinander wieder aufstehen. Elefanten schlafen aber auch im Stehen. Dazu stützen sie den Rüssel am Boden auf; Stoßzähne tragende Tiere hängen den Rüssel manchmal über einen der beiden Stoßzähne. Elefanten scheinen bereits kurze Zeit stehend geschlafen zu haben, bevor sie sich hinlegen. Dazu heben sie zuerst den Kopf an und knien gleichzeitig ab. Dann

Elefanten liegen beim Schlafen auf der Seite. Im Zirkus sind die Platzverhältnisse oft dermaßen eng, daß sich nicht alle gleichzeitig hinlegen können.

lassen sie sich vorne auf die Ellbogen nieder. Aus dieser Sitzstellung legen sie sich entweder auf der rechten oder linken Flanke nieder. Schließlich rollen sie – jedenfalls bei kaltem Wetter – die Rüssel ein. Normalerweise liegen sie gleich häufig auf beiden Seiten, gelegentlich wechseln sie die Schlafstellung. Dazu richten sie sich in Sitzstellung auf und lassen sich dann auf die andere Seite kippen. Niederlegen und Aufstehen erfolgen erstaunlich rasch. Bei sieben Elefanten im Schweizer Nationalzirkus Knie, deren Schlaf ich während vieler Nächte beobachtet habe, dauerte es 9 bis 23 Sekunden, bis sie lagen und 11 bis 22 Sekunden, bis sie aufgestanden waren. Die Zirkuselefanten bereiten sich häufig Kopfkissen aus Stroh, bevor sie sich hinlegen. In kalten Nächten decken sie ihre Schläfen, Augen und Ohren mit Stroh zu.

Bei den wilden Elefanten in Yala dagegen beobachtete ich nie, daß sie sich vor dem Niederlegen Kissen aufschichteten. Sie schabten jedoch regelmäßig mit ihren Füßen Pflanzen weg, bevor sie sich hinlegten. Die Schlafstellen der Gruppen lassen sich leicht ausmachen. Es sind runde, vegetationslose Flächen, in denen die Körperabdrücke deutlich sichtbar sind. Nachts schlafen Elefanten an trockenen, sandigen Stellen und zwar so eng, daß sie sich gegenseitig berühren. Tagsüber liegen sie, wie schon berichtet, in Wasserlöchern, oder sie dösen stehend unter einem schattenspendenden Baum. Dabei übermannt meist Tiefschlaf die Säuglinge und Juvenilen. Sie »sinken zu Boden«, gewissermaßen unter die stehenden Muttertiere. Säuglinge schlafen übrigens bedeutend mehr als die anderen Herdenmitglieder. Tagsüber unterbrechen sie gelegentlich ihre Spiele, versammeln sich und legen sich eng aneinandergepreßt oder sogar übereinander zum Schlafen. Eines der Muttertiere bewacht dann diese »Schlafklumpen«, während die anderen Elefanten fressen.

FRESSEN WILL GELERNT SEIN

Elefanten können gleichzeitig gehen, eine Portion Futter sammeln, eine andere mit sich tragen und eine dritte fressen. Ein derartiges anatomisches Kunststück vollbringen nur wenige Lebewesen. Affen und Menschen gehören zu diesen seltenen Ausnahmen. Sie können aufrecht gehen. Ihre Vorderfüße wurden zu greifenden Händen. Eine Hand hat auch der Elefant: die Rüsselspitze. Am oberen, vorderen Ende läuft sie beim Asiaten zu einem Greiffinger aus, dem, ähnlich dem Ballen der menschlichen Hand, ein Widerlager gegenübersteht. Elefanten können also Münzen ergreifen oder Grashalme knicken und abreißen. Hinter dem Widerlager kann er die Halme sammeln. Dazu braucht er nur die Rüsselspitze leicht nach innen zu rollen. Von hier gelangt das Futter bündelweise entweder direkt ins Maul, oder es wird an der unteren Rüsselbasis mit der spitzen Unterlippe so lange festgeklemmt, bis es von der fleischigen Zunge mit der nach hinten gerichteten Spitze zwischen die riesigen Mahlzähne geholt wird. Futter wird also gleichzeitig gekaut, getragen und gesammelt. Dies alles während des Marsches und ohne Beeinträchtigung des Riechvermögens. Denn die beiden Nasenlöcher, sie enden ja auch an der Rüsselspitze, werden nur während des kurzen Moments des Zugreifens verschlossen.

Ein Elefant kann also nicht nur gleichzeitig gehen, Futter beschaffen und fressen, sondern ebenfalls noch tastend und riechend Spuren lesen und seinen Weg von Dornen und spitzen Steinen säubern. Der Rüssel ist Hand, Tast- und Riechorgan in einem. Damit sind aber seine Funktionen noch lange nicht vollständig aufgelistet: So wird dieses Universalorgan auch als fürchterliche Schlagwaffe bei Kämpfen, als Schnorchel beim Schwimmen, als bewegliche Dusche beim Trinken und Baden, als liebkosender oder zurechtweisender Arm beim Umgang mit Artgenossen benutzt. Weder Wasser noch Futter werden ins Maul genommen, bevor sie nicht vom Rüssel aufgenommen und geprüft worden sind. Meist reißen sie mit dem Rüssel Äste zu Boden, bevor sie – je nach Art des Futterbaums – Holz, Rinde, Laub oder Früchte fressen. Dazu richten sich sogar tonnenschwere Bullen gelegentlich auf den Hinterbeinen auf, um so hoch über dem Boden wachsendes Futter zu ergreifen.

Elefanten, die die Blätter eines abgebrochenen Astes von *Tamarindus indicus, Madhuca longifolia, Grewia polygama oder Szygium gardneri* fressen wollen, stehen mit einem Vorderfuß auf dem dickeren Astende. Dann umfassen sie den Ast mit der Rüsselhand und streifen die Blätter ab, die sie gleichzeitig in der Rüsselhand sammeln. Portionsweise wird dann das Futter ins Maul geschoben.

Die Yala-Elefanten fressen Rinde vor allem von *Madhuca longifolia, Gardinia apicata* und *Berrya cordifolia*. Dieses Futter wird so vorbereitet: Zuerst werden nach der schon beschriebenen Methode die Blätter entfernt. Dann schlägt der

Im Yala-Nationalpark treten Elefanten kurzes Gras samt Wurzeln vom Boden. Das Futter wird mit dem Wind gereinigt (oben) oder an einem Vorderfuß so lange auf und ab gerieben, bis es sauber ist (unten rechts).

Elefant den Ast so lange gegen den Boden oder gegen die Nägel eines leicht vorgestellten Vorderfußes, bis sich ein genügend großes Rindenstück vom Holz ablöst. Gleiches kann auch durch gezielte Fußtritte erreicht werden. Die abgelöste Rinde wird mit dem Rüssel oder dem Maul erfaßt und vom Holz abgerissen.

Von *Feronica limonia,* dem legendären Woodapple, wird vor allem das Holz gefressen. Bei der Vorbereitung der Holznahrung wird der abgerissene Ast nach den beschriebenen Methoden entlaubt und entrindet. Gelegentlich beobachteten wir noch eine andere Methode, mit der Elefanten Holz und Rinde trennen: Sie kauen einen vorher entlaubten Ast so lange, bis die Rinde vom Holz springt, und fressen dann je nach Art der Futterpflanze Holz oder Rinde.

Drei Jahre nachdem ich in Yala begann, Elefanten beim Vorbereiten ihrer Nahrung und beim Fressen zu beobachten, fand ich im Regenwald des Leuser-Reservats von Nordsumatra Freßspuren an vier Meter hohen Bäumen von *Aretocarpus elastica* und *Terminalia catappa.* Hier hatten Bullen mit Hilfe ihrer Stoßzähne die Rinde ein bis zwei Meter über dem Boden von den Stämmen gelöst und dann offenbar mit dem Rüssel drei bis vier Meter lange und dreißig Zentimeter breite Streifen abgerissen. Gelegentlich dürften solche massiven Eingriffe zum späteren Absterben des Baumes geführt haben.

Ceylonelefanten tragen in der Regel keine Stoßzähne. Die seltenen Stoßzähne tragenden Bullen benutzen ihre riesigen Schneidezähne gelegentlich zum Festhalten oder Zerkleinern großer Äste. Beim Afrikanischen Elefanten, bei dem beide Geschlechter Stoßzähne tragen, spielen diese Organe bei der Futterbeschaffung eine immense Rolle, wie aus den 1972 veröffentlichten Studien von Hubert und Ursula Hendrichs hervorgeht. Ja, es gibt sogar eine Arbeitsteilung: Beim Entrinden eines Baums macht jeder das für sich und die anderen, was er am besten kann. Es vergingen viele Jahre, bis ich ähnliches beim »Asiaten« beobachten konnte, und zwar im Reservat von Mudumalai in Tamil Nadu. Während zweier Jahre unterhielten der WWF und ich dort Beobachtungslager.

Zwei zahme Kühe mit ihren Kälbern lagen uns besonders am Herzen. Im Sommer 1980 riß ein Sturm einen Teakbaum zu Boden. Wie wir am anderen Tag feststellen konnten, hatten die Elefanten sich sofort an seiner frischen Rinde gütlich getan. Doch wie konnten sie, die stoßzahnlosen Muttertiere und Kälber, die grüne Rinde vom gesunden Stamm lösen? Wassim war die Antwort. Der zweijährige Bulle löste mit seinen kaum handlangen heranwachsenden Stoßzähnen die Rinde, die erfahrenen Weibchen besorgten dann mit ihren kräftigen Rüsselhänden den Rest.

Dies war das erste Mal, daß ich sah, wie junge Elefanten ältere Artgenossen mit Futter versorgen. Sonst ist immer das Umgekehrte der Fall: Ältere und erfahrenere Tiere füttern jüngere und unerfahrenere, vor allem Neugeborene.

Säuglinge nehmen zwar bereits im Alter von einem halben Jahr regelmäßig feste Nahrung zu sich. Sie sind aber sicher bis zum Ende ihres zweiten Lebensjahrs nicht in der Lage, schwierige Futtervorbereitungen selbst zu bewältigen. Ihr Rüssel ist noch zu schwach, zu untrainiert, und es fehlt ihnen auch an Erfahrung. Sie fressen deshalb häufig Futter, das ihnen von älteren Tieren vorbereitet, vorgekaut und gelegentlich sogar ins Maul geschoben wird.

»Kälber füttern« ist sogar eine wichtige Taktik in der Elefantendiplomatie. Es ermöglicht nämlich die Kontaktaufnahme mit den alten Leitkühen in den Kindergärten.

Von solchen ausgeklügelten Gesten wußte ich

Seite 108/109: Eine Gruppe von Elefanten im Periyar-Tigerreservat von Südindien. Das zweite Tier von rechts sichert mit vorgestrecktem Rüssel und trägt gleichzeitig ein Bündel Gras.

natürlich noch nichts, als wir im Frühjahr 1967 begannen, die verschiedenen Methoden der Futterbeschaffung der wilden Elefanten zu beobachten. Bis heute, da bin ich sicher, sind meine diesbezüglichen Notizen unvollständig geblieben. Denn Elefanten können selbst scheinbar simples Futter wie Gras, ihre Hauptnahrung, in Gebieten mit laubwerfenden Wäldern, auf ganz verschiedene Art und Weise vorbereiten und, falls nötig, putzen.

Die Elefanten im Periyar-Reservat in Südindien – sie leben am Rand eines künstlichen Stausees – waschen die Erde aus den Wurzeln, indem sie in Ufernähe abgerissenes Gras zum Wasser tragen und es dort mit eingetauchtem Rüssel heftig hin- und herschwenken.

In Yala weiden Wasserbüffel und Axishirsche Gräser rasenkurz ab, so daß die Elefanten die Halme gar nicht mehr mit ihrer Rüsselhand ergreifen können. Sie müssen sie mit den harten, scharfen Nägeln ihrer Vorderfüße vom Boden treten. Gleichzeitig sammeln sie es mit der Rüsselhand ein und häufeln es vor sich auf. Dann erfassen sie es bündelweise und schlagen es mehrmals gegen die Nägel eines vorgestellten Vorderfußes. So wird die an den Wurzeln festsitzende Erde entfernt. Das gleiche erreichen sie, wenn sie das Gras mehrmals mit der Rüsselspitze an der rauhen Haut einer Hand auf und ab reiben.

Einige der älteren Bullen, die wir damals in Yala beobachten konnten, verzichteten auf diese etwas umständliche Methode. Sie machten sich den trockenen Kachanwind zunutze und stellten sich so geschickt zur Windrichtung, daß sie das angehäufte Gras nur hochzuheben und fallen zu lassen brauchten. Der Wind blies dann die trockene Erde aus dem Futter.

Kompliziert wird die scheinbar einfache Sache mit dem Grasfressen bei jenen mehrjährigen, gelegentlich übermannshohen Grasarten – etwa *Sacciolepsis interupta* –, die an feuchten Stellen oder gar im Wasser wachsen und deshalb nicht dauernd von Hirschen und Wasserbüffeln abgeweidet werden. Solche Gräser werden ausgerissen und dann von der Rüsselhand so geschickt gesammelt, daß sich alle Wurzeln auf derselben Seite befinden. Das hat einen wichtigen Grund: Von diesen Gräsern sind die Wurzeln meist ungenießbar. Mit verschiedenen Methoden werden sie nun von Stengeln und Blättern getrennt. Manche Elefanten klemmen dazu die Wurzeln zwischen die Handgelenke, und zwar so fest, daß sie mit dem Rüssel die eßbaren Teile abreißen können.

Bei einer ganz anderen, allerdings selten gebrauchten Methode werden die verschmähten Wurzeln zuerst ins Maul geführt, abgerissen und ausgespuckt, bevor der Rest der Pflanze vertilgt wird.

Am häufigsten führen die Elefanten aber die langen Futtergräser mit der genießbaren Seite, also der Spitze, voran ins Maul, beispielsweise von links. Im Maul werden Halme und Blätter zerquetscht und zerbissen. Währenddessen bewegt sich der Rüssel auf die andere Seite, also nach rechts, und schiebt wiederum Futter ins Maul. So werden die langen Halme quasi im Zickzackmuster eingefädelt.

Übrigens kann man einzelne Elefanten nicht nur daran unterscheiden, wie sie ein bestimmtes Futter vorbereiten, sondern schon daran, von welcher Seite sie es mit dem Rüssel ins Maul schieben. Es gibt also »Linksfresser« und »Rechtsfresser«.

Ich vermutete damals, daß bestimmte Weisen, Futter aufzunehmen, von Tier zu Tier und damit von Generation zu Generation weitergegeben werden, doch erstmals beweisen konnte ich es dann erst bei jungen Frischfängen nach der Khedda von Kakankote. Die Jungtiere, welche für den Verkauf freigegeben worden waren, standen vor dem Abtransport im Zoo von Mysore. Sie waren zwischen Holzpflöcken an je einem Hinter- und Vorderfuß festgebunden. Neben einem Brei aus Reis und Melasse erhielten sie vor allem Zuckerrohr. Zweimetrige Gräser hatten diese jungen Elefanten früher, als sie noch frei lebten, ganz offensichtlich nicht gekannt. Sie merkten aber bald, daß die Nahrung aus Menschenhand ganz bekömmlich war. Am Anfang wußten sie aber nicht, wie sie mit dem sperrigen Gras fertig werden sollten. Einige merkten dann, daß die oben beschriebene Zickzack-Methode die effektivste war. Und sie breitete sich rasch aus. Nach zwei oder drei Tagen fraßen alle jungen Elefanten Zuckerrohr im Zickzackmuster. Sicher ist auch, daß neben bestimmten Freßstilen auch erlernt wird, was man als Zugehöriger zu einer bestimmten Sippe frißt und was nicht. Ein Beispiel: Auf grüne Kokosnüsse sind die Yala-Elefanten geradezu versessen. Besuchten sie uns im Camp, so kegelten wir ihnen die Leckerbissen aus sicherer Distanz zu. Sie zerbissen oder zertraten die kopfgroßen hartschaligen Bälle mit dem saftigen Mantel, bevor sie sie mit dem Rüssel in den Mund führten und gierig den wäßrigen süßen Saft und die noch weiche Kopra schlürften. Selbstverständlich wollte ich auch die Arbeitselefanten von Mudumalai am Rande der Nilgiris entsprechend verwöhnen und kaufte in Madras entsprechend grüne Kokosnüsse ein. Die Enttäuschung war groß. In Mudumalai verschmähten die Tierriesen das Präsent, ja, die Kälber ergriffen sogar die Flucht, wenn man ihnen mit dem ungewohnten Futter zu nahe kam. In ihrem Lebensraum kommen Kokospalmen eben nicht vor. In Yala dagegen schon.

An derartige Experimente war damals, im Frühjahr 1966, noch nicht zu denken. Wir wußten ja noch nicht einmal zu sagen, wie groß die Gruppen waren und folglich auch nicht, welche Individuen in ihnen lebten, geschweige denn, wer was mit wem machte. Ja, wir konnten damals nicht einmal feststellen, wie viele Männchen und Weibchen, Alte und Junge es in unserem Beobachtungsgebiet gab.

Während die erwachsenen Bullen, sie halten sich meist abseits der Gruppen auf, wenig beeindruckt von unserer Anwesenheit weit in die baumlosen Villus hinauszogen und meinen Landrover eher annahmen als flohen, wenn wir ihnen zu nahe kamen, verhielten sich die Kühe, ihr Nachwuchs und die halbwüchsigen Bullen derart vorsichtig, daß wir sie tagsüber fast nie an offenen Stellen sahen. Sie versteckten sich lautlos im Wald, bevor ich ihre Anzahl ermitteln konnte. Gelang dann aber dennoch ein zufälliges Zusammentreffen im Wald – etwa, wenn eine Herde den Weg kreuzte –, dann stellte sich eine alte Elefantendame breit auf den Dschungelpfad und versperrte mir drohend die Sicht. Hinter ihr eilten die anderen Gruppenmitglieder, Muttertiere, Halbwüchsige und Neugeborene, schemenhaft vorbei.

Wie hätte ich ihr Alter auch schätzen können? Dazu fehlten mir die notwendigen Voraussetzungen. Und weil die Beobachtungsbedingungen zum Sommer hin in Yala immer schlechter werden – die meisten Elefanten wandern nach Norden in waldreiche und straßenlose Gebiete ab –, entschloß ich mich, das Lager vorübergehend aufzugeben und nach Kandy zu fahren. Während der Esala Perahera, die dort jeden August stattfindet, wollte ich möglichst viel über die ceylonesischen Arbeitselefanten und vor allem über ihre äußeren Altersmerkmale erfahren.

ALTER, GRÖSSE UND GEWICHT

Jedes Jahr, wenn im Hochsommer der Neumond den Monat Esala einleitet, strömen Hunderttausende von gläubigen Buddhisten nach Kandy, der früheren Hauptstadt Sri Lankas. Mit ihnen ziehen viele Elefantenbesitzer samt ihren Tieren und deren Führern in die Metropole des Hochlands. Denn hier finden während der sieben Tage dauernden Esala Perahera Festlichkeiten und Prozessionen zu Ehren einer der bedeutendsten buddhistischen Reliquien statt. Dabei übernehmen Elefanten wichtige Zeremonialfunktionen. Die Reliquie, ein Zahn Buddhas, gelangte im 16. Jahrhundert in den damals noch unbekannten Ort. Mehrere Kriege entschieden in der stürmischen Geschichte Sri Lankas über den Besitz des Zahns. Nach der Volksmeinung verlieh der Dalada, der Zahn, seinem jeweiligen Besitzer überhaupt erst die Fähigkeit zu herrschen.

Auch die Engländer machten sich diesen Glauben zunutze, als sie im letzten Jahrhundert das Inselreich regierten: Sie stellten das Heiligtum unter ihren Schutz.

Im August 1967 nahmen mehr als achtzig Arbeitselefanten an der Esala Perahera von Kandy teil. Während einer Woche stampften die grauen Riesen, geschmückt mit farbigen Schabracken und unzähligen Lämpchen, täglich einmal durch die Stadt. Auf ihren Köpfen trugen sie die Iswesma, den Hauptschmuck. Die Rüssel wurden bedeckt von der farbigen Honda Wesma. Um ihre Füße trugen sie die Gigiri oder Walalu, farbige, mit Metallen verzierte Lederbänder. Von ihren Hälsen hingen je ein Paar hell klingender Glocken, die Minigedi Kuttama.

Einige der größten Bullen konnten praktisch nur trippeln, weil die Mahuts ihnen die Villanguwa angezogen hatten. Darunter versteht man Metallringe oder Ketten, die jeden der vier Füße fest umschließen und die durch zusätzliche Spannketten miteinander sowie mit einer Halskette verbunden werden. Die so gefesselten Bullen können sich nur langsam, mit kurzen Schritten fortbewegen und keinesfalls ausbrechen.

Angeführt wird die Prozession von Peitschenknallern und Fahnenträgern. Dann folgt der Peramunerala, der Herold des Königs. Er reitet auf dem ersten Elefanten. Ihm folgen Trommler und Schalmeienspieler. Auf dem zweiten Elefanten reitet der Gajanayaka Nilame, der Chef der königlichen Elefantenställe. Und schließlich erscheint der Maligawe Tusker, der größte und stärkste Bulle. Er trägt heilige Relikte (allerdings nicht den Zahn, der nie den Tempel verläßt) und schreitet während des ganzen Umzugs auf weißem Linnen, das Helfer vor ihm aus- und hinter ihm einrollen. Im schier endlosen Zug der Musikanten, Tänzer, Feuerfresser und Fackelträger, Priester und Noblen erinnern diese Tiere an jene fernen Zeiten, in denen Elefanten mitentschieden über das Schicksal der Königshäuser.

Jeden Nachmittag begaben wir uns zu den be-

Pema hieß der größte Elefantenbulle, den wir je vermessen konnten. Wie die meisten männlichen Elefanten auf Sri Lanka trägt er keine Stoßzähne.

18

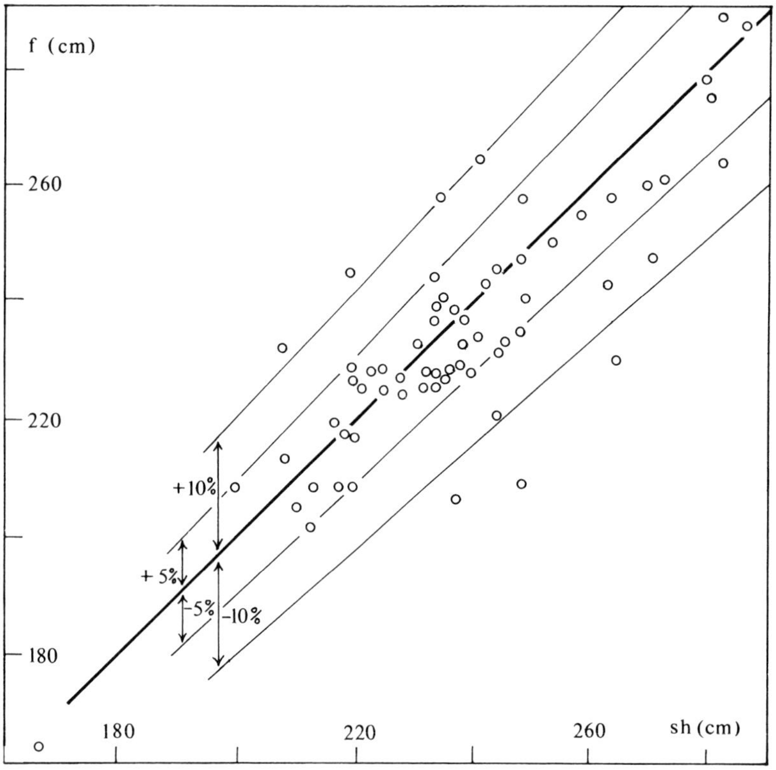

Vergleich der Biomassen, Futternachfragen und Futterangebote (Gras) in drei Sektoren des Yala-Nationalparks auf Sri Lanka. Im grasreichsten Ostsektor (links), wo sich vor allem Säuglingsgruppen aufhalten, sind Biomasse und Nachfrage am geringsten. Im grasärmsten Westsektor (rechts) dagegen, wo sich vor allem Solitärbullen aufhalten, ist die Futternachfrage sehr hoch, das Angebot an Gras aber gering. Hier sind Bullen gezwungen, sich an Baumnahrung zu halten. (Zeichnung: Marcus Hodel)

kannten Badestellen am Mahaweli Ganga, wo die Elefanten geschrubbt wurden. Jeder Mahut, der seinen Elefanten messen und von vorn, hinten und beiden Seiten fotografieren ließ, erhielt neben Arrak und Zigaretten fünf Rupien. Touristen waren damals in Kandy eine Seltenheit. Deshalb waren die Mahuts noch nicht durch hohe Trinkgelder verwöhnt. Die Möglichkeit des Nebenverdienstes sprach sich rasch herum, und bald erschienen Mahuts mit ihren Elefanten unaufgefordert vor unserem Haus, das uns die Universität von Peradeniya zur Verfügung gestellt hatte, oder am Güterbahnhof von Kandy, wo wir die Elefanten auf der Brückenwaage wogen.

Die großen Bullen trugen dabei keine Villanguwa. Sie konnten also zügig ausschreiten. Als Sicherheitsmaßnahme hatten ihnen die Mahuts aber eine oder zwei Bremsketten an den Vorderfüßen befestigt und über die Schulter gelegt. Rückt der Elefant aus, dann rutscht diese Kette früher oder später auf den Boden, und da Elefanten beim Rennen ihre Hinterfüße ziemlich genau dort auf dem Boden absetzen, wo sich kurz vorher noch die Vorderfüße abdrückten, steht der Elefant auf der Kette und bremst seine Flucht – oder seinen Angriff – mit dem eigenen Gewicht. Diese Bremsmethode ist ebenso einfach wie genial. Genial können auch ausbrechende Bullen sein. »Gelegentlich«, so wurde mir mehrmals erzählt, »nehmen türmende Elefanten ihre Bremsketten ganz einfach in den Rüssel und hauen ungehindert ab.«

Abgehauen ist uns beim Wiegen und Messen kein einziger, ganz im Gegenteil: Die Mahuts brachten ihre sogar zwei- oder dreimal – wahr-

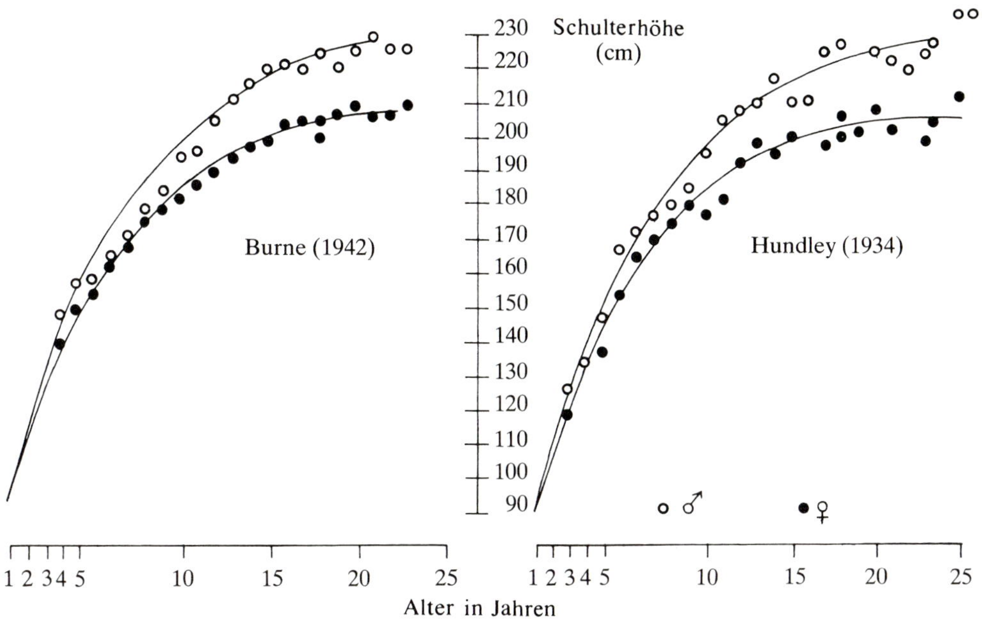

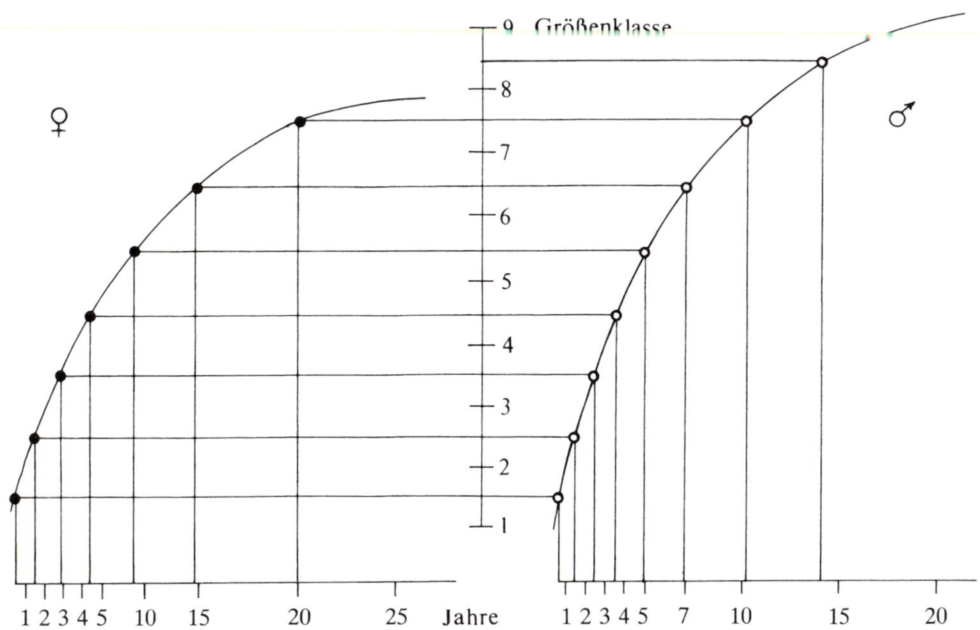

Oben: Wachstum birmanischer Arbeitselefanten, die in Gefangenschaft geboren wurden. Links nach Burne (1942), rechts nach Hundley (1934).
Unten: Vergleich der Wachstumsgeschwindigkeiten von Kühen (links) und Bullen (rechts), dargestellt in neun Klassen, von denen die erste Schulterhöhe von Neugeborenen und die neunte der Schulterhöhe von Bullen entspricht. Bullen wachsen schneller und werden größer als Weibchen.

scheinlich der Belohnung und des Arraks wegen und nicht aus Gründen der Wissenschaft. Unsere Ergebnisse hat dies nicht verfälscht, weil wir ja jeden Elefanten fotografiert und von seinem Mahut die Namen des Besitzers, des Tieres und ihres Heimatdorfes notiert hatten.

Nach dem Wiegen interessierten wir uns für das Alter der Tiere. Auf Sri Lanka gelangen die Arbeitselefanten – heute wie damals – als Jungtiere in die Obhut des Menschen. Folglich waren die Altersschätzungen einigermaßen genau – ganz im Gegensatz zu den Angaben in älteren Berichten, in denen die Lebenserwartung der Elefanten oft extrem überschätzt worden ist. Als einer der ersten hat 1967 Seitz, gestützt auf Daten von Zoo- und Zirkuselefanten, darauf hingewiesen. Er hatte nur ein einziges Tier gefunden, das älter war als sechzig Jahre, als es starb. Eines starb mit 55, vier zwischen 41 und 50, fünf zwischen 31 und 40, und sieben starben zwischen 20 und 30. 1932 hatte bereits Richmond Altersschätzungen von 78 erwachsenen Elefanten des damaligen Forest Department des Madras-Staates, des heutigen Tamil Nadu, veröffentlicht: 16 Tiere waren zwischen 21 und 30 Jahre, 38 zwischen 31 und 40, 16 zwischen 41 und 50, 7 zwischen 51 und 60. Das älteste war 67.

Wie konnten wir nun aber das Alter wildlebender Elefanten schätzen? Als einfachste Lösung erschien zunächst, von der Körperhöhe auszugehen. Elefanten wachsen praktisch zeitlebens. Ihre Schulterhöhe nimmt also dauernd zu. Dieses Vorgehen versprach auch deshalb erfolgreich zu sein, weil sich die Schulterhöhe wilder Elefanten recht leicht messen läßt. Wie? So: Nach einer alten asiatischen Überlieferung entspricht der doppelte Umfang eines Vorderfußes ziemlich genau der Schulterhöhe. Dies haben unsere Messungen in Kandy auch bestätigt. Da nun der Vorderfuß größer ist als der Hinterfuß, kann seine Spur im Boden eindeutig gefunden und gemessen werden. Soweit ist alles sehr einfach. Nur erwies sich die Schulterhöhe allein als untaugliche Grundlage der Altersschätzung. Neela zum Beispiel, ein prächtiger, stoßzahnloser Aliya, war der größte Bulle, den wir in Kandy vermaßen. Seine Schulterhöhe betrug 287 Zentimeter. Sein Alter wurde mit 38 Jahren angegeben. Der 53jährige Wadana von Ram Banda dagegen maß nur 259 Zentimeter. Damit war er noch zehn Zentimeter kleiner als der lediglich 35jährige Tusker Radjah von Mr. Dondanwela aus Kiribath Kumbura. Diese Unterschiede zeigen, daß es beim Elefanten verschiedene Erscheinungstypen gibt, ähnlich wie beim Menschen.

In einem der ältesten indischen Elefantenbücher, der Matangalila, werden zum Beispiel unterschieden: der Kumeriah, ein athletischer Typ, der Mirga, ein schlanker, hochbeiniger Typ, und der Dwasala, ein Mischtyp. Die alte Hinduliteratur unterscheidet acht verschiedene Erscheinungstypen. Zur Zeit Akbars des Großen waren es deren vier.

Zu bedenken gilt es auch, daß Fang, Zähmung und Arbeit in den Körperhaushalt des Elefanten eingreifen. Auch das läßt sich 1988 von Raman Sukumar und seinen Kollegen in Südindien nachmessen:

Elefantenbullen, die vor ihrem zehnten Lebensjahr in Gefangenschaft gelangten oder dort geboren wurden, erreichten später eine maximale Schulterhöhe von 258 Zentimeter und ein Höchstgewicht von 2,9 Tonnen. Solche, die frühestens mit 15 Jahren in Menschenhand gelangten, maßen an der Schulter bis zu 274 Zentimeter und wogen bis zu 3,2 Tonnen. Jedoch keine Regel ohne Ausnahme: Der größte lebende Asiatische Elefant, den ich unter Hunderten zahmen und wilden in all den Jahren sah, ist zweifellos Neela, der schon bei den ersten Messungen 1967 alle anderen überragte. Am 6. August 1990 sah ich ihn bisher zum letzten Mal während der Perahera in Kandy, als er mit zügigem Schritt durch das Verkehrsgewirr der Ward Street eilte und Ratnayaka, sein jetziger Mahut, mir stolz eine Nummer der Tageszeitung »The Island« in die Hand drückte. Nach den letzten Messungen, so lese ich hier staunend, mißt Neela, der jetzt etwa 60 Jahre zählt, vom Boden bis zur Schulter 3,20 m.

Wie gesagt, Neela ist eine Ausnahme, die bestenfalls die Regel bestätigt, daß Arbeitselefanten in der Regel nicht so groß werden wie die wildlebenden Artgenossen. Das trifft auch für Elefantinnen zu. Kommen sie als Jungtiere in Gefangenschaft oder werden dort geboren, dann, so Raman Sukumar, erreichen sie mittlere Schulterhöhen von 231 Zentimetern und mittlere Gewichte von 2,5 Tonnen. Werden sie dagegen erst nach dem 25. Altersjahr gefangen, erreichen sie Schulterhöhen von 240 Zentimetern und ein Gewicht von durchschnittlich 2,8 Tonnen.

Derartige Unterschiede von einigen Zentimetern oder einigen Zentnern im Wachstumsprozeß weiblicher Elefanten beeindrucken kaum. Beeindruckend dagegen sind die geringen Fortpflanzungsleistungen gefangener Weibchen, auf die ich bereits hingewiesen habe. Dazu einige Daten aus Südindien, die ich 1970 sammelte. Hier, wo Geburten bei gefangenen Elefantinnen tatsächlich stattfinden, brachten neun als Halbwüchsige gefangene ihre ersten Kälber zwischen dem 15. und 40. Lebensjahr, im Schnitt im 25. Lebensjahr zur Welt. Weibliche Arbeitselefanten dagegen, die selbst in Gefangenschaft zur Welt gekommen waren, also keinen Schock durch Fang und Zähmung erleben mußten, setzten ihr erstes Kind zwischen dem 13. und 25. Lebensjahr (im Schnitt im 18.). Das ist aber immer noch später als bei wildlebenden Ceylonelefanten. Die setzen spätestens mit 12 Jahren zum ersten Mal.

Doch zurück nach Kandy, zum ersten Messen von Arbeitselefanten! Körpergröße allein ist kein sicheres Alterskriterium. Sie ist aber ein wichtiger Indikator. Indikatoren sind ebenfalls die Zunahme der rosaroten, gelblichen oder gelegentlich fast weißen, depigmentierten Hautstellen an Rüsselspitze, Rüsselbasis, Schläfen und Achselhöhlen, die mit zunehmendem Alter größer werden. Die Schwanzbehaarung dagegen geht zurück. Risse an der oberen Ohrkante tauchen erst später, wahrscheinlich etwa mit dem dreißigsten Lebensjahr auf. Eingefallene Muskulatur an der Rüsselansatzstelle und an den Wangen sind ebenfalls Kennzeichen sehr alter Elefanten.

Nach unseren Studien an Arbeitselefanten in Kandy besaßen wir genügend Hinweise, um sieben Altersklassen zu definieren:

Neugeborene

In den ersten zwei oder drei Lebenswochen tragen Elefanten einen roten Ring um die Augen. Der Körper ist mit einem dichten Flaum aus Embryonal- oder Lanugohaaren bedeckt. Sie wiegen zwischen 60 und 145 Kilogramm, und ihre Schulterhöhe beträgt 80 bis 120 Zentimeter. Meist können sie knapp unter dem Bauch der Mutter stehen. Sie haben keine Depigmentationen, und die Behaarung ihrer Schwanzquasten weist keine Lücken auf.

Säuglinge

Darunter verstehe ich Kälber im ersten und zweiten Lebensjahr. Der rote Augenring ist verschwunden. Das Lanugohaar fällt allmählich

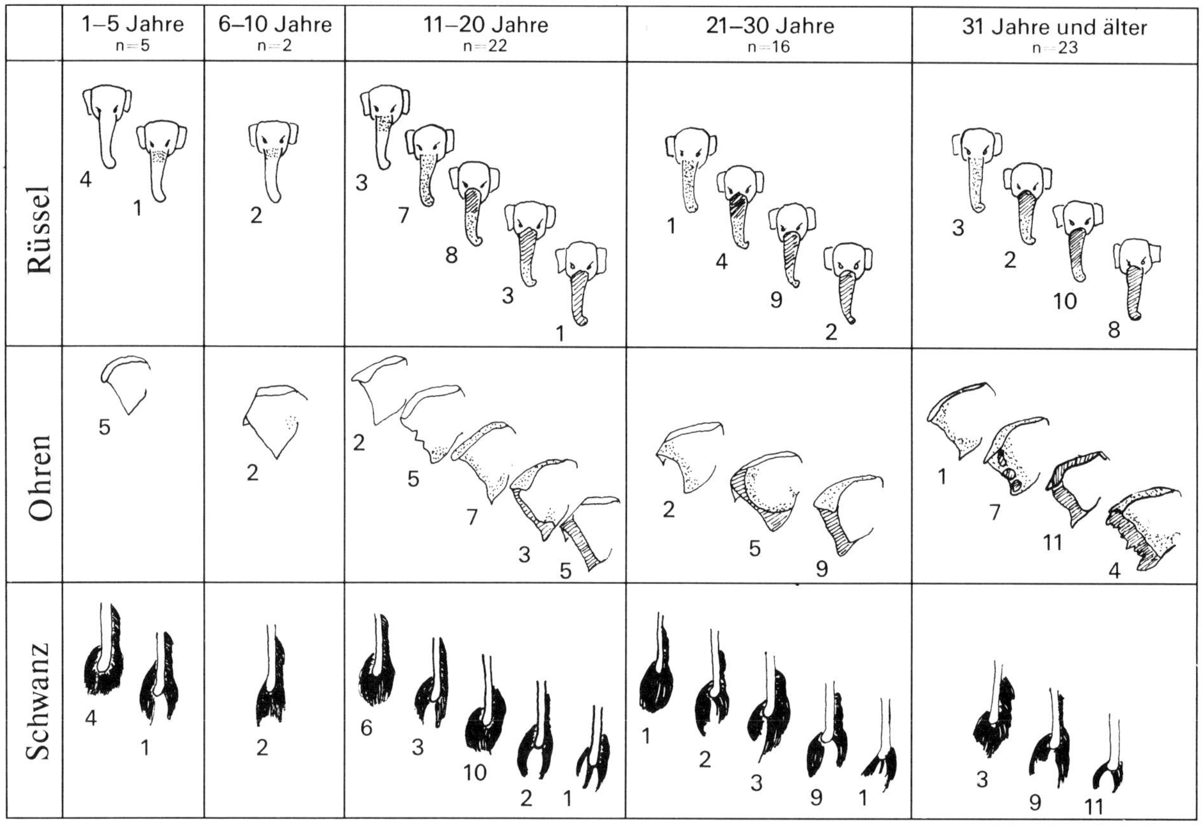

Altersveränderungen an 68 Arbeitselefanten auf Sri Lanka. Oben: Depigmentation der Rüssel, angegeben durch Punkte (leichte Depigmentationen) und Schraffuren (starke Depigmentationen). Mitte: Ohren (Depigmentationen und Risse). Unten: Behaarung der Schwanzquasten. n: Anzahl Tiere in einer Altersgruppe. Zahlen unter den Zeichnungen: Anzahl der Individuen, deren Merkmale mit den skizzierten übereinstimmen.

aus und wird durch seltenere, stärkere Borstenhaare ersetzt. Das Gewicht der Säuglinge beträgt zwischen 200 und im Extremfall 450 Kilogramm. Die Schulter ist 100 bis 140 Zentimeter hoch. Bullen sind unwesentlich größer als Kühe.

Juvenile

Hier handelt es sich um Kälber im dritten und vierten Altersjahr. Die Körpergröße beträgt 140 bis 160 Zentimeter und das Gewicht 500 bis 650 Kilogramm. Die Behaarung der Schwanzquaste ist geschlossen. Weiße Hautflecken sind, falls überhaupt, lediglich an der Rüsselansatzstelle entstanden. Größenunterschiede zwischen Männchen und Weibchen treten auf, sind aber unwesentlich.

Halbwüchsige

Dies sind Jungtiere im fünften, sechsten und siebten Lebensjahr. Die Schulterhöhe beträgt 160 bis 170 Zentimeter und das Gewicht 650 bis 900 Kilogramm. Die Bullen sind größer als gleichaltrige Kühe. Die Behaarung der Schwarzquaste ist meist noch vollständig, kann aber an der Schwanzspitze kürzer sein oder sogar fehlen. Die ersten gut sichtbaren, vollständigen weißen Hautfelder treten an der Rüsselansatzstelle auf. An den Ohrrändern erscheinen ebenfalls erste depigmentierte Hautstellen.

Subadulte
Als Subadulte bezeichne ich Elefanten, die zwar erwachsen, also fortpflanzungsfähig, aber noch nicht ausgewachsen sind. Sie stehen im achten bis fünfzehnten Lebensjahr. Die Größen- und Gewichtsunterschiede zwischen Männchen und Weibchen werden deutlich. Weibchen messen an der Schulter 160 bis 210 Zentimeter. Sie wiegen 900 bis 1600 Kilogramm. Bullen messen an der Schulter gelegentlich bis zu 240 Zentimeter bei einem Gewicht von bis zu 2,2 Tonnen. Tiere dieser Altersklasse haben zum Teil bereits vollständig depigmentierte Rüsselansatzstellen. Zudem weist der gesamte Rüssel einzelne bis viele helle Flecken auf. Die oberen, unteren und äußeren Ohrränder beginnen die schwarzgraue Färbung zu verlieren. Die Schwanzquaste verliert an Haaren, vor allem an der Schwanzspitze. Auf der Schwanzinnenseite verschwinden die oberen Haare.

Junge Adulte
Damit sind erwachsene Elefanten im Alter von 15 bis 25 Jahren gemeint. Weibchen werden, an der Schulter gemessen, bis zu 240 Zentimeter groß bei einem Höchstgewicht von rund 2,6 Tonnen. Bullen erreichen eine Schulterhöhe von bis zu 280 Zentimetern und wiegen nahezu vier Tonnen. Die obere Rüsselhälfte ist vollständig depigmentiert, die untere weist zunehmend starke weiße Punkte auf. Starke Depigmentationen breiten sich auch an den Ohrrändern aus. Die Schwanzquaste verliert die Haare an ihrer Spitze. Die Behaarung auf der Schwanzinnenseite ist lückenhaft oder fehlt gänzlich.

Alte Adulte
Dabei handelt es sich um Elefanten, die älter als 25 Jahre sind. Bei ihnen fällt, obwohl Elefanten wahrscheinlich zeitlebens wachsen, die Schulterhöhe als Unterscheidungsmerkmal nicht mehr ins Gewicht. Äußere Kennzeichen sind starke Depigmentationen an Rüssel und Ohren, gelegentlich zerrissene Ohrränder. Die Schwanzquaste ist, wenn überhaupt noch, spärlich behaart. Die Wangenmuskulatur erscheint eingefallen.

Unsere Methode der Altersschätzung mußte sich nun bewähren. Wir reisten von Kandy in eines der elefantenreichsten Gebiete Sri Lankas, nach Lahugala.
Lahugala liegt an der Ostküste der Insel, 22 Kilometer von Pottuvil entfernt und umfaßt zwei riesige, verlandende künstliche Stauseen aus den singhalesischen Hochkulturen: den Lahugala- und den Kitulana-Tank. Während der Trockenzeit sinkt der Wasserstand der alten Stauseen so tief, daß sich auch Herden auf die mit hohen Gräsern bestandenen Flächen wagen. Sonst leben vor allem Bullen in Lahugala, denen es nichts ausmacht, auch in einem metertiefen Wasser zu fressen.
In Lahugala baute uns Ranger Wickramasinghe zwei große Baumhäuser, von denen aus wir die Aufmärsche großer Elefantenherden beobachten konnten – meist leider nur aus Distanz.
Am 4. November 1967 dagegen war alles anders. Weder früher noch später habe ich so viele graue Riesen auf so engem Raum und aus solcher Nähe gesehen. Diese Begegnung war, was Hypothesen über ihr Sozialverhalten anbetraf, eine der wichtigsten. In knapp zwei Stunden lernte ich mehr über das Leben der Elefanten, als ich zuvor in monatelanger Kleinarbeit zusammentragen konnte.

Farbabbildungen

Seite 1
Gut erzogene Arbeitselefanten arbeiten praktisch ohne Zwang. Der Mahut führt seinen Elefanten mit winzigen Signalen seiner nackten Füße.

Seite 2
Oben: Einer der seltenen Stoßzähne tragenden Bullen auf Sri Lanka. Hier tragen neun von zehn Bullen keine Stoßzähne.
Unten: Eine Elefantenkuh in den besten Jahren. Elefantenkühe sind kleiner und haben zierlichere Köpfe als Bullen.

Seite 3
Oben: Ein Neugeborenes trinkt. Elefantenmütter haben ihre Milchdrüsen zwischen den Vorderbeinen.
Unten: Zwei ältere Weibchen mit einem halbwüchsigen Bullen, der sich nur gelegentlich noch im Verband der Weibchen zeigt.

Seite 4/5
Futterhaus und Sattelplatz im Elefantencamp von Nardi. Dort werden die Tierriesen vor und nach der Arbeit mit Leckerbissen oder auch mit Medikamenten versorgt.

Seite 6
Oben: 1969 fingen südindische Mahuts zum letztenmal wilde Elefanten in der Stockage von Kakankote. Die Wildfänge (Vordergrund) werden vom Rücken zahmer Elefanten aus mit dicken Seilen gefesselt.
Unten: Ein Arbeitselefant schleift einen schweren Baum. Das eine Ende des Zugseils hält er im Maul; mit dem Rüssel hilft er nach.

Seite 7
Oben: Mit der trockenen Schale einer Brotfrucht massiert dieser Kurumba einen Bullen und sucht dessen empfindliche Haut nach Läusen ab.
Unten: Sind die Lasten sehr schwer, wie etwa dieser frisch gefällte Rosenholzstamm, dann arbeiten zwei oder mehrere Elefanten nebeneinander.

Seite 8
Arbeitselefanten verbringen einen großen Teil ihres Alltags mit Fressen und Baden. So auch Indar, einer der mächtigsten Bullen der Kurumbas von Nardi.

ÜBER DAS LEBEN DER MUTTERFAMILIEN

Um 13 Uhr begann ich mit den Beobachtungen. Anil und Nettasinghe hatten seit dem Morgengrauen auf einem der Baumhäuser gesessen und nichts entdeckt. Gerade als sie zum Mittagessen herabstiegen, tauchte ganz hinten am Lahugala-Tank ein einzelner Bulle auf. Gegen 14 Uhr schritten zwei weitere auf die offene Ebene, und zwanzig Minuten später erschien der vierte.

Der Tag, so schien es, sollte wieder so verlaufen wie die anderen zuvor, langweilig, weil wir höchstens notieren konnten, wo und wann Elefanten fraßen. Aber dann kam es ganz anders: Ferne, irgendwo im Wald, trompetete ein Elefant. Ich glaubte, das tiefe Grollen von Muttertieren und das Brüllen der Kälber zu hören. Nonis, der Ranger, erschien. Er wußte bereits, daß eine Herde näherkam. Sie ließ nicht lange auf sich warten. Um 16.20 Uhr machten wir die ersten Tiere am Waldrand vor uns aus. Die Entfernung betrug rund 200 Meter. Nach einer Viertelstunde erschienen sie im ausgetrockneten Tank: fünf erwachsene Kühe, drei Juvenile, zwei subadulte Weibchen und fünf junge Bullen, die unverzüglich mit ihren ruppigen Kampfspielen anfingen. Stirne gegen Stirne stießen sie sich, oder sie rannten mit erhobenen Rüsseln aufeinander los und versuchten sich mit der inneren Rüsselbasis zu boxen. Jeder kämpfte gegen jeden. Gelegentlich bedrängten sie zu zweit oder dritt einen einzelnen, oder alle nahmen einen fast ausgewachsenen Bullen an, der später erschien. In dieser Gruppe gab es weder Neugeborene noch Säuglinge. Sie bestand ausschließlich aus Juvenilen, ihren Müttern und »Halbstarken«. Diese 15 Elefanten, die immer näher rückten und bei besten Sichtbedingungen unmittelbar vor und unter dem Baumhaus fraßen und spielten, waren eigentlich schon mehr als genug für jeden Verhaltensforscher. Doch es sollte noch besser kommen. Plötzlich tauchten 21 weitere Elefanten auf – in dichtgedrängter Formation, gewissermaßen in »Haarfühlung«: elf erwachsene Weibchen, drei Subadulte, drei Neugeborene mit roten Augenringen und langen Lanugohaaren und vier ältere Säuglinge. Diese Gruppe hielt sich abseits der ersten. Es war ein richtiger Kindergarten, den mächtige Kühe beschützten und dem die anderen Elefanten auswichen, wenn er sich fortbewegte.

Wiederholt zählte ich die Schar, bestimmte Altersklasse und Geschlecht ihrer Mitglieder und bemerkte dabei nicht, daß schon wieder neue Elefanten gekommen waren; erwachsene und halbwüchsige Bullen. Es mußten wenigstens ein halbes Dutzend gewesen sein. Zum Zählen reichte die Zeit nicht mehr aus. Denn nun erschien eine weitere Gruppe mit 21 Mitgliedern, darunter sieben erwachsenen Kühen, sechs Subadulten, sechs Juvenilen und Halbwüchsigen und nur einem älteren Säugling. Diese Gruppe marschierte eilig und dicht ge-

drängt auf dem Grasland. Getrieben und gleichzeitig in »Reih und Glied« gehalten wurde sie von einem mächtigen Bullen. Er umkreiste die Gruppe, trieb einzelne an, drängte andere in die Formation zurück, und als er die anderen Bullen am Futterplatz sah, nahm er diese an, nicht spielerisch, sondern aggressiv.

Zum Kampf kam es nicht. Die Rivalen rannten davon, hielten Respektabstand von dem mächtigen Bullen, der mit erhobenem Haupt, abgespreizten Ohren und leicht eingerolltem Rüssel die Szene beherrschte. Seine Schläfen waren geschwollen und von dickflüssigem Sekret verschmiert. Der Bulle war in Musth, in einem Zustand erhöhter Kampf- und Fortpflanzungsbereitschaft. Doch davon später.

Inzwischen war es dunkel geworden. Zum Fotografieren fehlte das Licht. Einer meiner Begleiter deutete mit leichtem Kopfnicken nach unten. Dort rissen ein paar halbwüchsige Bullen munter die Sprossen von den Leiterholmen. Mit unserem Feierabend schien es schwierig zu werden. Wie sollten wir unser Baumhaus verlassen, wenn unten 69 Elefanten samt einem aufgebrachten Musthbullen standen? Ganz abgesehen davon, daß die Leiter schon so gut wie kaputt war.

Unser Koch war im Camp geblieben. Hilfsbereit, wie er war, fuhr er los, um uns mit dem Landrover abzuholen. Kaum beleuchteten die Scheinwerfer das Elefantenspektakel, war die Show zu Ende. Wie ein Spuk verdufteten die Tierriesen. Kein Trompeten, kein warnendes Rüsselschlagen und Pusten war zu hören, nicht einmal das Brechen eines Astes. 140 Tonnen wilde Elefanten hatten sich schlagartig in Nichts aufgelöst.

Dieser 4. November war *der* große Glückstag. Die Elefanten hatten einen Teil ihres Geheimnisses preisgegeben. Nach allem, was ich gesehen hatte, zerfiel diese große Herde in Untergruppen mit Säuglingen und ihren Müttern und in andere Untergruppen, in denen entwöhnte Kälber mit ihren Müttern standen.

Eine Gruppe schien den Musthbullen geradezu magisch anzuziehen, der auch die anderen erwachsenen Männchen an die Peripherie dieses Verbands vertrieb.

Die soziale Organisation schien sich in der räumlichen Verteilung der Herdenmitglieder abzubilden. Geradezu modellhaft kam mir der Aufmarsch vor, den ich gesehen hatte. Oder täuschte ich mich? Bildete ich mir vielleicht die Regelmäßigkeit in der räumlich-sozialen Organisation nur ein?

Eine einzelne Beobachtung durfte ich nicht verallgemeinern. Und so hoffte ich, in den kommenden Tagen die große Herde unter vergleichbaren Bedingungen wiederanzutreffen. Leider spielten die Elefanten nicht mit. Sie mieden die Nähe des Baumhauses tagsüber und näherten sich ihm nur nachts, nachdem wir es längst verlassen hatten.

Aber immerhin: Wir konnten »unsere« und wahrscheinlich auch noch eine zweite fast ebenso große Herde aus der Ferne am anderen Ende des verlandenden Stausees von Lahugala beobachten. Was ich, wenn auch nicht so genau wie beim ersten Zusammentreffen, durch das Fernrohr sah, stimmte ziemlich genau mit den Beobachtungen vom 4. November überein: Die Aufmärsche erfolgten immer nach demselben Prinzip. Zuerst erschienen Einzelbullen, die fächerartig eine breite »Speerspitze« bildeten. Dann folgten eine oder zwei »Juvenilgruppen«. Im Zentrum des Verbandes bewegte sich der »Kindergarten« mit den Neugeborenen. Der Musthbulle hielt sich bei diesen Mutterfamilien auf. Am Schluß folgten erwachsene Bullen.

Reich an Erfahrungen und Hypothesen kehrten

Neugeborene Elefanten sind meist etwa so groß, daß sie knapp unter ihren Müttern stehen können.

wir im Spätherbst von Lahugala nach Yala zurück und beschlossen, Elefanten nicht mehr im ganzen riesigen Nationalpark zu beobachten, sondern uns auf den südlichen Teil seines westlichen Abschnitts, den sogenannten Block 1, zu konzentrieren. Dieses Gebiet ist etwa zwanzig Kilometer lang und fünf bis zehn Kilometer breit. Es enthält ein recht dichtes Straßennetz, was dazu führte, daß sich die Elefanten an die Nähe von Fahrzeugen gewöhnt hatten. Zusätzliche Pisten, die nur wir befahren durften, schlugen wir auf alten holländischen Handelswegen und auf den breiten Elefantenpfaden.
Die Beobachtungsbedingungen waren auch deshalb ideal, weil die Herden wieder in dieses als besonders elefantenreich geltende Gebiet einzuwandern begannen. Begegneten wir den einzelnen Gruppen, so notierten wir zuerst ihre Größe. Dann klassifizierten wir ihre Mitglieder nach Geschlecht und Alter in die acht verschiedenen Kategorien.
Die Gruppen in Yala waren, verglichen mit den Aufmärschen in Lahugala, klein; sie bestanden aus 2 bis höchstens 22 Tieren. In 151 vollständig ausgezählten Gruppen konnten wir 1313 Tiere nach Klassen unterscheiden: 636 adulte oder subadulte Weibchen, 588 Säuglinge, Juvenile und Halbwüchsige und nur 89 subadulte oder adulte Bullen. Nur jede dritte Gruppe enthielt einen Bullen. Diese leben meist einzeln oder in ganz kleinen Verbänden von zwei bis vier Tieren.
Solche Befunde sind trivial. Sie besagen lediglich, daß Weibchen und Jungtiere in Gruppen leben und erwachsene Bullen auch einzeln vorkommen. Ich möchte aber darauf hinweisen, daß unsere Zahlen über die Beobachtungshäufigkeit von einzelnen Klassen, die ich oben erwähnt habe, nichts über die Verteilung dieser Klassen im gesamten Bestand aussagen, denn wir wußten vorerst ja nicht, ob wir bestimmte Gruppen häufiger sahen als andere.
Wichtig war für uns herauszufinden, wer mit wem in derselben Gruppe lebte, also welcher Elefant mit welchen anderen uns bekannten Tieren ging. Wir arbeiteten deshalb hart an unserer Steckbriefkartei. Zwischen September 1968 und Februar 1969 war es endlich soweit: Wir trafen praktisch nur noch Gruppen, deren Mitglieder wir alle »persönlich« kannten.
Die erwachsene Elefantenkuh Nummer 7 sahen wir beispielsweise an 31 Tagen. Insgesamt hatte sie mit zwölf verschiedenen subadulten und adulten Weibchen, einem Neugeborenen, elf Juvenilen, fünf subadulten und fünf adulten Bullen Gruppenkontakt. Insgesamt also mit 34 verschiedenen Tieren. Gleichzeitig war sie aber nie mit allen diesen Elefanten in einer Gruppe vereint. Die Gruppen, in denen wir sie trafen, umfaßten 4 bis 18 Mitglieder.
Der langen Rede kurzer Sinn: Die Gruppen, die wir in Yala beobachteten, waren keine stabilen Einheiten. Sie konnten offenbar jederzeit aufgelöst und neu gebildet werden. Es schien, als würde die Hypothese, die wir in Lahugala entwickelt hatten, für die Elefanten in Yala nicht zutreffen. In Lahugala schienen die Gruppen aus Weibchen und Jungen innerhalb der aufmarschierenden Herden fest zusammenzugehören. Hier in Yala dagegen zerfielen sie und setzten sich wieder zusammen. In Lahugala sahen wir aber auch, daß Weibchen, die ungefähr gleichaltrige Kälber führten, zusammen in denselben Gruppen waren. Stimmte wenigstens dieser Teil der Hypothese?
Das Weibchen Nummer 7 führte einen Sohn, den wir auf zweieinhalb bis dreieinhalb Jahre schätzten. Er war entwöhnt. Entwöhnt werden Elefantenkinder im Lauf des zweiten Lebensjahres. Wir kannten auch die Kinder der ande-

Beim Asiatischen Elefanten bilden Weibchen und ihre Nachkommen Gruppen von vier bis mehr als hundert Mitgliedern. Die Bullen leben häufig einzelgängerisch.

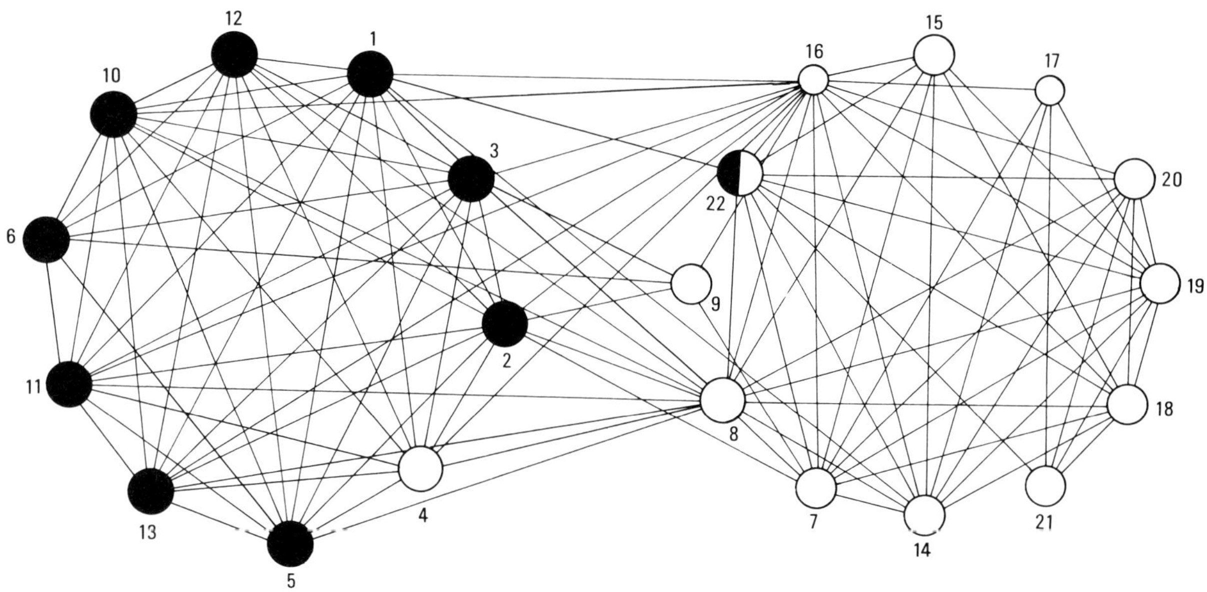

Gruppenkontakte – angegeben durch Linien – zwischen 22 erwachsenen Weibchen der Yala-Studienherde. Ausgefüllte Kreise: Weibchen, die Säuglinge führen. Große Kreise: Weibchen, die Juvenile führen. Kleine Kreise: Zum erstenmal trächtige Weibchen. Zur Hälfte ausgefüllter Kreis: Kuh, die ihren Säugling verlor.

ren Kühe. Also ließ sich auch der zweite Teil der Hypothese klären. Weibchen Nummer 7 hatte Kontakt mit Weibchen Nummer 22, das seine anderthalbjährige Tochter verloren hatte und jetzt noch von einem etwa sechsjährigen Sohn begleitet wurde. Daneben verkehrte es mit acht Weibchen, die entwöhnte Kinder führten, und zwei subadulten Weibchen, die vielleicht schon trächtig waren, aber keine Jungen führten. Kurz: Weibchen Nummer 7 mied offensichtlich Weibchen mit Neugeborenen, die noch gesäugt wurden.

Bei den neun bekannten Weibchen dagegen, die Säuglinge führten, war es gerade umgekehrt. Sie bevorzugten als Gruppenpartner ebenfalls säugende Tiere und schienen den Kontakt mit anderen Weibchen zu meiden.

Zwischen September 1968 und Februar 1969 haben wir 151 Gruppen ausgezählt, in denen sich ausschließlich uns bekannte Tiere aufhielten, darunter vor allem immer wieder das eine oder andere der 22 in unserer Steckbriefkartei geführten Weibchen mit seinen Nachkommen. 84 dieser Gruppen bestanden nur aus Weibchen, deren jüngster Nachkomme noch säugte. 51 Gruppen enthielten ausschließlich Weibchen, deren jüngster Nachkomme entwöhnt war. Lediglich 16 Gruppen enthielten Kühe mit säugenden sowie mit entwöhnten Nachkommen.

Zusammengefaßt bedeutete das folgendes: Auch in Yala gruppieren sich die Weibchen nach ihrem Zustand im Fortpflanzungszyklus, genauso wie in Lahugala. Also werde ich fortan von Säuglings- und Juvenilgruppen sprechen. In den Juvenilgruppen stehen aber auch die sub-

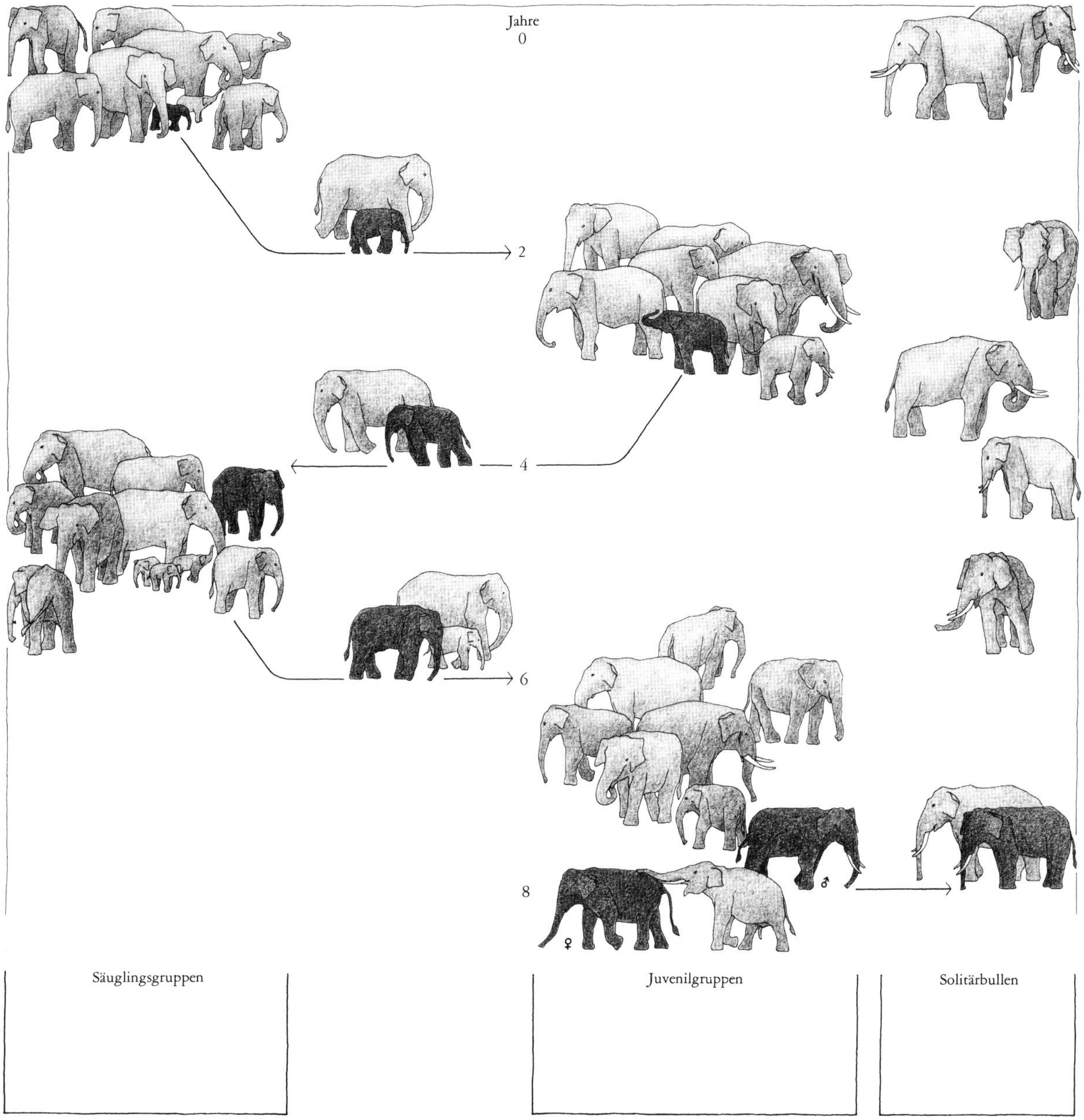

Der Lebenslauf eines jungen Elefanten: Während der ersten beiden Lebensjahre hält sich das Kalb mit seiner Mutter in einer Säuglingsgruppe auf. Dann begleitet es seine Mutter in eine Juvenilgruppe, wo sich häufig ein Musthbulle aufhält. Die Mutter wird wiederum trächtig und begibt sich kurz vor der Geburt wiederum in eine Säuglingsgruppe. Das Kalb ist jetzt etwa vier Jahre alt. Die Mutter führt bald einen neuen Säugling. Unser Jungtier steht an der Peripherie der Säuglingsgruppe und begibt sich nach weiteren zwei Jahren zusammen mit Mutter und dem jüngeren Geschwister wiederum in eine Juvenilgruppe. Bullen trennen sich jetzt von der Mutter. Weibchen werden erstmals brünftig, kehren dann, wahrscheinlich zusammen mit der ebenfalls trächtigen Mutter, wiederum in eine Säuglingsgruppe zurück.
(Zeichnung: Marcus Hodel)

adulten Weibchen und – falls sie sich überhaupt in Gruppen aufhalten – die Bullen. In 82 Fällen hielt sich einer der 13 bekannten erwachsenen Bullen in oder in der Nähe einer Juvenilgruppe auf. Nur halb so häufig, nämlich 41mal, stand einer bei einer Säuglingsherde. Und 35mal trafen wir am selben Tag denselben Bullen einmal bei einer Säuglings- und ein anderes Mal bei einer Juvenilgruppe.

Juvenilgruppen sind attraktiver für die Elefantenmänner, weil sie brunftbereite Weibchen enthalten. Diese fehlen in den Säuglingseinheiten. Zu diesem Schluß bin ich übrigens nicht in erster Line durch die Beobachtungen in Yala gekommen, wo wir lediglich zwei Paarungen beobachteten (sie fanden übrigens in Juvenilgruppen statt), sondern ich verdanke sie Daten, die Richard Laws 1966 und Sylvia Sikes 1967 anhand eines reichhaltigen Materials toter Afrikanischer Elefanten erarbeitet haben. Es standen mir außerdem viele Beobachtungsergebnisse über das Fortpflanzungsverhalten gefangener Asiatischer Elefanten in Zoo, Zirkus und Holzfällerlager zur Verfügung. Ja, sogar anläßlich der Khedda in Kakankote, von der ich schon berichtet habe, ließen sich wertvolle Aufschlüsse über die Fortpflanzungsbiologie des Elefanten gewinnen.

Von den 36 bei der 68er Khedda in Kakankote gefangenen Elefantenkühen besaßen alle als zehnjährig oder älter geschätzten Tiere gutentwickelte Euter, führten ein Kalb oder schienen trächtig zu sein. Unter den jüngeren trug nur eine Kuh ein sichtbar gutentwickeltes Euter. Sie setzte einen Monat nach dem Fang ein Kalb.

Vor 25 Jahren, als ich erstmals die entsprechenden Daten zu sammeln begann, schien es, als würden auch Zooelefanten ihr erstes Junges mit etwa zehn Jahren zur Welt bringen. Das hat sich inzwischen geändert. Die Bedingungen, unter denen die Tierriesen in Menschenobhut in Europa und Amerika leben, haben sich zum Teil geändert. Die Elefanten wurden, wahrscheinlich wegen besonders guter Fütterung und sonst sorgenfreien Lebens, »frühreif«.

Ceyla Himali aus dem Zürcher Zoo zum Beispiel war neunjährig, als sie am 27. Juli 1984 ihr erstes Kalb, Komali, zur Welt brachte, und Kavari im Zoo von Paris-Vincennes knapp sieben, als sie am 31. März 1990 erstmals Mutter wurde.

Bei Wildelefanten können Pubertät und erste Geburt aber auch erst nach dem achten beziehungsweise zehnten Lebensjahr eintreten. Das ist bei Beständen der Fall, die in Gebieten mit knappen Nahrungs- und Wasserreserven leben. Bei dermaßen gestreßten Weibchen dauert die Zeitspanne zwischen zwei aufeinanderfolgenden Geburten auch besonders lang. Das war jedenfalls von Afrikanischen Elefanten bereits bekannt, als ich in Yala mit meinen Beobachtungen begann.

Aus Aufzeichnungen von Lothar Dittrich, dem Zoodirektor von Hannover, wußte ich, daß das Geburtenintervall bei Asiatischen Elefanten im Schnitt lediglich 23 Monate und 20 Tage dauert, wenn Mutter und Kind sofort nach der Geburt getrennt werden. Ganz anders verhält es sich, wenn Mutter und Kalb wenigstens im ersten Jahr nach der Geburt zusammenbleiben: Dann dauert das Intervall im Schnitt 47 Monate und 9 Tage, also nahezu vier Jahre.

Die Periode des Säugens verhindert beim Muttertier die Bereitschaft zur Brunft. Physiologen sprechen in diesem Fall von einem durch die Laktation bedingten Anoestrus. Da nur Elefantenmütter ihre Säuglinge während rund zweier Jahre stillen und die Tragzeit auch etwa zwei Jahre beträgt, dauert das Geburtenintervall rund vier Jahre. Dies ist allerdings nur dann der Fall, wenn der Säugling nicht stirbt.

Innerhalb unserer Beobachtungsherde im Yala-Nationalpark führten nur fünf Weibchen je zwei Junge, jeweils ein älteres und ein jüngeres. Deren Alter konnten wir aufgrund ihrer Schulterhöhen ungefähr schätzen. Nummer 1 hatte eine etwa anderthalbjährige kleine und eine auf viereinhalb- bis fünfeinhalbjährig geschätzte Tochter, Nummer 3 führte eine neugeborene und eine etwa vierjährige Tochter. Die Tochter von Nummer 4 war etwa gleich alt wie die ältere von Nummer 3. Nummer 4 führte aber noch einen neugeborenen Sohn, Nummer 10 ebenfalls. Ihr älterer Sohn wurde auf dreieinhalb geschätzt. Nummer 22 schließlich hatte einen rund einjährigen und einen dreieinhalb- bis fünfjährigen Sohn. In Anbetracht der ungenauen Altersschätzung beträgt also auch bei den wilden Elefanten in Yala das Geburtenintervall rund vier Jahre. Bezogen auf die Tendenz der Elefantenmütter, sich entweder in Säuglings- oder Juvenilgruppen zu vereinigen, bedeutet dies folgendes: Die Weibchen gebären ihre Jungen in Säuglingsgruppen und verbleiben etwa zwei Jahre lang mit ihnen darin. Dann suchen sie Juvenilgruppen auf, in denen sie brünftig und von einem Bullen gedeckt werden. Nach zwei Jahren kehren sie in die Säuglingsgruppe zurück. Das erste Kalb begleitet seine Mutter dabei und folgt ihr im Alter von rund sechs Jahren wiederum in die Juvenilgruppen. Am Ende seines zweiten zweijährigen Aufenthalts in diesen Gruppen erreicht es die Geschlechtsreife. Junge Bullen verlassen dann immer häufiger die Herden. Weibchen bleiben zeitlebens in Gruppen, ja, ich habe in all den vielen Jahren in Südasien nie ein einzelgängerisches Weibchen gesehen, ganz im Gegensatz zu den Bullen. Und die bereiteten uns gelegentlich arges Kopfzerbrechen, wenn wir den Mutterfamilien folgten und dabei ihr soziales System zu enträtseln versuchten.

WENN BULLEN GEFÄHRLICH WERDEN

Stopp, da vorne steht ein Neuer!« Pydase, unser Spurenleser, deutete auf die uns gegenüberliegende Seite der Lichtung. »Musth«, flüsterte er und strich sich mit beiden Händen ehrfurchtsvoll von den Schläfen über die Wangen. Damit wollte er andeuten, was wir jetzt alle sahen: Die Schläfendrüsen des Bullen waren aktiv. Ein breites, dunkles Sekretband zog sich beidseitig von der Mitte des Jochbogens zu den Mundwinkeln. Ich drehte den Zündschlüssel auf »Aus«. Kein Motorengeräusch sollte den mächtigen Elefanten verunsichern.

Anil Jayasuriya begann wie immer, wenn wir einen uns noch unbekannten Elefanten trafen, mit seinen Skizzen. Nettasinghe beobachtete durchs Fernglas und diktierte: »Ohren klein und rund. Keine überhängenden Ohrränder. Schwanz sehr lang, reicht bis zu den Fersen.«

»Und die Schwanzquaste?« fragte Anil.

»Nicht sichtbar im hohen Gras. Warte, bis er näher kommt!«

Inzwischen hatte ich das 400-Millimeter-Objektiv vor die Kamera geschraubt und Porträts geschossen. Die besten Bilder fügten wir jeweils den Steckbriefen bei, die wir von jedem Elefanten, den wir trafen, anfertigten.

Jetzt schritt der Bulle direkt auf uns zu. Immer schneller wurde sein schlurfender Gang. Er hob seinen Kopf und rollte seinen Rüssel leicht ein. Die Ohren klappten nach außen. Der Neue griff an.

Pydase hatte bereits die Schuhe von den Füßen gestreift. »Mantras, Zauberformeln, wirken nur, wenn man direkt Kontakt mit dem Boden hat«, hatte er immer wieder doziert. Nun glitt er aus dem Wagen. »On an un uranga usgeste ganapathi narasinghe dewatawa häriada häri«, brüllte er dem anstürmenden Giganten entgegen und schleuderte eine Handvoll trockener Erde hoch in die Luft. Diesmal wirkten weder die Zauberformel noch die laute Stimme, noch die Staubwolke (letzteres entspricht einem Verhaltenselement aus dem Drohrepertoire der Bullen). Der Neue preschte weiter auf uns zu. Pydase sprang affengleich auf den Landrover, den ich mit heulendem Motor rückwärts jagte. Zurück in den Wald, zurück auf die enge Piste zwischen den kräftigen Stämmen. Ein 500-Meter-Slalom. Aber kaum hatten wir etwas Abstand gewonnen, machte der wütende Bulle Boden gut, indem er die Kurven abkürzte und durch den doppelt mannshohen Unterwuchs brach.

Endlich, als er glaubte, uns weit genug gejagt zu haben, ließ er ab. Auf der nächsten Lichtung fingerten wir nervös nach Zigaretten und Streichhölzern, als Anil stichelte: »Habt ihr nun seine Schwanzquaste gesehen?«

»Natürlich nicht, aber wir können ja noch mal nachschauen gehen.«

Jeder von uns hatte Angst, da wir wußten, daß vor zwei Tagen ganz in der Nähe ein Musthbulle

Kampf zwischen den Bullen Etha (links) und Mendis (rechts). Der kleinere, Stoßzähne tragende Bulle verlor den Kampf bereits nach kurzer Zeit.

einen Touristenjeep gestoppt und dann mit kräftigen Fußtritten arg verbeult hatte. Schließlich hatte er sich mit dem Rüssel eine Sitzbank aus dem Fahrzeug geholt, und während er sie in Fetzen riß, gelang es den Insassen, das Weite zu suchen. Die Vermutung lag auf der Hand, daß es sich bei unserem Neuen um den »Jeep-Stopper« handelte. Aber keiner hatte den Mut, nicht mutig zu sein. Also zurück in den Wald. Der Neue mußte es geahnt haben. Er erwartete uns, hinter einem dicken Baum stehend, ließ uns passieren und jagte uns dann vor sich her. Die Fahrerei war nun wenigstens nicht mehr so schwierig wie beim erstenmal, als ich rückwärts abhauen mußte. Er hatte keine Chance, uns einzuholen. Aber dann stand da plötzlich eine Gruppe mit Kühen und Kälbern auf der Dschungelpiste. Der rasende Bulle jagte uns mitten in das nervöse Trompeten, Rüsselschlagen, Sandwerfen, Brüllen und Quietschen hinein. Vorne, hinten, links und rechts vom offenen Fahrzeug nichts als Elefantenleiber, die davonstiebten. Nach wenigen Augenblicken war der Spuk vorbei. Der Bulle hatte sich mit der Gruppe verzogen.

So oder ähnlich verliefen unerwartete Begegnungen mit Musthbullen in den Waldgebieten des Yala-Nationalparks. Es sind Begebenheiten, die man später zwar gerne erzählt, die man aber nicht gerne erlebt. Vier oder fünf Tonnen Muskelkraft, die wütend auf einen zustürmen, erfüllen einen selbst in einem stabilen Landrover mit mulmigen Gefühlen. Noch unangenehmer war es, einem Musthbullen ohne Fahrzeug zu begegnen. Dann zogen wir uns zurück oder kletterten auf einen Baum. Stundenlang harrten wir oben aus, wenn unten der Musthbulle Wache hielt und gelegentlich den Rüssel nach oben reckte.

Mit der Zeit lernten wir, solche direkten Kontakte zu vermeiden, ohne auf die Beobachtung der Musthbullen zu verzichten. Im folgenden möchte ich unsere Erkenntnisse über sie zusammenfassen. Dieses Phänomen, über das viel spekuliert wurde, spielt eine wichtige Rolle beim Verhalten der wilden Herden, aber auch von zahmen Bullen. Musthelefanten gelten als tödliche Gefahr – selbst für ihre Mahuts.

Asiatische und Afrikanische Elefanten haben über dem Jochbogen, ungefähr in der Mitte zwischen Auge und äußerer Ohröffnung unmittelbar unter der Haut, jederseits eine Schläfendrüse mit einer ein bis drei Zentimeter langen schlitzförmigen Öffnung. Diese Drüse ist bei erwachsenen Bullen periodisch aktiv. Dabei schwillt zuerst die Umgebung der Öffnung bis zur Größe eines halbierten Fußballs an. Später tritt ein klebriges, teerartiges Sekret aus, welches bitter schmecken soll und intensiv riecht. Das Sekret bedeckt wie ein breites Band Teile der Wangen und fließt gelegentlich sogar bis in den Mund. Die Zeitspanne, in der die Schläfendrüsen aktiv sind und in der sich das Verhalten der Elefanten in einer bestimmten Weise verändert, nennt man Musth.

Die auffallendste Verhaltensveränderung ist sicher die erhöhte Aggressivität. Arbeitselefanten, die die ersten Symptome einer bevorstehenden Musth zeigen, werden daher im Lager gefesselt und nicht zum Trinken und Baden geführt. Sie erhalten Wasser in einem ausgehöhlten Baumstamm oder in einem anderen großen Gefäß. Tritt Musth unerwartet ein, können die Bullen nicht mehr zum nächsten Lager geführt werden. Man fesselt sie an Ort und Stelle und bewegt sie erst wieder, nachdem die Musth abgeklungen ist.

Trotz solcher Vorsichtsmaßnahmen geschehen immer wieder tödliche Unfälle. Von den 38 Bullen, die wir anläßlich der Perahera in Kandy gemessen und gewogen hatten, haben zwei ihre Mahuts während der Musth getötet.

Seite 132/133: Von links oben nach rechts unten: Zwei Bullen begrüßen sich mit Rüsselkontakt. Der Überlegene beginnt Futter zu stehlen. Der Unterlegene dreht ab, schachtet nervös den Penis aus und verläßt den Ort.

Allerdings werden nicht alle Musthbullen gefesselt. Manche lassen die Mahuts sogar länger und härter arbeiten. Und nachts werden sie durch stundenlange Märsche ermüdet. Als Arjun, der größte Bulle im Arbeitslager von Nardi in Tamil Nadu, erste Anzeichen einer bevorstehenden Musth zeigte, drillte ihn Jejahan, sein Mahut, praktisch pausenlos. Er ließ ihn sich hinlegen, aufstehen, vorwärts und rückwärts gehen und prügelte ihn fast unaufhörlich mit einer festen Bambusrute.

Auf Sri Lanka empfehlen uralte Schriften, die gefesselten Musthbullen regelmäßig in die empfindliche Guda Marge, die äußerst empfindliche Stelle zwischen Schwanzansatz und Anus, zu stechen. Selbstverständlich wissen die Mahuts, daß solche qualvollen Repressionen gefährlich für sie sind. Ich glaube, daß sie diese Gefahr verdrängen, indem sie große Mengen Alkohol trinken oder Drogen nehmen. Die Mahuts der größten Bullen in Kandy leerten spielend zwei Flaschen hochprozentigen Arrak während der kurzen Zeit, die wir zum Vermessen der Elefanten brauchten. Jejahan von Nardi war während der Tage, in denen er Arjun stundenlang züchtigte, immer im Rausch. J. H. Williams, der legendäre »Elephant Bill« aus Birma, meinte 1950 dazu: »Ein Elefant greift seinen Oozie (Mahut) meist nur an, wenn er in Musth ist. Er schlägt ihn dann ohne ersichtlichen Anlaß mit den Stoßzähnen oder dem Rüssel nieder und erdrückt ihn mit dem Knie . . .«

Doch nicht nur die Mahuts sind während der Musthphase ihres Bullen meist im Drogenrausch. Auch die Bullen sind es. Denn Rauschgifte gehören zu den Medikamenten, die Elefantendoktoren verschreiben, wenn Bullen plötzlich in die Periode erhöhter Aggressivität kommen. G. H. Evans, Superintendent des Civil Veterinary Department im einstigen Britisch-Birma, empfahl 1910, beim Eintreten von Musth vier bis sechs Drachmen (16 bis 25 Gramm) reines Opium oder Ganja (Marihuana) vermischt mit gekochtem Reis, Bananen oder Rohrzucker zu verabreichen. Ebenso wirksam seien, schreibt Evans, zwei Drachmen Belladonna und eine halbe Unze Brom, die täglich zweimal, vermischt mit Zucker und Anis, gegeben werden sollen.

Das beste Mittel, so versicherten mir Elefantenbesitzer und Mahuts auf Sri Lanka und in Südindien, um die Musthperiode zu verkürzen, ist Futterentzug. Diese Methode geht von der Tatsache aus, daß nur gut ernährte Arbeitselefanten überhaupt in Musth kommen.

Das ist der eine Teil der Geschichte. Betrachtet man die vielen bildlichen Darstellungen, die in Südasien von der Mitte des ersten vorchristlichen Jahrtausends bis heute von Elefanten und ihren Reitern geschaffen wurden, dann fällt auf: Der von Göttern oder Königen gerittene Elefant ist immer ein Bulle und dieser Bulle ist in Musth.

Zweifellos ritten aber Könige und andere Persönlichkeiten nicht ausschließlich auf Musthbullen. Kein Bulle ist dauernd in Musth und Musthsymptome sind auch nicht immer leicht zu erkennen. Also hat man dies durch entsprechende modische Beigaben ritualisierend überhöht. So wie beispielsweise die Mode des Menschen das männliche Attribut »breite Schultern« durch entsprechenden Schnitt der Brustbekleidung, Epauletten und dergleichen überzeichnet, überzeichnet ein Teil des Kopfputzes der Reit- und Kriegselefanten die äußeren Kennzeichen der Musth. Gemeint sind die »fliegenwedel«-ähnlichen Kunstwerke, die den Elefanten vorne an die Ohren oder an einer Kette zwischen Ohren und Augen gehängt wurden und noch werden. Man nennt sie »Yak-Schwänze«,

Seite 136/137: Jungbullen versammeln sich häufig in mehrköpfigen »Halbstarkengruppen«, wo viel, aber harmlos gerauft wird. Bei einem Bullen (links unten) sind kleine Schneidezähne, sogenannte Tushes, sichtbar.

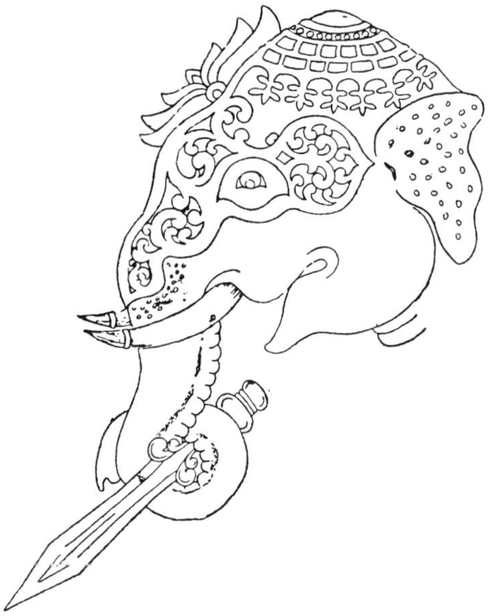

a

b

c

(a) Kriegselefant nach einem Fresko am Tempel von Degaldoruva auf Sri Lanka (17. Jahrhundert). Auge, Stirn und Schläfengegend sind besonders hervorgehoben. (b und c) Kampfelefanten nach dem Dheva-Angam-Leinen, Hangurankera (16. Jahrhundert). Bei zwei Kampfelefanten, ebenso wie bei einem Elefanten, der gegen einen Tiger zu kämpfen hat, sind Musthdrüsen und Sekretband ritualisierend dargestellt. Bemerke: Die Helfer, welche versuchen, den Tiger vom Elefanten zu befreien, benutzen spitze Waffen, um den Elefanten an besonders empfindlichen Körperstellen zu verletzen.
(nach Deraniyagala, 1959)

weil sie noch zur Zeit der Moguln tatsächlich meist aus den Schwanzquasten des Himalajarindes angefertigt wurden.

Trotzdem: Wirkliche Musthbullen wurden geritten, so wie heute noch die Kurumbas Musthbullen reiten. »Bei König und Volk ist ein Lenker beliebt, der bösartige Bullen bändigt, der andere, deren Rausch noch nicht ausgebrochen ist, schnell in Rausch versetzen kann«, schrieb Nilakantha vor 2000 Jahren. Und Akbar der Große, um ein anderes Beispiel zu erwähnen, schätzte besonders seine 101 »Masti-Elefanten«. Das waren, so berichtet Abu'l-el-Fazl, gut genährte, kräftige Bullen, die jederzeit in Rausch (Musth) versetzt werden konnten.

Seit Anbeginn der Elefantenkulturen war das Phänomen bekannt: »Geilheit, Behendigkeit und Duft, Gangart und Geruch des Leibes, Zorn, Kraft und Furchtlosigkeit sind die acht Eigenschaften des Rausches«, hält Nilakantha fest. Man kannte auch Möglichkeiten, um die Musth zu stoppen oder jedenfalls zu verkürzen. Davon war schon die Rede. Doch man konnte eben auch Musthbullen führen:

Halsketten, Fußfesseln und weitere Fesseln tragen die Kriegselefanten, steht in Arthasastra, einem Werk über altindische Staatskunst, das zwischen 300 v. Chr. und 300 n. Chr. verfaßt wurde. Das Arsenal der Lenk- und Bremsketten bestimmte der Reiter selbst. Das heißt, sie rech-

Wasserstellen werden von Bullen vor allem in der zweiten Tageshälfte zum Baden aufgesucht (oben). Musthbullen markieren in Wassernähe mit ihrem Sekret (sichtbar als dunkles Band auf der Wange) ihr Revier (unten).

Darstellung verschiedener Kopfgeschirre bei Jagd-, Kriegs- oder Prunkelefanten.
Schläfenquasten ahmen das Band des Musthsekretes nach. Sie ahmen nach kulturethologischen Betrachtungen aber auch Augen nach. Bemalungen des Elefantengesichts und entsprechende Anhängsel haben die vergleichsweise kleinen Augen des Tierriesen verstärkt. Zusätzliche Augenmuster wurden im Laufe der Elefantenkulturen vermehrt am Kopfgeschirr und an den Schabracken angebracht, wie diese Übersicht zeigt.
(A) Sanchi, 1. Jahrhundert v. Chr.: Das Auge trägt einen deutlichen Ring. Ob es sich dabei um ein geschmiedetes Anhängsel des reichverzierten Stirnbandes handelt oder lediglich um eine Bemalung der Gesichtshaut geht aus der Steinmetzarbeit nicht eindeutig hervor. Auffällig sind die vor den Ohren herunterhängenden Girlanden.
(B) Ajanta, um 500 n. Chr.: Deutlich ist die Schläfenquaste, der Yakschwanz, abgebildet. Daneben erscheint aber auf der Schläfe ein rundes metallenes Stück, wahrscheinlich ein Spiegel. Eine ähnliche Struktur trägt der Elefant über dem Nasenbein. Sie ist am Stirnband und an der Rüsselbasis befestigt.
(C) Angkor Vat, um 900 n. Chr.: Auf dieser Felsskulptur ist das Auge besonders hervorgehoben. Wahrscheinlich handelt es sich lediglich um besondere Bemalung der Gesichtshaut. An der oberen, inneren Ohrkante trägt der Bulle ein Blumen-Quastenmotiv.
(D) Radjasthan, 17. und 18. Jahrhundert: Der Bulle trägt neben drei Quasten am oberen Ohrrand eine augenähnliche Metallscheibe an der Schläfe. Von ihr aus läuft eine Kette zur Rüsselschabracke. Sie verstärkt die Augenwirkung. Auf der Stirn ist ein Gesicht abgebildet, das auf Distanz augenähnlich wirkt.
(E) Die heute in Thailand für Festivals geschmückten »Kampfelefanten« tragen lediglich einen Yakschwanz.
(F) Bei den Tempelelefanten Keralas sind die Schläfenquasten verhältnismäßig klein. Die Stirnschabracke reicht bis zum oberen Rüsseldrittel und trägt mehrere, verschieden große Augenmuster. Zudem ist sie von Dutzenden von Quasten umsäumt.
(G) Staatselefant des letzten Maharadschas von Mysore (1965): Der Bulle trägt auf jeder Seite zwei Schläfenquasten, von denen die längere fast bis zum Boden reicht. Die Stirnschabracke trägt zahlreiche Augenmuster. An den Spitzen der Stoßzähne sind ebenfalls Quasten befestigt.
(H) Tempelelefant von Kandy 1980, der die heiligsten Reliquien trägt. Schabracken, die mehrere Augenmuster tragen, umhüllen Stirn, Kopf, Schläfen, Rüssel und Ohren. Ein entsprechend verzierter Ausschnitt läßt das wirkliche Auge größer erscheinen. Die Schläfenquasten hängen nicht mehr nach unten, sondern stehen senkrecht nach oben. Auch die Spitzen der mit Goldhülsen überzogenen Stoßzähne tragen lange Quasten.

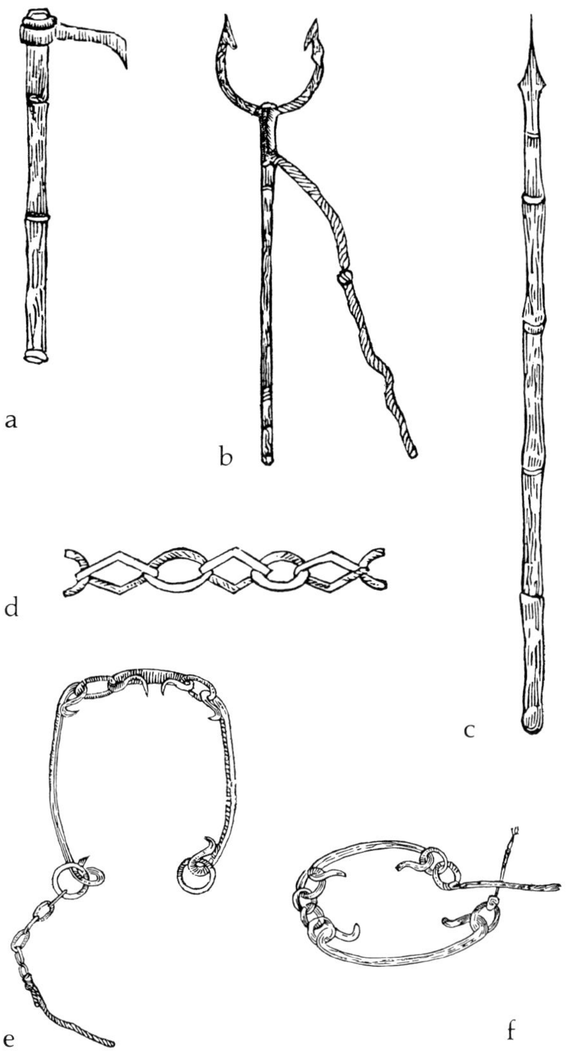

Hilfsmittel zur Züchtigung renitenter Elefanten (-bullen) in Birma. Der Elefantenhaken – Ankus – bestand aus einem Holzstab, an dessen oberem Ende ein eiserner Haken mit Öse befestigt wurde (a). Jeder Mahut trug einen Bambusspeer mit scharfer Spitze (c). Das sogenannte Tigermaul – ein Doppelspieß mit Widerhaken – konnte an die Hinterfüße geworfen werden (b). Um den Hals trugen schwer zu führende Elefanten Ketten, bei denen jedes zweite Glied scharfkantig war (d). Um die Hinterfüße wurden klammerartige Eisen mit vier Eisenspitzen gelegt, die sich lassoartig zusammenzogen, wenn der festgebundene Elefant an den Fesseln riß (e und f). (nach Evans, 1910)

neten, daß die Bullen im Kampf in Musth waren. Nur Musthbullen greifen ungestüm Artgenossen an. Davon werde ich noch berichten. So war es Ziel jedes Prinzen oder Königs, die Kriegselefanten dauernd unter so günstigen Bedingungen zu halten, daß sie leicht in Musth kamen. Das erreichten sie mit besonders reichlicher Nahrung. Kurz vor dem Kampf lösten dann Wein (in Nordindien) oder scharf gewürzter Arrak (Sri Lanka) die eigentliche Musth aus. Soweit einige Bemerkungen über Musthbullen in Menschenhand. Fragen wir uns nun aber, was dieser sonderbare Musthzustand im Leben wilder Elefanten bedeutet. In Yala habe ich den einen oder anderen Musthbullen an den Wasserstellen beobachtet. Dort führt er häufig seinen Rüssel ins Maul, beißt auf ihn und schwenkt dazu den Kopf hin und her. Anschließend schlägt er den Rüssel über Kopf, Ohren und Augen und vor allem auf die Wangen und die Drüsenöffnung. Alle diese Stellen werden betastet und mit Wasser bespritzt. Dann wird die Rüsselspitze über die Rüsselbasis geschlagen und entlang des oberen Rüsseldrittels langsam nach unten gezogen. Dieser ganze Vorgang wird während einer halben oder ganzen Stunde dauernd wiederholt, bis das mit Wasser vermischte Sekret der Schläfendrüsen über den ganzen Kopf und den oberen Teil des Rüssels verschmiert ist. Nun verlassen die Musthbullen die Badestellen und suchen die schon erwähnten Scheuerbäume auf. An deren Stämmen reiben sie ausgiebig Stirn, Wangen und Rüsselbasis und hinterlassen dabei Duftmarken, die auch für den Menschen riechbar sind.

In diesem Markierverhalten tauchen Elemente des Kampfes auf: Der Bulle schlägt den Rüssel nach oben oder hinten und drückt mit der inneren Seite seiner Rüsselansatzstelle und mit seinen Tushes (kurze obere Eckzähne, die nicht zu

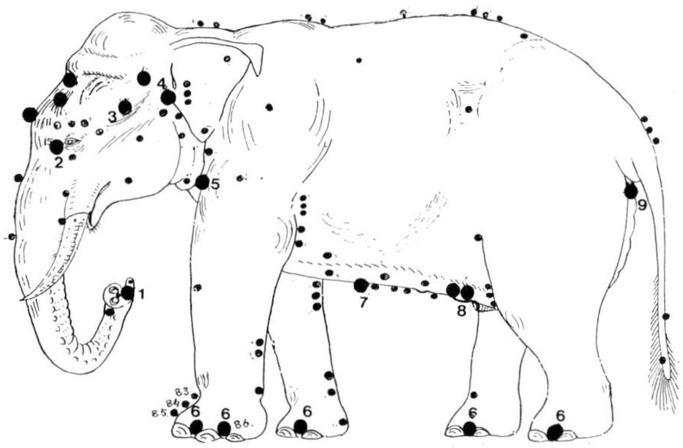

Züchtigungsstellen eines ceylonesischen oder birmanischen Arbeitselefanten. Autoren wie Paul Deraniyagala glaubten, daß die Berührung der einzelnen hier angegebenen Punkte als gezielte Kommandos ganz bestimmte Leistungen auslösen. Dem ist nicht so. Aber immerhin entsprechen die meisten der traditionell als besonders wichtigen Züchtigungsstellen in der Tat ausgesprochen schmerzempfindlichen Regionen, etwa der Basis des Rüsselfingers (1), der Voraugenregion (2), der Schläfendrüse (3), der Ohröffnung (4), der Halsschlagader, falls sie gezielt getroffen werden kann (5). Als ausgesprochen schmerzempfindlich gelten die Nagelbetten an allen Füßen (6), der Ansatz des Brustbeins (7), der Penis und die Penisscheide (8), der Anus (9) und die darunterliegende Penismuskulatur (Abb. verändert nach Deraniyagala, 1955).

Schneidezähnen auswachsen) oder Stoßzähnen gegen den Stamm. George McKay berichtete 1973 aus dem Gal-Oya-Nationalpark, daß solche Scheinkämpfe am häufigsten gegen Bäume von *Pterocarpus marsupium* und *Careya arborea* geführt werden. Der Saft beider Arten duftet. Es scheint also, als würden Musthbullen gegen Bäume stoßen, deren Saft die Duftmarken noch verstärkt. George McKay berichtete auch von einem wahren Schlachtfeld, das ein aufgebrachter Bulle im Wald bei Inginiyagala hinterließ. 29 Stämme von *Terminalia chebula* mit einem Durchmesser von 15 bis 30 Zentimetern waren umgestoßen worden, und 18 weitere trugen sichtbare Marken der Tushes. »Der Duft des Bullen«, schreibt George McKay, »war noch nach 24 Stunden an jedem Stamm zu riechen.«

Hirsche und Rehböcke setzen auf ganz ähnliche Art und Weise Duftmarken. Sie greifen Sträucher oder Bäume an, schlagen ihre Geweihstangen gegen die Stämme, verletzen sie und reiben dabei die »Stirnlocke«, ein drüsenreiches Hautfeld zwischen den Geweihbasen, am Holz. Bei Hirschen und Rehen erfolgt dieses sogenannte Fegen nur während einer verhältnismäßig kurzen Zeit des Jahres: unmittelbar vor oder während der Brunft.

Rehböcke erkennen sich aufgrund solcher Duftmarken. Sie dienen der Reviermarkierung und setzen Nachbarn über die Anwesenheit eines ranghohen, revierbesitzenden Rehbocks warnend in Kenntnis.

Auch die Duftmarken der Musthbullen könnten der Warnung anderer Männchen dienen. Musthbullen verhalten sich nämlich nicht nur gegenüber Menschen angriffslustig, sondern auch gegenüber anderen Elefantenbullen. Bullen kämpfen übrigens äußerst selten. Meist sind die Auseinandersetzungen zwischen ihnen auf den ersten Blick nicht einmal zu erkennen. Sie geschehen nämlich, während die beiden Kontrahenten fressen. Ruhig fressende Elefanten stehen meist parallel nebeneinander und bewegen sich in dieselbe Richtung. Während eines »Freßkampfes« stehen sich zwei Bullen aber frontal gegenüber und schaben mit ihren Vorderfüßen Gras vom Boden, häufeln und fressen es. Schritt für Schritt kommen sie sich näher und schachten dabei ihre Penisse halb aus – ein Zeichen von Nervosität. Schließlich fressen sie von derselben Stelle.

Offenbar beginnt nun ein Nervenkrieg. Denn der Überlegene beginnt jetzt, dem Unterlegenen das vorbereitete Futter wegzuklauen. Dieser mag – stur, wie erwachsene Bullen nun einmal sind – dem üblen Spiel eine gewisse Zeit tatenlos zusehen. Aber dann dreht er ab und zieht von dannen.

Auch heftigere Kämpfe verlaufen meistens folgenlos. Die beiden Kontrahenten stehen sich zu Beginn mit gesenkten Rüsseln und abstehenden Ohren gegenüber, heben plötzlich die Rüssel hoch, legen die Rüsselbasen gegeneinander, verschränken die Rüssel ineinander und beginnen zu stoßen. Über den Kampfausgang entscheidet neben der Stärke auch die Geschicklichkeit. Denn jeder versucht, den anderen mit seinen Tushes zu verletzen oder – was noch wirksamer ist – ihn mit seinen ziegelsteingroßen Backenzähnen in die wie ein schmales Dreieck auslaufenden Unterlippen zu beißen. Nach einem derartig schmerzvollen Biß rennt der Besiegte brüllend vom Kampfplatz. Der Unterlegene kann aber auch plötzlich abdrehen. Der Überlegene versucht dann, ihn noch gemächlich in Nacken und Rücken zu beißen, und steigt dabei von hinten auf. Diese Dominanzdemonstration, die häufig zwischen Bullen stattfindet, die ihre jeweiligen Ränge kennen, mag dazu geführt haben, daß gelegentlich vom »homosexuellen« Bullen berichtet wird. Zumal kämpfende Bullen ihre Penisse ausschachten.

Bullenkämpfe haben viel Groteskes an sich: Manchmal bekommt der Überlegene das Schwanzende mit dem Maul zu fassen und beißt es kurzerhand ab. Von den 22 erwachsenen Bullen, die wir in Yala kennenlernten, trugen 15 keine Schwanzquasten mehr.

Wir haben oft beobachtet, daß »Halbstarke« ausgewachsene Bullen annahmen. Solche Attacken werden von den Älteren nicht ernst genommen. Der Ausgewachsene bleibt stehen oder sucht sich eine kleine Erhöhung aus und wehrt die ungestümen Angriffe mit Fußtritten, Kopfstößen oder Rüsselschlägen ab. Einer dieser jungen Streithähne war Sompala. Immer wieder tauchte er an den verschiedensten Orten auf und griff die Adulten Nicholas und Mendis an, die friedlich grasten. Schließlich wurde er von Radjah, dem einzigen voll ausgewachsenen Stoßzähne tragenden Bullen, der damals in Yala lebte, getötet – völlig unbeabsichtigt. Radjah drehte blitzschnell sein Haupt, der Junge prallte mit seiner Flanke gegen die Stoßzähne und starb innerhalb weniger Stunden an inneren Verletzungen. Dieser tödliche Zwischenfall war eine Ausnahme, die die Regel bestätigt, daß Bullenkämpfe harmlos verlaufen. Zudem sind sie äußerst selten.

In der Zeitspanne zwischen April 1968 und Februar 1969 notierten wir in Yala nur 26 kämpferische Auseinandersetzungen zwischen 2 der 22 bekannten Bullen. In 11 Fällen waren es Konflikte zwischen zwei Männchen, die nicht in Musth waren. Zweimal beobachteten wir zwei kämpfende Musthbullen. 13mal fand die Auseinandersetzung zwischen einem Musthbullen und einem Männchen statt, das nicht in Musth war. In diesen 13 Kämpfen siegte immer der Musthbulle. Der Zustand der Musth verleiht einem Bullen demnach erhöhte Kraft, Geschicklichkeit und Ausdauer – allerdings nur vorübergehend. Denn die Musthperiode der einzelnen Bullen währte damals in Yala lediglich 1 bis höchstens 34 Tage. Noch mehr: 13 verschiedene Bullen waren zwischen April 1968 und Februar 1969 ein- bis dreimal in Musth und hatten damit vorübergehend die Gelegenheit, über die anderen zu dominieren, falls nicht gleichzeitig auch noch andere Bullen in Musth waren. Doch dies trat selten ein. In der gesamten Periode war praktisch immer nur ein einziger in diesem Zustand erhöhter Kampfbereitschaft. Während dieser Zeit spielte er auch die Rolle des Herden-

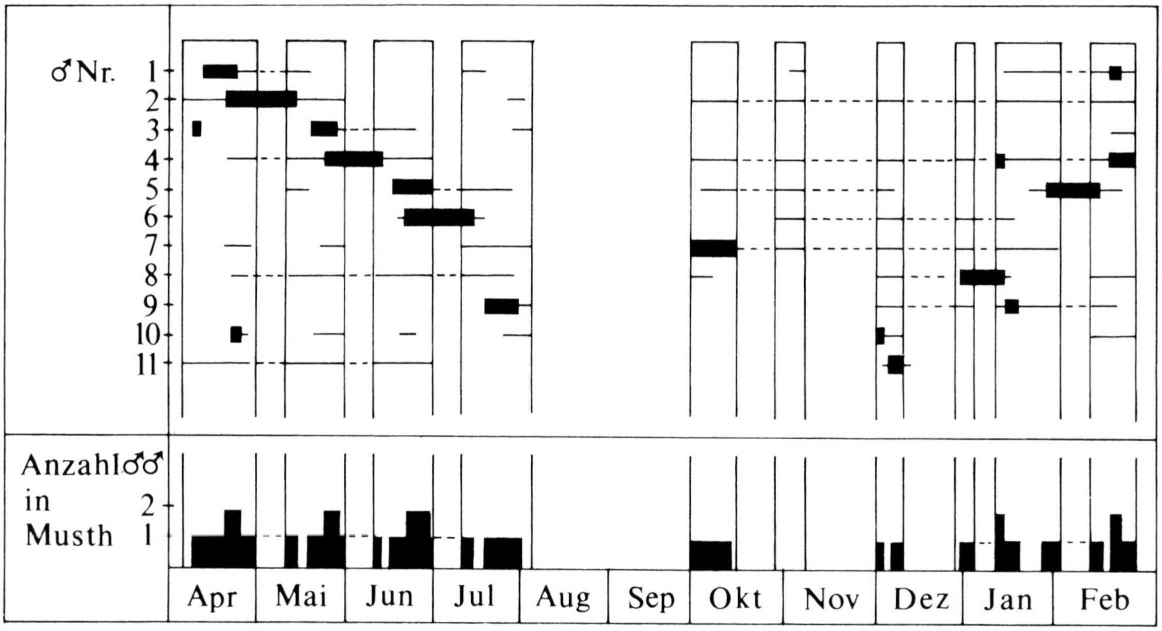

Musthperiode von 11 adulten Männchen zwischen April 1968 und Februar 1969. Dauer der Beobachtungsperioden: oben: *dünne Linien: Männchen, die nicht in Musth sind; dicke Linien: Männchen in Musth.* Unten: *Anzahl der Männchen, die gleichzeitig in Musth sind.*

bullen. Männchen in Musth halten sich nämlich viel häufiger bei Herden oder zumindest in deren Tagesbezirken auf als andere Männchen. In hohem Maße gelingt es ihnen sogar, die Gruppenbezirke von anderen erwachsenen Bullen freizuhalten. Zwischen dem 20. und dem 29. Juni 1968 überlappten die Musthperioden von Ablej (Nr. 6) und Radjah, dem Tusker (Nr. 5). Ablej stand am 20. Juni plötzlich in einer Juvenilgruppe, die regelmäßig von Radjah kontrolliert wurde. Es kam zum Kampf. Mit tiefen Wunden an der Rüsselbasis verließ Ablej den Aufenthaltsraum der Südherde, verschwand nach Norden, wo wir ihn neun Tage später beim Heenwewa, einem künstlichen Wasserloch, zusammen mit Kühen und Kälbern der Nordherde wiedertrafen. Dort, zwölf Kilometer vom Kampfplatz entfernt, beobachteten wir ihn am 16. Juli zum letztenmal in Musth. Radjah fand, kurz nachdem er Ablej vertrieben hatte, seinen Meister in Nicolas (Nr. 12). Nicolas, der im Gegensatz zu Radjah keine Stoßzähne trug, verprügelte seinen Rivalen derart, daß dieser den Menik Ganga durchwatete und im Nordosten des Parks im sogenannten Block 2 schließlich eine Gruppe der Ostherde fand, der er sich anschloß. Nicolas blieb dann bei der Gruppe, die er Radjah abspenstig gemacht hatte, so lange, wie seine Musthperiode dauerte.

Im April 1968 hatten die Gruppen auf einem breiten Band grasreicher Savannen parallel zur Küste zwischen dem Menik Ganga im Osten und der Parkgrenze im Westen ihre Aufenthaltsräume verändert. Die Säuglingsgruppen hielten sich vor allem an den Ostteil, die Juvenilgrup-

pen tauchten auch in der Mitte und im Westen des Beobachtungsgebiets auf. Am 9. April waren die Juvenilgruppen ganz im Westen, wo sie bis zum 20. April blieben. Dann zogen sie in den mittleren Sektor. Begleitet wurden sie von Carl (Nr. 1). Carl war die ganze Zeit über in Musth und blieb es bis zum 22. April. Das Eindringen eines Musthbullen in den Mittelsektor brachte sofort Bewegung in die dort anwesende Gruppe von vier erwachsenen Männchen.
Die beiden uralten Bullen Achille (Nr. 11) und Emir (Nr. 13) wichen unverzüglich nach Westen aus. Bulb (Nr. 2) blieb, kam in Musth und übernahm die Gruppen von Carl, der ebenfalls nach Westen abwanderte und sogar den Nationalpark verließ. Geblieben war auch Lorenz. Er kam einen Monat später in Musth und übernahm die Gruppen von Bulb. Bulb verzog sich daraufhin ebenfalls nach Westen. Spätestens am 18. Mai hatte dann der plötzlich aufgetauchte Musthbulle Upali (Nr. 3) die Gruppe von Lorenz übernommen. Doch mit ihm war noch ein anderer Anwärter erschienen: Emir. Der alte Herr legte binnen zwei Tagen die elf Kilometer lange Strecke zwischen Siambalagaswala und Buttuwa zurück. Am 23. Mai zeigte auch er die Musthsymptome. In der Nacht zum 24. Mai verlor er den hoffnungslosen Kampf gegen den jüngeren und stärkeren Upali. Noch in derselben Nacht wich er zum drei Kilometer entfernten Sibalagaswewa aus, wo wir ihn am Morgen trafen und feststellten, daß er die Musthsymptome verloren hatte.
Upali blieb bis zum 28. Mai in Musth und hielt sich immer in der Nähe der Gruppen auf. Am 31. Mai, drei Tage nachdem wir Upali zum letztenmal bei der Herde gesehen hatten, verließ er unser Beobachtungsgebiet, tauchte dann im Westen in Paltupane auf und verschwand bis zum 22. Juni.
Upalis Verschwinden hing offenbar mit dem Auftreten von Lorenz (Nr. 4) zusammen. Lorenz tauchte erstmals am 19. Mai am Menik Ganga auf und drängte gleich zu den Gruppen. Er mußte zweimal vor Upali zurückweichen. Am 23. Mai zeigte auch Lorenz plötzlich aktive Schläfendrüsen. Zu diesem Zeitpunkt hielt er sich entfernt von den Herden auf. Drei bis fünf Tage später muß er dann Upali vertrieben haben.
In dem geschilderten Zeitraum konnten wir einige wichtige Schlußfolgerungen ziehen: Musthbullen halten sich viel häufiger bei Herden und in deren Tagesbezirken auf als andere Bullen. Es steht nur ein Bulle bei den Gruppen, es sei denn, es finden Kämpfe statt. Treffen zwei Musthbullen aufeinander, so weicht der schwächere aus, verliert entweder sofort die Musthsymptome oder sucht eine entfernte Gruppe auf. Bullen, die nicht in Musth sind, meiden die Nähe der Musthbullen und somit auch der Gruppe. Dabei orientieren sie sich wahrscheinlich an den Duftmarken der Musthbullen. Lediglich Bullen, die kurz vor der eigenen Musthperiode stehen, verbleiben in der Nähe der Gruppen und deren Musthbullen.
So gesehen, bedeutet Musth nichts anderes als Brunft. Dieser Meinung sind auch die Klassiker der Elefantenliteratur, Williams, Sanderson und Bazé. Auch die Elefantenbesitzer und Mahuts, mit denen ich in Tamil Nadu, Karnataka, Assam oder auf Sri Lanka über Musth gesprochen habe, bringen dieses Phänomen mit der Fortpflanzung in Verbindung und berichteten von häufigen Erektionen und Ejakulationen während der Musth.
Dieses Phänomen läßt sich übrigens auch bei wildlebenden Musthbullen häufig beobachten. Sie schachten den Penis vollständig aus, bis er, leicht S-förmig geschwungen, fast den Boden berührt. Dann schlagen sie ihn mit raschen

Zuckbewegungen gegen die Brust und ejakulieren dabei. Dies spricht für die Brunfttheorie wie auch die Ergebnisse der Forschungen auf dem Gebiet der Fortpflanzungsbiologie, mit der sich die Veterinäre der Universität von Peradeniya M. R. Jainudeen, J. B. Jayasinghe und C. Katongole beschäftigten, unterstützt von dem britischen Physiologen R. V. Short und John Eisenberg von der Smithsonian Institution.

Elke Scheurmann vom Institut für Tropische Veterinärmedizin an der Justus-Liebig-Universität in Gießen und M. R. Jainudeen faßten 1972 wichtige Daten wie folgt zusammen: »Das erste Stadium beginnt langsam, dauert zwei bis drei Wochen und ist charakterisiert durch eine Vergrößerung der Temporaldrüsen (Schläfendrüsen), die äußerlich als eine Anschwellung in der Schläfengrube sichtbar ist. Das Tier reibt sich häufig diese Region mit der Rüsselspitze. Außerdem kommen ... Übererregbarkeit und Hypersexualität hinzu. In den Arbeitspausen erigiert das Tier häufig den Penis und masturbiert ... Gegen Ende dieses Stadiums ist eine leichte Sekretion aus den Ausführgängen der Temporaldrüsen festzustellen.

Der Beginn des zweiten Stadiums ist außerordentlich plötzlich und gekennzeichnet durch profuse Sekretion der Temporaldrüsen. Anfangs ist das Sekret viskös, es wird aber zunehmend wäßrig und fließt an den Seiten des Gesichts herab. Die Intensität des aggressiven Verhaltens und die Menge des Temporaldrüsensekrets nehmen zu und erreichen ein Maximum innerhalb von drei bis vier Wochen. Während dieser Zeit ist das Normalverhalten beim Harnabsatz nur sehr selten zu beobachten. Statt dessen erfolgt ein Tag und Nacht andauerndes Harnträufeln. Der Penis bleibt dabei im Präputium retrahiert.«

Das Team um M. R. Jainudeen beschränkte sich aber nicht nur auf Verhaltensbeobachtungen. Es bestimmte auch den Gehalt an männlichem Geschlechtshormon, Testosteron, im Blut. Vor der Musth ist der Testosteronspiegel entweder nicht meßbar, oder er beträgt höchstens 1,43 Nanogramm pro Milliliter (ng/ml). In der ersten Musthphase beträgt er 4,33 bis 13,72 ng/ml, in der zweiten Musthphase 29 bis 66 ng/ml. Nach Abklingen der Musth fällt er wieder ab auf 0 bis 1,17 ng/ml. Der langen Rede kurzer Sinn: Im Höhepunkt der Musth ist der Geschlechtshormonspiegel vierzig- bis sechzigmal höher als sonst. Das Rätsel schien gelöst: Musth bedeutet Brunft und nichts anderes. Doch weit gefehlt.

PAARUNG

Während wir auf Sri Lanka über die Bedeutung der Musth rätselten, schrieb der Hannoveraner Zoodirektor L. Dittrich: »Daß die vor allem beim Elefantenbullen zu beobachtende gelegentliche Sekretion der Schläfendrüsen und der Zustand der ›Musth‹ nicht Ausdruck einer Brunft ist, dürfte inzwischen entschieden sein.«

Dittrich leitet seinen Schluß von der einleuchtenden Feststellung ab, daß Bullen sich auch fortpflanzen können, wenn sie nicht in Musth sind. Ja, sie pubertieren rund fünf bis zehn Jahre früher, als sie erstmals Musthsymptome zeigen. Dittrich bestätigt dies mit einer beeindruckenden Liste von 45 Elefantenbullen, die sich in europäischen und amerikanischen Tiergärten erfolgreich fortgepflanzt hatten. 30 von ihnen waren 8 bis 20 Jahre alt, 15 älter als 20 Jahre.

In Kandy vermaßen wir 30 Arbeitselefantenbullen, deren Alter auf 8 und mehr Jahre geschätzt wurde. Von 12 Tieren, die jünger als 21 Jahre waren, hatten lediglich zwei bereits einmal die Musth, ein 18- und ein 20jähriger. Alle älteren kamen regelmäßig in Musth. Maxi, der Zuchtbulle, muß etwa 19 Jahre alt gewesen sein, als er Komali zeugte. Erstmals in Musth kam er aber erst drei Jahre später, im Sommer 1985.

Und auch die wilden Bullen von Yala waren 15 bis 20 Jahre alt, als sie erstmals Musthsymptome hatten.

Bullen, die keine äußeren Musthsymptome zeigten, als sie sich paarten, wurden von John Eisenberg, Melvyn Lockhart, George McKay und M. R. Jainudeen auch auf Sri Lanka beobachtet, und zwar handelte es sich dabei um wilde wie um gefangene Tiere. Doch bei wildlebenden Asiatischen und übrigens auch Afrikanischen Elefanten sind es in erster Linie Musthbullen, die sich fortpflanzen.

Hier eines der wenigen Protokolle über das Paarungsverhalten, das ich aufnehmen konnte, von Wepa, einer adulten Kuh. Am 3. Dezember 1968 erscheint um 15.40 Uhr der adulte Bulle Mendis bei der Juvenilgruppe, die aus Wepa, Nora, deren beiden Juvenilen sowie den subadulten Weibchen Klein und Schön besteht. Am Rand dieser Gruppe steht ein subadulter »Tusker« mit vor dem Rüssel gekreuzten Stoßzähnen: der schätzungsweise zwölfjährige Etha.

Mendis kontrolliert zwanzig Minuten lang mit dem Rüssel den Boden, bevor er in die Gruppe geht. Klein flieht. Mendis folgt ihr. Sie bleibt stehen. Er beriecht mit dem Rüssel ihre Geschlechtsteile und ihre Wangen. Dann schreitet er zu den anderen. Er riecht Wepa, ihr Junges, Nora und deren Kind, zuletzt Schön. Es beginnt zu regnen. Der subadulte Etha geht weg. Die Gruppe folgt ihm. Mendis folgt Wepa, legt von hinten sein Kinn auf ihren Rücken. Sie bleibt stehen. Sein Rüssel betastet ihre Geschlechtsteile. Dann führt er die Rüsselspitze ins Maul und »flehmt«. Dazu hebt er das Haupt an und zieht die äußeren Lippenränder nach innen.

Flehmen ist »Riechen ohne Nase«, ein Verhalten, wie es von Pferden, Rindern oder Katzen bekannt ist. Mit der Zunge oder – bei den Elefanten – mit der Rüsselspitze werden Duftstoffe aufgenommen und zur Mündung des sogenannten Jacobsonschen Organs am vorderen Ende des Gaumendaches geführt. Diese Mündung öffnet sich beim Heben des Kopfes. Das Jacobsonsche Organ ist ein urtümliches Geruchsorgan. Schlangen beispielsweise sind beim Riechen ausschließlich auf dieses Organ angewiesen. Bei Säugetieren dagegen dient es, falls es noch vorhanden ist, wahrscheinlich allein der geruchlichen Identifikation von Geschlechtspartnern. Folglich ist das Flehmen häufig ein Zeichen der Paarungsbereitschaft. Doch zurück zu Mendis und Wepa.

Wepa scheint beeindruckt zu sein von der Nähe des mächtigen Bullen. Sie stellt ihre Hinterbeine auseinander, zieht wie ein verängstigter Hofhund den Schwanz ein und uriniert. Bei Elefanten gilt derartiges Verhalten allgemein als Zeichen ängstlicher Nervosität. Ihr Urin spritzt auch über die Schwanzquaste. Mendis erfaßt diese und führt sie mit dem Rüssel durch sein Maul. Dann flehmt er wiederum. Wepa wird trotz ihrer Ängstlichkeit mutig. Sie richtet die Ohren nach vorne, schnaubt nervös und bläst schließlich eine Rüsselhand voller Sand über ihren Kopf nach hinten. Dann rennt sie der Gruppe nach. Mendis folgt ihr. Die Gruppe verschwindet im Wald.

Während der beiden folgenden Tage regnet es oft. Die Elefanten halten sich meist im Wald auf und sind deshalb schwer zu beobachten. Lediglich am 5. Dezember sehe ich die Gruppe für kurze Zeit. Die beiden Bullen sind dabei. Etha, der Subadulte, und Mendis, der Adulte.

Am Nachmittag des 6. Dezember, um 16.40 Uhr, verlassen die Tiere endlich wieder den Wald. Aus einer anderen Richtung erscheint dann Etha. Er kontrolliert Nora und ihr Kalb, frißt frech das Futter, das Nora vorbereitet hat. Nora wird nervös und bläst Sand. Wepa geht weg. Etha folgt ihr mit halbausgeschachtetem Penis und beriecht im Gehen ihre Geschlechtsteile. Wepa rennt langsam weg. Etha folgt mit ausgestrecktem Rüssel. Sie bleibt plötzlich stehen. Etha erscheint etwas ratlos und beriecht wiederum ihre Geschlechtsteile.

Während dieses kurzen Rennens entdecke ich zwei typische Verhaltenselemente bei der Paarung wilder Elefanten: Erstens rennt die ganze Gruppe dem Paar nach. Zweitens imitieren die in der Gruppe anwesenden Kälber das Ganze. Das heißt, der Sohn Noras treibt Wepas kleine Tochter und versucht sogar von hinten aufzureiten. Aufreiten getraut sich Etha bei Wepa nicht. Sie dreht plötzlich ab, steht dem subadulten Bullen Stirn zu Stirn gegenüber. Etha schleicht »beleidigt« davon, schreitet zu der subadulten Schön, betastet deren Schwanzquaste mit der Rüsselspitze, legt dann sein Kinn auf ihre Kruppe und versucht, sie vorwärts zu treiben.

Dabei wird er aber gestört: Mendis erscheint plötzlich am Waldrand. Ein Tier der Gruppe trompetet, und die Herde rückt zusammen. Mendis nimmt Etha an und verjagt ihn an den Waldrand. Dort entdecke ich plötzlich drei weitere junge Bullen, unter ihnen den etwa fünfjährigen Zack. Seine Mutter Weiß steht zur selben Zeit zehn Kilometer entfernt von hier in einer anderen Gruppe. Neben Zack stehen zwei andere Männchen, ein vielleicht sechs- und ein gut zehnjähriges. Der abgetriebene Etha verjagt Zack sofort.

Die Gruppe verschiebt sich jetzt. Lediglich die beiden subadulten Weibchen bleiben zurück. Etha nähert sich ihnen, sie harnen ängstlich. Etha beriecht die Harnspuren am Boden. In die Gruppe getraut er sich vorläufig nicht mehr, obwohl Mendis allein in den Wald zurückgekehrt ist. Dort, so höre ich, schlägt er Bäume um. Inzwischen ist Zack in der Gruppe. Der halbwüchsige Bengel kontrolliert die Kühe. Wepa hält ihn aber auf Distanz.

Es ist 17.30 Uhr geworden. Etha ist wieder bei der Gruppe und versucht auf diplomatischem Weg in die Nähe von Wepa zu gelangen: Er füttert ihre Tochter, tritt kurzes Gras vom Boden, putzt es und läßt das Töchterchen seiner Angebeteten davon fressen. Zack und die beiden anderen halbwüchsigen Bullen fressen am Rand der Gruppe. Mendis geht zuerst zu einem Wasserloch und erscheint dann frisch gebadet bei den Kühen. Sofort nimmt er Etha an und verjagt ihn aus der Nähe von Wepa und ihrer Tochter. Etha und hinter ihm Zack suchen die Nähe von Nora, die dem Ganzen bisher ziemlich unbeteiligt gegenüberstand. Jetzt scheint sie aber genug zu haben. Plötzlich nimmt sie die beiden an und verjagt sie.

Am 7. Dezember erscheint die Gruppe bereits um 10.30 Uhr auf einer Savanne. Etha und Zack sind dabei. Um 11 Uhr kommt auch Mendis. Der Verband wird nervös. Wepa beginnt mit der Gruppe zu »exerzieren«, das heißt, sie macht dauernd neue Routenvorschläge, die Gruppe folgt ihr, sie dreht ab, schlägt eine neue Richtung ein und so fort. Mendis schreitet zielstrebig zu Wepa, sie bleibt stehen, harnt, Mendis beriecht und betastet sie, dann verschwindet er wieder.

Jetzt macht sich auch der subadulte Etha wieder an Wepa heran. Sein Penis ist zu einem Viertel ausgeschachtet. Sie dreht sich zu ihm, droht mit abgestellten Ohren und leicht eingerolltem Rüssel. Etha dreht ab und geht zu Nora. Aber auch die zeigt ihm die kalte Schulter.

Um 11.30 Uhr zieht die Gruppe zur nahen Lagune und badet bis um 12 Uhr. Jetzt erscheint ein schätzungsweise sechsjähriges neues Männchen bei der Gruppe, schachtet seinen Penis aus, kontrolliert Harnspuren am Boden und nähert sich nicht etwa Wepa, sondern Nora. Erst nachdem diese ihn sechsmal wütend verjagt hat, gibt er seine Annäherungsversuche auf.

Nun stehen, vom adulten Mendis abgesehen, der subadulte Etha und vier halbwüchsige Männchen in der Nähe der Gruppe mit der brunftbereiten Wepa. Plötzlich geschieht etwas völlig Unerwartetes: Etha versucht, die Gunst von Wepa, die sie ihm bis dahin verweigert hat, mit Gewalt zu erzwingen. Wie ein Besessener rennt er auf sie los, rammt sechsmal nacheinander seine krummen Stoßzähne in ihre Flanken. Wepa brüllt auf, harnt und kotet. Dann treibt sie Etha, sein Kinn liegt auf ihrer Kruppe, von der Gruppe weg. Die Gruppe rennt dem ungleichen Paar völlig aufgebracht sofort nach. Ethas Attacken scheinen auch bei den anderen Tabus im Umgang mit Artgenossen weggefegt zu haben. Der neu eingetroffene sechsjährige Bulle verfolgt Wepas Tochter und besteigt sie von hinten. Das Kalb schreit auf, knickt in die Kniegelenke. Zack rammt brutal den anderen kleinen halbwüchsigen Bullen. Die ganze Gruppe brüllt und trompetet schrill. Alle koten und harnen. Dann steht plötzlich Mendis da. Unverhofft greift er Etha an. Dieser flieht. Am Waldrand stellt er sich dem ungleichen Kampf, hebt den Rüssel hoch, stößt mit der inneren Rüsselbasis gegen die des großen Bullen. Dieser schiebt ihn mit Macht nach hinten. Und jetzt macht Etha einen Fehler. Er reagiert zu langsam. Mendis' Backenzähne bekommen die spitz auslaufende Unterlippe des Subadulten zu fassen und beißen zu. Etha brüllt auf, läßt sofort von seinem überlegenen Rivalen ab, rennt kopfschüttelnd, brüllend und schnaubend mit hochaufgerichtetem Schwanz von dannen. Noch am selben Abend

Seite 150/151: Der subadulte Bulle Etha nähert sich der brünftigen Kuh Wepa (links oben) und versucht, ihr Stoßzähne und Rüssel auf den Rücken zu legen (links unten). Die ältere Kuh bleibt unbeeindruckt, schreitet weg (rechts oben), der Jungbulle stößt nach ihr. Sein Versuch aufzureiten (rechts unten) mißlingt.

treffen wir ihn vier oder fünf Kilometer entfernt von der Gruppe mit Wepa, die jetzt offenbar den Höhepunkt der Brunft erreicht hat.
Mendis begibt sich nun in die Gruppe zurück. Jetzt beginnt er Wepa zu treiben. Die Gruppe folgt dem Paar, das im Wald verschwindet. Pydase und ich schleichen ihnen nach. Mendis deckt schließlich die brünftige Kuh. Das Paar wird von den anderen Gruppenmitgliedern umringt. Auch sie scheinen sexuell erregt zu sein, vor allem die halbwüchsigen Bullen, die versuchen, bei allen anderen aufzureiten. Pydase und ich merken, daß wir fast völlig eingekreist sind. Wir müssen uns zurückziehen.
Am 8. und 9. Dezember ist ähnliches wie zuvor zu beobachten. Allerdings fehlt Etha. Ihn sehen wir erst am 11. Dezember wieder bei Wepas Gruppe, die dann offensichtlich nicht mehr brünftig ist. Mendis ist verschwunden, ebenso die vier halbwüchsigen Bullen. Wepas Verhalten hat sich verändert. Sie wirkt geradezu arrogant, aus ihren beiden Schläfendrüsen fließt ein dünnes Band von Sekret. Wepa ist vorübergehend in Musth, was bei Kühen äußerst selten beobachtet wird, und sie verhält sich dementsprechend. Vor allem droht sie Etha. Doch dieser meidet auffallend ihre Nähe.
Mendis dagegen, der Wepa an drei aufeinanderfolgenden Tagen mehrmals beschlagen hatte, besaß, so stellte ich eindeutig fest, in dieser Phase keine aktiven Schläfendrüsen. Während der geschilderten Beobachtungen sehen wir keinen einzigen Bullen in Yala, dem das dunkle Sekret die Wangen färbt.
Mendis zeigt äußere Musthsymptome erstmals knapp zwei Wochen nach der Begattung. Höchstwahrscheinlich befand er sich zur Zeit der Paarungen in der ersten von M. R. Jainudeen definierten Musthphase, bei der der Testosteronspiegel und die Aggressivität zwar erhöht sind, bei der aber noch kein Drüsensekret fließt. Jedenfalls genügte die Anwesenheit dieses Bullen in der Gruppe, um andere erwachsene Männchen fernzuhalten.
Wepas Gruppe, die Anfang Dezember so attraktiv vor allem für halbwüchsige Männchen gewesen war, verlor nun ihre Anziehungskraft. Vom 27. bis 31. Dezember sah ich sie täglich und notierte dabei lediglich zwei kurze Kontrollen durch Bullen, durch die erwachsenen Ablej und Zack. Zack kehrte danach zu seiner Mutter Weiß zurück. Wohin Ablej zog, weiß ich nicht.
Am 17. Januar 1969 jedoch zog Wepas Gruppe die Bullen plötzlich wieder geradezu magnetisch an. Schön, die Subadulte, wurde brünftig. Zuerst tauchte Zack, der Halbwüchsige, zusammen mit einem anderen, mir unbekannten gleichaltrigen Bullen auf. Am 18. Januar begann geradezu ein Bullenfestival: Die drei Adulten Bulb, Charles und Pema kontrollierten regelmäßig die Gruppe. Pema, den wir am 13., 14. und 15. Januar aus der Nähe gesehen hatten, war eindeutig in Musth. Er machte mit den beiden anderen kurzen Prozeß, besiegte sie rasch und vertrieb sie aus der Nähe. Etha, der Subadulte, schlich aber danach wieder herum, neben ihm ein anderer, etwa zwölfjähriger Bulle. Dann hielten sich zwei etwa Achtjährige und sogar der fünfjährige Yaka, dessen Mutter im September ein Junges geboren hatte, in der Gruppe auf. Alles in allem lockte Schön zehn Bullen an. Das Brunftgeschehen verlief so, wie ich es bereits beschrieben habe. Paarungen habe ich nur zwischen Pema und Schön beobachtet.
Am 23. Januar, fünf Tage nach der ersten Paarung, löste sich die Bullenversammlung wieder auf. Am 31. Januar verließen die letzten beiden Halbwüchsigen die Gruppe. Angezogen wurden sie durch besondere Düfte, die kurz vor und während des drei bis fünf Tage dauernden

Östrus durch den Harn und von den weiblichen Geschlechtsteilen abgegeben werden. Die Klitoris, ein bis zu 37 Zentimeter langes, fingriges Organ, gilt, ganz im Gegensatz zum Penis, als ausgesprochen drüsenreich. Sie kann richtiggehend »ausgeschachtet« werden. Dabei wird sie auffällig sichtbar.

Brünftige Kühe lösen eine Konzentration von Bullen aus. Das ist beim Elefanten zwar nicht anders als bei anderen Huftieren, aber es ist extremer: Denn die Brunft ist bei Elefantenweibchen ein überaus seltenes Ereignis. Angenommen, daß bei den Elefanten von Yala keine Synchronisation durch Jahreszeit oder irgendwelche anderen Faktoren bestehen (alle vorliegenden Beobachtungen sprechen für diese Annahme), so wird bei einem Geburtenintervall von rund vier Jahren jedes Jahr ein Viertel aller subadulten und adulten Weibchen brünftig. Von den insgesamt 32 mir bekannten fortpflanzungsfähigen Kühen der »Süd-« und der »Nordherde« sind es also lediglich 8. Für sie interessieren sich 14 bekannte adulte, 7 subadulte und wenigstens 15 erwachsene Bullen, die ich nie richtig identifizieren konnte, alles in allem also wenigstens 36 Männchen. Die Wahrscheinlichkeit, daß ein bestimmter von ihnen zum Zuge kommt, ist gering, beträgt nur etwa 20 Prozent. Anders ausgedrückt: Ein Bulle hat nur alle fünf Jahre Gelegenheit zur Paarung, in seinem dreißigjährigen Leben insgesamt nur viermal – vorausgesetzt, alle haben die gleichen Chancen. Das ist zwar leicht übertrieben, denn wiederholt ist beobachtet worden – in Lahugala etwa durch Pat Norris und George McKay – daß ein und dieselbe Kuh kurz nacheinander von zwei verschiedenen Bullen beschlagen wurde. Aber das ändert nichts an der Feststellung, daß Paarungen für Bullen äußerst seltene Höhepunkte in ihrem Leben sind, und dabei haben nicht einmal alle gleiche Chancen. Nur der jeweils stärkste pflanzt sich fort. Der ist entweder in Musth oder kurz davor, besitzt einen erhöhten Spiegel an Geschlechtshormonen und ist damit sexuell noch leichter erregbar, aggressiv und beherrscht die Szene fast absolut. Andere Männchen hält er von der Gruppe mit den brünftigen Weibchen fern – zum Vorteil aller Gruppenmitglieder. Denn der Höhepunkt der Brunft löst, wie das Beispiel von Wepa, Etha und Mendis gezeigt hat, Aggressionen bei anderen Männchen aus. Die ganze Gruppe wird nervös, und ein Teil ihrer Mitglieder versucht, die beiden paarenden Tiere zu imitieren. Man stelle sich vor, was passieren würde, wenn sich mehrere erwachsene Bullen in dieser Gruppe aufhielten – und zwar durch die seltenen Paarungsgelegenheiten stark frustrierte Tiere. Ernsthafte Kämpfe und Verletzungen wären zweifellos die Folge. Der Musthbulle verhindert derartige gefährliche Konzentrationen.

Musth, die Periode nahezu absoluter Dominanz, bringt noch einen anderen Vorteil: Sie bricht kampflos den Widerstand der Kühe. Wepa, um noch einmal auf das erwähnte Beispiel zurückzukommen, verweigerte sich dem subadulten Etha, Nora vertrieb sogar subadulte und halbwüchsige Bullen. Ein solches Verhalten ist auch bei gefangenen Elefanten zu beobachten. Die Bullen Siam, Mothi und in den letzten Jahren Maxi aus dem Zirkus Knie, dem Hannoveraner und dem Züricher Zoo, pflanzten sich nur mit Kühen fort, die kleiner oder höchstens so groß waren wie sie selbst. Der damals rund 15jährige Siam deckte die rund 10jährige Ceylon. Die voll ausgewachsenen Kühe Rosa und Sandri ließen den subadulten Bullen nicht einmal in ihre Nähe. Gleiches gilt für Maxi aus dem Züricher Zoo: Bisher gebar die neun Jahre alte Ceyla ein Junges von dem bei der Paarung im Jahr 1982 13jährigen Bullen. Einen weiteren seiner Nachkommen brachte 1985 die Elefantenkuh Claudia im Zirkus Knie zur Welt. Die »feingliedrige« Claudia ist zwar sechs Jahre älter, aber sie ist kleiner als Maxi. Umgekehrt gelang es Maxi nicht, Pama aus dem Stuttgarter Zoo erfolgreich zu beschlagen, obwohl er während der Versuche im Sommer 1985 sogar erstmals äußere Musthsymptome, das heißt aktive Schläfendrüsen, zeigte. Pama wurde 1966 geboren, war also lediglich drei Jahre älter, aber wenigstens so groß und stark wie er.

Daß ausgesprochen junge Bullen anscheinend nicht oder jedenfalls nicht immer erfolgreich beschlagen können, geht auch aus den von L. Dittrich veröffentlichten Statistiken hervor. 30 Zuchtbullen waren acht- bis zwanzigjährig, 15 waren älter als zwanzig. Dementsprechend jung sind die Mütter der Elefantenkälber, die im Zoo und Zirkus geboren werden. 27 Erstgebärende waren im Durchschnitt 17 Jahre alt, die jüngste 9, die älteste 24. 16 Kühe, die in Zoo und Zirkus ein zweites oder gar drittes Junges setzten, waren durchschnittlich nur 23 Jahre alt, als sie die Jungen gebaren, die jüngste war 12, die älteste zwischen 35 und 40 Jahre alt.

Elefantenbullen sind gemessen an ihrer Lebenserwartung außergewöhnlich früh erwachsen, will heißen geschlechtsreif, aber eben nicht ausgewachsen. Das macht ein Gewichtsvergleich deutlich: Ein zehnjähriger Bulle wiegt rund 2000, ein zwanzigjähriger rund 3000 und ein vierzigjähriger rund 3800 Kilogramm. Mit 60, wenn er überhaupt so alt wird, bringt er dann rund vier Tonnen auf die Waage. Auch Elefantenkühe wachsen fast zeitlebens: Mit sieben wiegen sie rund eine, mit 17 zwei und als über Vierzigjährige rund drei Tonnen. Ich habe die Gewichte der Eltern aller 112 bis heute in europäischen Zoos und Zirkussen geborenen Elefanten auf Grund der Liste von G. Schweiger geschätzt und miteinander verglichen. Lediglich in fünf Prozent der Fälle waren die Weibchen bei der Paarung gleich schwer oder ein Zehntel schwerer als die Bullen. In der Regel waren sie bedeutend leichter.

Die älteste Kuh, die in einem asiatischen Elefantencamp ein Junges zur Welt brachte, war zwischen 50 und 55 Jahre alt. Dort werden also auch alte Kühe gedeckt. Die Erstgebärenden sind hier durchschnittlich 19 Jahre alt, die jüngste ist 13, die ältesten sind 22. Bei nachfolgenden Geburten betrug das Alter der Weibchen zwischen 15 und 55 Jahren. Dieses Alter wird von Zoo- und Zirkusbullen fast nie erreicht. Sie werden wegen ihrer Gefährlichkeit umgebracht. Bullen, die alt genug werden, um in die Musth zu kommen, sind bereits seltene Ausnahmen.

Die Tatsache, daß sich nach den vorliegenden Daten junge Bullen höchstens in Ausnahmefällen mit alten Kühen fortpflanzen können, sollte auch Zoo- und Zirkusdirektoren zu denken geben. Denn die Herden im Westen bestehen, da der Nachschub unterbunden ist, zunehmend aus alten bis sehr alten Kühen. Der Zukauf eines jungen Bullen ist keine Garantie für gesicherten Nachwuchs. Die Beschaffung eines voll ausgereiften Männchens dagegen ist ein unmögliches Unterfangen.

Zahme Elefantenkühe in den asiatischen Holzfällerlagern werden, jedenfalls solange sie in einem Gebiet mit wilden Elefanten arbeiten müssen, meist von wildlebenden Bullen und nicht von gezähmten beschlagen. Der Bulle findet die brunftbereite Kuh nachts im Dschungel, wo sie frißt. Zahme Bullen, die nachts gehobbelt ebenfalls im Dschungel fressen, sind schon wegen ihrer gefesselten Vorderbeine chancenlos. Der Wilde hält sie auf Distanz, greift sie an, und häufig verprügelt er sie, die nicht schnell genug fliehen können, ganz fürchterlich. Dies soll aber nicht heißen, daß Bullen mit gehobbelten Vorderbeinen sich nicht fortpflanzen könnten. Kühe scheinen zudem Musthbullen vorzuziehen. Die Vorteile, die ihnen und ihren Nachkommen daraus erwachsen, sind offensichtlich. Der Testosteronspiegel von Musthbullen ist erhöht, folglich auch die Anzahl und die Beweglichkeit der Spermien. Zudem kommen nur Bullen in Musth, die sich vielfach bewährt haben. Sie sind verhältnismäßig alt, finden selbst in ungünstigen Gebieten, etwa Hochwäldern, oder gefährlichen Zonen wie Reisfeldern oder Sumpfgebieten mehr als genug Nahrung. Sonst könnten sie sich ja den Testosteron-Schub nicht leisten. Zudem kommt nur ein psychisch stabiler Bulle in Musth und zur Fortpflanzung. Schmerzen etwa, wie sie im Kampf mit Artgenossen oder aus Begegnungen mit Menschen hervorgehen können, wirken sich negativ auf Musth und Fortpflanzungserfolg aus. 1989 war einer der letzten großen Bullen in Mudumalai in Musth, als ein Wilderer ihn anschoß und an der Wurzel des einen Stoßzahnes verletzte. Der Bulle verlor sämtliche Symptome der Musth, zog sich zurück und kam erst wieder in Musth, als er sich vollständig erholt hatte.

Schwere Züchtigungen sind altbewährte Mittel, um renitente Bullen gefügig zu machen. Nicht nur in der traditionellen Elefantenhaltung Südasiens, sondern auch in westlichen Zirkussen: Tunga, einer der drei Zuchtbullen im Portland Zoo (USA), erhielt früher, als er noch den Artisten Morgan Berry und Eloise Berchtold gehörte, Schläge auf die Geschlechtsteile. Im Zoo züchtete er später nur nachts, wenn er sich von Menschen unbeobachtet fühlte. Thonglaw, ein anderer Bulle Berrys, kam bereits sehr jung in den Zoo, wo er sich später problemlos fortpflanzte. Maxi aus dem Züricher Zoo, der bisher fünfmal Vater wurde, kam als Zehnjähriger aus einem englischen Zirkus auf den Zürichberg. Max in Hellabrunn hat dagegen bis heute nicht gezüchtet. Bis zu seinem 15. Lebensjahr arbeitete er unter schwersten Züchtigungen im Zirkus Frankello. Sahib Fridolin, der am 13. Februar 1963 im Zirkus Knie geborene Bulle, lebte lange, nämlich bis ins 22. Lebensjahr in Stallzelt und Manege. In keinem der drei Zoos, wo er seit 1984 gehalten wurde, hat er sich je fortgepflanzt. Mothi, ein anderer Knie-Bulle, gelangte bereits als Zwölfjähriger in den Zoo von Hannover, wo er zwischen 1964 und 1972 elfmal Vater wurde. Und Siam, der unter der äußerst humanen Betreuung von Joseph Hack, einem der einfühlsamsten Elefantenlehrer überhaupt, bereits bei Knie zwei Weibchen erfolgreich gedeckt hatte, pflanzte sich im Zoo von Paris-Vincennes, wo er heute lebt, viermal fort.

Diese Beispiele sollen genügen, um zu zeigen, daß Menschen mit gezielten heftigen Strafen einen Bullen zeitweise oder gar zeitlebens psychisch kastrieren können. Inwieweit Ähnliches in den Auseinandersetzungen zwischen wildlebenden Bullen geschieht, weiß bis heute niemand. Sicher erniedrigt ein Musthbulle seine Rivalen, drängt sie zurück. Doch er verliert spätestens nach einigen Wochen seine absolute Dominanz. Er kommt nämlich kaum zum Fressen, weil er fast ununterbrochen mit der Kontrolle der Herde, mit Markierung des Herdenwohnraumes und – wenn er Glück hat – mit der Paarung beschäftigt ist.

Die Paarung wurde bei gefangenen Elefanten in Asien und im Westen wiederholt beobachtet und beschrieben. Sie verläuft im wesentlichen wie folgt: Stunden vor dem Koitus suchen Bulle und Kuh zunehmend Kontakt zueinander. Sie

Elefantenpaarung im Züricher Zoo. Der Bulle (Maxi) richtet sich fast senkrecht hinter der Kuh auf und legt seine Vorderbeine auf deren Rücken. Die eigentliche Kopulation dauert zwischen 10 und 20 Sekunden.

betasten und beriechen wenigstens doppelt so häufig wie bei anderen Begegnungen mit den Rüsseln vor allem Geschlechtsteile, Mund und Schläfendrüsen, gelegentlich die Schwanzquasten, die Urinspuren tragen. Kontrolliert werden auch Kot und Urinspuren am Boden.
Anschließend versucht der Bulle von hinten aufzureiten. Anfänglich gelingt ihm dies nicht. Die Kuh bleibt nämlich zunächst nicht stehen. Der Bulle probiert nun mit dem auf der Kruppe aufgelegten Kinn, die Kuh zu drücken, und immer häufiger beißt er sie in den Nacken. Auf diese Weise demonstriert der Bulle dem Weibchen seine Überlegenheit. Das Treiben wird intensiver und endet schließlich in einer raschen »Flucht« des Weibchens, dem der Bulle, meist mit aufgelegtem Kinn, folgt. Schließlich bleibt die Kuh stehen und macht ihre Hinterbeine breit. Der Bulle richtet sich auf den Hinterbeinen auf und stellt die Vorderbeine auf ihr Hinterteil, um sie dann über ihren Rücken auf ihre Schultern zu schieben. Beide Füße bleiben dabei eng aneinandergepreßt. Und nun folgt der schwierigste Teil des komplizierten Akts: das Einführen des enorm langen Penis in die an der hinteren Bauchseite gelegene weibliche Geschlechtsöffnung. Wenn sie der S-förmige Penis bei seinen eigenartigen Suchbewegungen gefunden hat, »knickt« der Bulle auf die Hinterbeine ab und richtet seinen Vorderkörper steil auf, so daß der Penis eindringen kann, allerdings nur dreißig Zentimeter tief. Der Koitus ist extrem kurz. Er dauert im Schnitt elf Sekunden, wie der Zoodirektor von Mysore City, Krishna Gowda, gemessen hat. Angeblich werden pro Koitus ein bis anderthalb Liter Samenflüssigkeit ejakuliert, und zwar unter hohem Druck. Damit werden die 55 bis 100 Milliliter Spermien, die sich nach Jainudeen in jedem Ejakulat befinden, offenbar bis zum Muttermund gespült, der sich einen halben bis einen Meter hinter der Geschlechtsöffnung befindet.
Das Paarungsverhalten ist für junge Bulle dermaßen kompliziert, jedenfalls für solche im Zoo und Zirkus, daß sie es anfangs oft nur mit menschlicher Hilfe bewältigen. Das heißt, die Kühe werden festgehalten, und der Penis wird von Hand eingeführt.
Derartige Hilfeleistungen werden unerfahrenen wilden Bullen nicht zuteil. Umgekehrt erleben sie Paarungen bereits als Halbwüchsige aus der Nähe, und da Elefanten geradezu Weltmeister im Imitieren sind, ist es denkbar, daß sie beim Zusehen und Nachmachen einen Teil des Paarungsverhaltens lernen. Zudem »üben« die jungen Bullen in den Gruppen, in denen sich die Paarungen mit einem erwachsenen Männchen abspielen, zumindest das Aufreiten auf andere, meist kleinere Elefanten.
Das Üben von arterhaltenden Verhaltensweisen spielt bei Elefanten eine bedeutende Rolle. Das gilt besonders für den Umgang mit Säuglingen und gebärenden Weibchen. Darüber wird im folgenden zu berichten sein.

Wir schliefen kaum in jener Nacht. Die Elefanten waren viel zu laut. Ihr dumpfes Grollen und gelegentlich das laute Brüllen der Kälber hielten uns wach. Die Gruppe war bereits am Mittag in der Nähe unseres Camps eingetroffen. Somapala, der Koch, erzählte es am Abend. Mir versperrten sie um 18 Uhr den Weg zum Camp in Patnangala. Elf erwachsene Kühe und sieben Jungtiere konnte ich unterscheiden. Bei der Gruppe war auch ein winziges Neugeborenes. Es war Dämmerung, die Elefanten standen im dichten Wald. Zwei alte Kühe rannten drohend auf den Landrover zu, da ich näher heranfahren wollte, um herauszufinden, wer genau in der Gruppe war. Aber es klappte nicht. Nach einer halben Stunde ließen sie mich durch und verschwanden gemächlich im Dschungel.

So stur hatte bisher noch keine Gruppe ihr »Vortrittsrecht« durchgesetzt. Und nun standen sie immer noch 100 oder 200 Meter hinter dem Camp. Es war stockdunkel. Und so studierten wir die Riesen erstmals mit den Ohren. Was das stundenlange Grollen in jener Nacht vom 19. auf den 20. April wirklich zu bedeuten hatte, wußte ich damals noch nicht. Eckanayaka, der eine Tracker, meinte, sie hätten wohl eine »Versammlung«. Pydase, mein unersetzlicher Spurenleser, war davon überzeugt, daß soeben ein Junges geboren wurde: »Darum grollen sie stundenlang und verharren am selben Ort.«

Er sollte recht behalten. Am anderen Tag sahen wir das Neugeborene. Allem Anschein nach war es das Kind einer mächtigen Kuh mit weißen Haaren an der Schwanzspitze, die wir später Weiß (Nr. 22) nannten. Dicht gedrängt gingen die Elefanten über die große Campstraße. Es regnete, und so verloren wir den Kontakt zur Herde, die nicht auf offene Flächen kam. Am Mittag trafen wir sie dann an einem Wasserloch in der Nähe des Menik-Flusses. Seit der letzten Nacht hatte sie sich vielleicht 500 Meter vorwärtsbewegt. In den nächsten vier Tagen stießen wir wiederholt auf die Gruppe. Meist stand sie in dichtem Unterwuchs, oder sie verzog sich dorthin, wenn wir uns näherten. Zudem ließen uns ein paar eher schlechtgelaunte alte Damen nicht nahe genug heran. Dann verloren wir den Kontakt. Weiß habe ich erst im September wiedergesehen. Ihr vier- bis fünfjähriger Sohn Zack, von dem ich schon berichtet habe, stand nahe bei ihr. Das Neugeborene dagegen hatte sie verloren.

Säuglinge sterben bei den Yala-Elefanten äußerst selten. Das sollte ich bald herausfinden. Doch noch Anfang September 1968 glaubte niemand von uns daran, daß wir je Genaueres über Elefantengeburten und das Leben der Neugeborenen erfahren würden, weil die Säuglingsgruppen viel zu vorsichtig waren. Aber dann gaben sie plötzlich den »Widerstand« gegen uns oder jedenfalls gegen unseren Landrover auf, der sie häufig »verfolgte«. Am 28. September, um 12.15

Neugeborene wecken bei allen Weibchen einer Gruppe den Pflegetrieb – auch im Züricher Zoo (oben). Durch Rüsselkontakt erkennen sich Säuglinge und Erwachsene (unten).

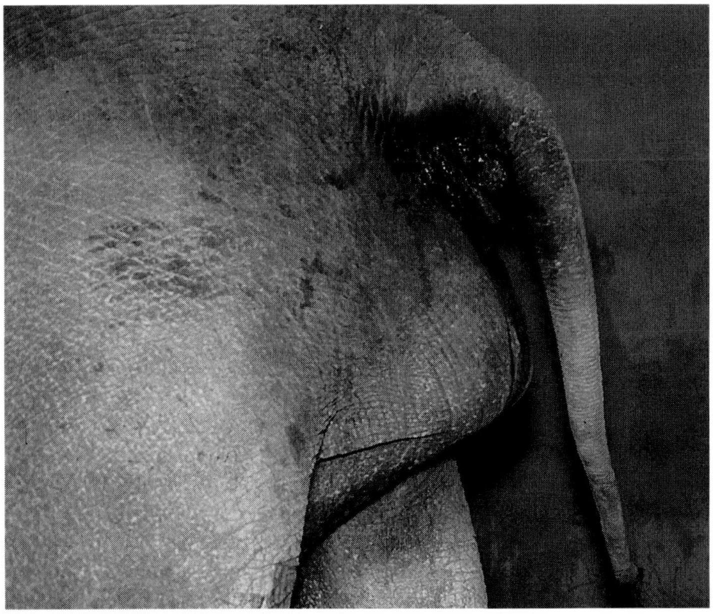
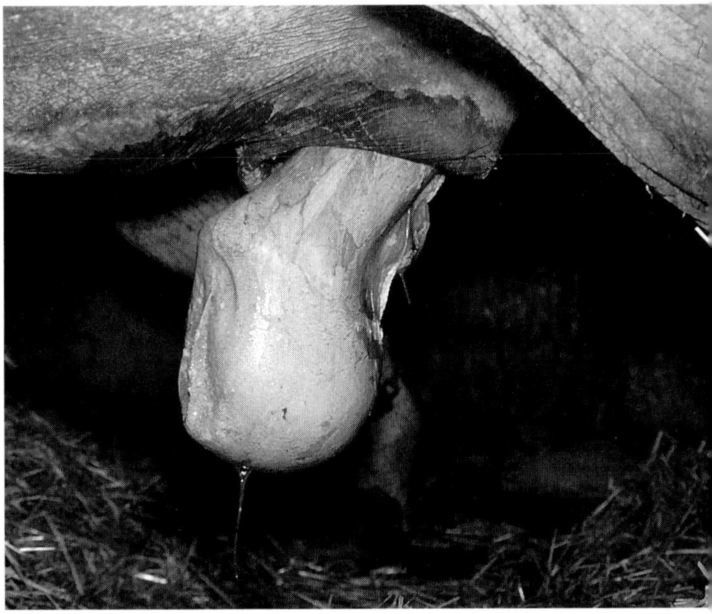

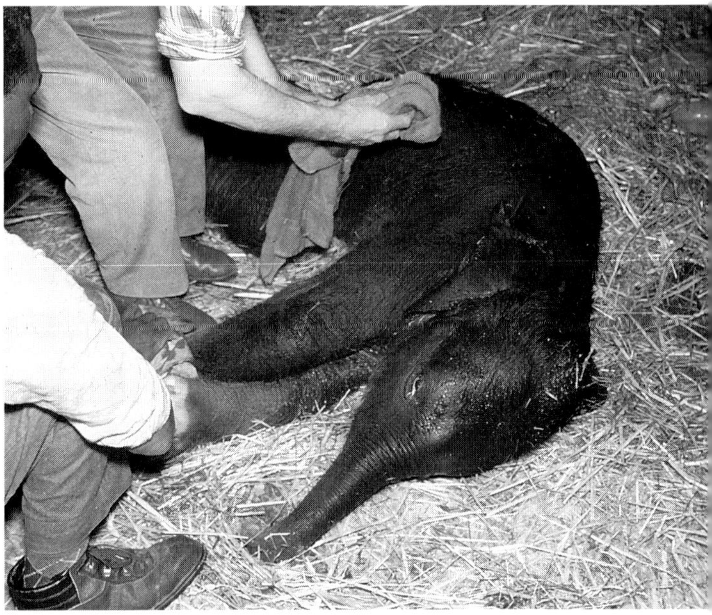

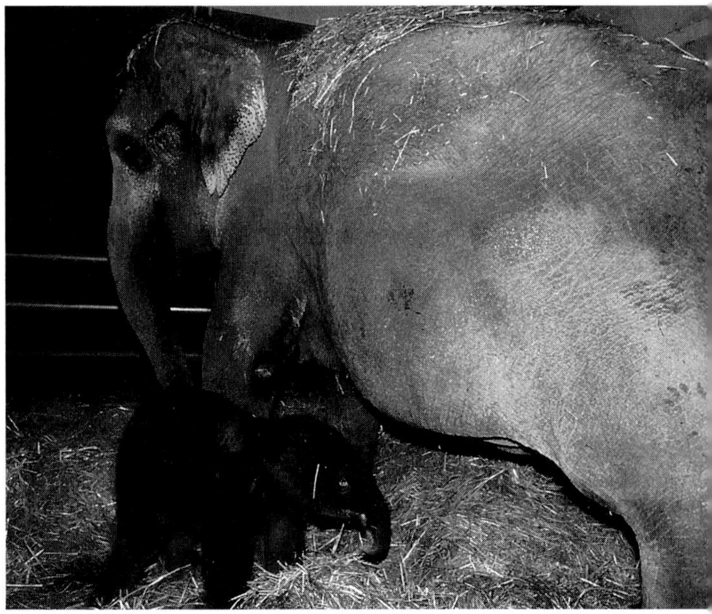

Uhr, entdeckten wir plötzlich eine voll ausgewachsene Kuh mit einem winzigen Jungen an einem Wasserloch. Bei ihr stand eine zweite Kuh, die ebenfalls einen Säugling führte. Die vier Tiere flohen nicht, sondern rückten zusammen, bildeten gewissermaßen ein Sandwich: die beiden Mütter außen, die Jungen zwischen ihnen. Nun hatte ich endlich Zeit, mir die Säuglinge näher anzuschauen. Der kleinere trug noch rote Augenringe und ganz dichtes Lanugohaar. Er konnte höchstens fünf Tage alt sein. Der andere war bestenfalls ein paar Wochen alt. Die Mütter ließen sich nach unserer Steckbriefmethode identifizieren. Es waren Riß (Nr. 1) – sie führte das ältere Junge – und Shorty (Nr. 2). Ich wollte die Gruppe nicht verunsichern und zog mich zurück.

Am Nachmittag machten es uns die Mütter leichter. Um 16.30 Uhr bewegte sich eine ganze »Prozession« von Müttern und Säuglingen über die Yala-Ebene, eine Savanne unmittelbar neben dem Mündungsgebiet des Menik-Flusses. Riß und Shorty führten den Aufmarsch mit ihren Säuglingen, einem Weibchen und einem Männchen, an. Dann folgten wieder zwei Weibchen mit einem Säugling zwischen ihnen. Im nächsten »Glied« schritten zwei Kühe mit zwei Säuglingen. Ihnen folgten ein Weibchen, ein Säugling und eine halbwüchsige Kuh. Am Schluß kamen eine einzelne Mutter mit einem Neugeborenen, das wie Riß' Sohn noch einen roten Augenring trug. Unter den erwachsenen Kühen erkannte ich Offenschwanz (Nr. 3), Knick (Nr. 6), Finger (Nr. 10), Chin (Nr. 11) und Lang (Nr. 12).

Und dann geschah etwas Unerwartetes. Plötzlich stimmten die alten Kühe dumpfe Grollaute an, sie blieben stehen, formten enggedrängt einen »Igel« und reckten die Rüssel in die Luft. Zuerst dachte ich, unsere Nähe hätte sie verunsichert. Weit gefehlt: Sie vermißten einen Säugling, wie wir entdeckten. Yaka, Fingers etwa fünfjähriger Sohn, brachte seinen kleinen Bruder zurück zur Mutter. Der Kleine wurde sofort gestillt, und die Herde beruhigte sich.

Kurz darauf erschien ein adulter Bulle. Er grollte besänftigend, kontrollierte Mütter und Kinder und zog weiter. Auch Yaka zog sich zurück und hielt sich etwa 200 Meter von den Müttern entfernt. Bei ihm stand die fünfjährige Tochter von Offenschwanz. Die etwas ältere Tochter von Riß dagegen stand bei den Müttern.

Das Eis war gebrochen, von nun an konnten wir unseren Landrover stundenlang bei der Säuglingsgruppe »parken« und dem Geschehen aus zwanzig bis fünfzig Metern beiwohnen. In der Nacht zum 1. Oktober wurden wir dann sogar Zeuge einer Geburt. Somapala, der am Abend mit dem »Küchenjeep« zum Menik fuhr, um angeblich zu baden – in Wirklichkeit wollte er Fische fangen –, kam unerwartet früh und atemlos zurück. »Aliya inuade, but many«, kauderwelschte er. Gesten und Augenrollen machten deutlich, daß er etwas Außergewöhnliches entdeckt haben mußte. »Nachschauen«, meinten alle. Langsam und mit Standlichtern rollten wir in die Yala-Ebene. Schon von weitem vernahmen wir das dumpfe Grollen. Schließlich sahen wir die graue Masse der Elefantenleiber gegen den dunkelvioletten Himmel. Sie formten einen engen Kreis. Unsere Augen gewöhnten sich an die Dunkelheit. In der Mitte stand ein Tier, das sich gelegentlich hinlegte und dann wieder aufstand. Stunden vergingen. Im Zentrum des grollenden Elefantenkreises waren jetzt drei große Tiere. Zwei machten sich am dritten zu schaffen, das am Boden lag. Zäh floß die Zeit dahin, wir ahnten mehr, als wir sahen. Endlich löste sich die Versammlung auf. Der Haufen bewegte sich dicht gedrängt gegen uns.

Elefantengeburt im Zirkus Knie (13. Juni 1992). Unter der Schwanzwurzel verdickt sich der Vaginalkanal (oben links). Die Fruchtblase drängt kurz darauf durch die weibliche Geschlechtsöffnung, die bei Elefanten am Hinterbauch liegt. Man erkennt bereits einen Hinterfuß (oben rechts). Das Neugeborene ist ein Bulle, wiegt 148 kg und ist 105 cm hoch. Eine halbe Stunde nach der Geburt macht »Boy« die ersten Gehversuche (unten).

»Nur kein Licht anschalten«, flüsterte Anil. Ich weiß nicht, ob sie uns gar nicht bemerken wollten oder schlicht jeden Respekt verloren hatten, jedenfalls drängten sie, die Mütter mit ihren Säuglingen, am Landrover vorbei, berührten ihn fast, und wir sahen das winzige Kalb auf wackligen Beinen neben Doppelknick (Nr. 5). Vorsichtig stützte Shorty den Nachkömmling mit ihrem mächtigen Rüssel.

Kaum war der ganze Spuk vorbei, flippte Eckanayake aus. »Very lucky, very lucky«, jodelte er und sauste vom Fahrzeug, rannte auf den Platz des Geschehens und suchte dort im Licht seiner Taschenlampe am Boden herum. Schließlich hatte er sie gefunden, die blutigen Reste der Nachgeburt. Stolz brachte er die zerrissene und zerkaute »Trophäe« zurück zum Landrover. Es waren nur einzelne Stücke. Den größten Teil mußten die Elefanten gefressen haben.

Als ich am anderen Morgen die Stelle genau untersuchte, fand ich auch noch Teile der Embryonalhülle. Auch sie wiesen Reiß- und Bißspuren auf. Die beiden Kühe, die der Gebärenden geholfen hatten, hatten offenbar das Junge aus der Hülle befreit. Eckanayaka hielt selbstverständlich nichts von derartigen Betrachtungen. Er wollte das Gewebe endlich mit seinem Messer in gleich große Teile zerschneiden, die er uns dann als Talisman anvertraute. »Very lucky, very lucky« seien diese, meinte er.

Glück hatten wir in der Tat gehabt. Denn wer wohnt schon aus nächster Nähe der Geburt eines wilden Elefanten bei?

Von gefangenen Elefanten wurde sie wiederholt beschrieben. Bei ihnen verläuft eine Geburt nach folgendem Muster: Die Mutter ist unruhig, steht und liegt abwechselnd. Dann rutscht der Fötus in den »Sack« hinter der Geschlechtsöffnung. Die Fruchthülle wird sichtbar und platzt. Das Junge wird meist mit dem Kopf voran geboren. Die Nabelschnur reißt entweder ab, wenn die Mutter bei der Geburt steht, oder wird von ihr oder anderen Weibchen zerrissen. Nach etwa einer halben Stunde schon steht das Kalb auf wackligen Beinchen. Manche Mütter betasten und putzen es nach der Geburt. Andere Weibchen dagegen wissen nicht, was mit dem Nachwuchs geschehen soll. Ja, es gibt sogar Kühe, die ängstlich werden, versuchen zu fliehen oder gar das Neugeborene anzugreifen.

Ceyla aus dem Züricher Zoo war einer jener Fälle. Lediglich das Eingreifen von Tierärzten und Pflegern verhinderte das Schlimmste. Sie »stellten« Ceyla dann geduldig ihr Kind »vor«. Bei wilden Elefanten übernehmen offenbar die »Tanten« oder »Ammen« diese Aufgabe. Aber auch im Züricher Zoo ist dies heute noch zu beobachten. Druk, eine erwachsene Kuh, die einst schon Ceyla, als diese als Junges in den Zoo kam, umsorgte, interessierte sich ganz im Gegensatz zur richtigen Mutter von Anfang an für das Neugeborene. Und dies, obwohl sie selbst noch nie ein Kalb gesetzt hatte. Kaum erhielt sie die Möglichkeit, sich ihm zu nähern, kontrollierte und liebkoste sie die kleine Komali, führte sie artig im Außengehege herum und verteidigte sie sogar gegen die richtige Mutter. Zoobesucher hielten Druk für die Mutter und nicht etwa die erstaunlich kleine Ceyla. Lediglich die angeschwollenen Brüste verrieten, wer in Wirklichkeit die Mutter war.

Bei wilden Elefanten spielen Weibchen, die ebenfalls Säuglinge führen, die Ammenrolle. Häufig sind es zwei Tiere mit etwa gleichaltrigen Jungen, beispielsweise Shorty und Doppelknick oder Finger und Knick. Das soll allerdings nicht heißen, Ammen seien nur auf ein Kalb spezialisiert. Wichtig ist dabei folgendes: Jede Amme ist auch Mutter eines Säuglings, der wiederum eine oder mehrere Ammen hat.

Die Bindung zwischen Mutter und Tochter dauert zeitlebens. Aufgelöst wird sie nur durch den Tod.

Die Ammen spielen nicht nur bei und kurz nach der Geburt eine wichtige Rolle, sondern auch während der ersten zwei Lebensjahre der Jungen. Dank der Ammen vermögen stillende Kühe zwei scheinbar unvereinbare Verhaltensmuster miteinander in Einklang zu bringen: einerseits das extreme Ruhebedürfnis der Neugeborenen und andererseits ihren eigenen fast unstillbaren Hunger. Das heißt: Mütter, die Säuglinge führen, wechseln sich gegenseitig bei der Betreuung der Jungen ab. Die Übergabe der Kälber, die meist eng zusammenstehen und sogar wie junge Ferkel »Schlafhaufen« bilden, findet meist an den regelmäßig aufgesuchten Wasserlöchern statt.

Welche Weibchen bilden nun aber solche Ammengespanne? Bei wildlebenden Elefanten, so ist zu vermuten, sind es wahrscheinlich Mutter und ältere Töchter oder zwei Schwestern. Das braucht aber nicht so zu sein. Spezielle Beziehungen bilden sich auch zwischen einander völlig unverwandten Weibchen und selbst, wenn keine von ihnen schwanger ist oder ein Neugeborenes führt. Das bewies die Züricher Verhaltensforscherin Marion Garai 1989 anhand von Studien in den Zoos von Stuttgart, Westberlin und Zürich. Sie fand jeweils zwei Elefantinnen, die häufig beieinander standen, sich häufig gegenseitig freundlich an Maul und Rüssel, an Ohren und Augen und am Körper berührten und bei der geringsten Störung oder wenn eine von beiden quietschte, grollte oder trompetete, sofort zusammenschlossen. Derartig spezielle Beziehungen entwickeln sich übrigens völlig unabhängig von der jeweiligen Rangordnung innerhalb der Weibchengruppe. Wenn das Verhalten zweier so eng befreundeter Elefantinnen nahezu synchron abläuft, so kann man sich fragen, ob sie sich vielleicht auch gleichzeitig fortpflanzen. Erste Hinweise darauf fand ich vor mehr als 20 Jahren auf Sri Lanka.

Im September 1968 waren drei, vielleicht sogar vier Junge kurz nacheinander geboren worden. Eine derartige Synchronisation der Geburten hatte Richard Laws, der bekannte Elefantenphysiologe, 1969 beim Afrikanischen Elefanten beobachtet. George McKay sah, daß sechs Säuglinge der Amparai-Herde in Gal Oya fast zur selben Zeit geboren wurden. Auch anläßlich der Khedda von Kakankote im Februar 1968 wurden die drei von gefangenen Weibchen geborenen Kälber innerhalb weniger Tage geboren. Ebenso kamen in Yala Ende Januar/Anfang Februar zwei wiederum fast gleichzeitig zur Welt. Offenbar ist es bei Elefanten die Regel, daß mehrere Kühe gleichzeitig gebären. Dieses Verhalten erleichtert die Aufzucht, wenn die Muttertiere gleichzeitig als Ammen assistieren.

Zudem wurden die Kälber in Yala alle zwischen unserem Camp und der Yala-Ebene geboren, einem vergleichsweise winzigen Ausschnitt des Parks von vielleicht 500 Meter Durchmesser. Diese Zone ist äußerst futter- und wasserreich, und die Geburten fanden immer zu günstigen Zeiten statt, das heißt dann, wenn reichlich Nahrung vorhanden war. Ähnliches beschrieb U Toke Gale 1978 von birmanischen Arbeitselefanten.

Wie wichtig Ammen für die Jungenaufzucht sind, geht auch aus den Schilderungen von Cynthia Moss über Afrikanische Elefanten hervor. Kälber, die ohne deren Unterstützung aufwachsen, sterben doppelt so häufig wie Kälber, die von einer oder mehreren Ammen mitbetreut werden. Nun gibt es eine weitere Sicherung, die das Überleben der Kälber zusätzlich sichert: die halbwüchsigen Geschwister.

Ältere Kühe bringen, wenn sie sich hochschwanger in die Säuglingsgruppen begeben, ihre rund vierjährigen Kälber mit. Für diese sind die ersten Tage und Wochen nach der Geburt ein Schock. Yaka beispielsweise, dessen Mutter Finger in der zweiten Septemberhälfte gesetzt hatte, hielt sich zwar bis zum 5. Oktober in oder in der Nähe der Säuglingsgruppe seiner Mutter auf. Er brachte seinen kleinen Bruder, den wir Eliot getauft hatten, regelmäßig zur Mutter zurück, wenn sich der winzige Bengel zu weit entfernt hatte. Am 9. Oktober jedoch tauchte Yaka vorübergehend in einer Juvenilherde auf, und zwei Tage später besuchte er uns mutterseelenallein im Camp von Patnangala. Am 2. November schien er sich wiederum mehr für unsere Kühe zu interessieren als für seine Familie. Mitte Januar lümmelte er in der Juvenilgruppe von Wepa herum. Dort wurde Schön brünftig. Und auch am 23. Februar tummelte er sich in einer Juvenilgruppe, wo er häufig der uralten Bauchpunkt und ihrem drei- bis vierjährigen Sohn folgte. Zwischen diesen mehr oder weniger ausgedehnten Ausflügen besuchte er immer wieder Finger, seine Mutter, und Bruder Eliot, ließ sich vom Kleinen vertreiben, wenn er sich der Mutter nähern wollte, hielt den Bengel zurück, wenn dieser allein baden wollte, obwohl sich die Gruppe bereits vom Wasserloch entfernte, und begann dem Kleinen auch Gras vorzukauen. Im März verschwand Finger plötzlich. Vermutlich war sie gestorben. Seitdem widmete sich der sonst so wanderlustige Yaka ausschließlich dem kleinen Bruder, der jetzt vermutlich von Knick gestillt wurde.

Elefanten, das habe ich ausführlich dargestellt, sind von Natur aus kinderfreundlich. Ammengespanne und ältere Geschwister helfen mit, den Nachwuchs zu betreuen. Anders wäre nicht vorstellbar, wie sich die Art erhalten könnte. Denn Geburten sind bei Elefanten äußerst seltene Ereignisse. Ein Weibchen setzt ungefähr mit zehn Jahren erstmals, und das Geburtenintervall beträgt rund vier Jahre. 28 der bekannten Kühe von Yala waren wenigstens zehn Jahre alt. Statistisch gesehen mußten jährlich demnach also sieben Kälber geboren werden, innerhalb von zwei Jahren 14.

Unter den uns bekannten Elefanten ordneten wir aufgrund der genannten Alterskriterien 13 Kälber in die Klasse der Ein- und Zweijährigen ein. Statistisch gesehen starb also kurz nach der Geburt nur ein einziges Junges. Die Neugeborenensterblichkeit ist demnach sehr gering. Sie beträgt lediglich sieben Prozent. Auf dieselbe Art und Weise berechnete ich die Sterblichkeitsrate der Neugeborenen in Lahugala. Hier gehen bereits 28 von 100 Neugeborenen ein. In Wilpattu, so läßt sich aus den Angaben von John Eisenberg und Melvyn Lockhart schließen, sterben 30 von 100 und im Gal-Oya-Nationalpark, so George McKay, bereits 47 von 100 Neugeborenen. In Südindien, so Raman Sukumar 1989, beträgt die Neugeborenensterblichkeit 22 und bei birmanischen Arbeitselefanten, so U Toke Gale 1974, lediglich fünf Prozent. Ausgesprochen hoch ist sie bis heute bei Asiatischen Elefanten geblieben, die in europäischen Zoos und Zirkussen leben. Hier, so der Fachmann G. Schweiger, wird etwa jedes dritte tot oder todkrank geboren oder von seiner Mutter unmittelbar nach der Geburt getötet. Der Vollständigkeit halber sei erwähnt, daß eine geringe Fortpflanzungsleistung nicht nur auf eine hohe Neugeborenensterblichkeit zurückgeführt werden kann. Beim Afrikanischen Elefanten, so schildert es 1966 beispielsweise Richard Laws, erreichen Elefantenkühe, die wie damals im Murchison-Fall-Nationalpark von Uganda in besonders hoher Bestandsdichte leben müssen, die Geschlechtsreife erst mit 18 Jahren, und der Geburtenabstand beträgt nicht vier, sondern sieben Jahre.

Seite 166/167: Eine typische Mutterfamilie. Das Neugeborene badet sorgenlos zwischen Mutter und Schwester, die zur Mutter einen sicheren Abstand einhält.

Auf Sri Lanka, zur Zeit der Smithsonian-Elefantenstudien, schien die Situation anders zu sein. Meine Kollegen, die in Gal Oya und Wilpattu arbeiteten, stellten dort fest, daß auch zehnjährige Kühe setzten. Über die Länge der Geburtenintervalle konnte allerdings nach einer zweijährigen Feldstudie keiner genaue Auskünfte geben. In Gebieten, in denen Menschen und Elefanten miteinander konfrontiert sind, werden verhältnismäßig oft verlassene oder tote Neugeborene gefunden, was für eine hohe Säuglingssterblichkeit spricht. Ich nehme an, daß um so mehr Neugeborene nicht überleben, je mehr Menschen die Tiere beunruhigen. Ein sicheres Zeichen dafür, daß die Elefanten gestört werden, ist das Fehlen erwachsener Bullen, die, wie ich bereits beschrieben habe, von Menschen getötet werden.

In Yala, wo die Neugeborenensterblichkeit gering ist, leben verhältnismäßig viele adulte Bullen, 73 auf 100 adulte Kühe. In Lahugala und Wilpattu dagegen, wo die Neugeborenensterblichkeit 28 beziehungsweise 30 Prozent beträgt, leben nur 58 beziehungsweise 50 Bullen auf 100 adulte Weibchen. In Gal Oya schließlich, wo vermutlich 47 von 100 Neugeborenen nicht überleben, sind auch erwachsene Männchen äußerst selten: Es kommen nur 37 auf 100 erwachsene Kühe.

Die Störungen durch den Menschen führen zu einem Zerfall der Gruppen. Um ein Junges aufzuziehen, sind neben der Mutter auch noch andere Herdenmitglieder notwendig. Fehlen sie, dann sind die Jungen höheren Gefahren ausgesetzt und werden schlechter ernährt.

Fragen wir nach dem Prozentsatz wilder Elefanten, die ein fortpflanzungsfähiges Alter erreichen, so ist zu bedenken, was für alle Säugetiere einschließlich des Menschen typisch ist: Männchen sterben früher als Weibchen.

Eine der denkbaren Ursachen dieses Phänomens ist die gefährliche Unvorsichtigkeit der Männchen. So wie es ein typisches männliches Attribut beim Menschen ist, gefährliche Situationen in Kauf zu nehmen, etwa an den Südpol zu marschieren, auf den Mount Everest zu kraxeln, Autorennen zu fahren oder Testflugzeuge zu fliegen, so suchen auch junge Elefantenmännchen die Herausforderung auf ihre Art und Weise und finden dabei oft den Tod. Männliche Jungtiere entfernen sich häufig gefährlich weit von den Gruppen, verlieren den Anschluß und trotten dann gelegentlich Herden von Hirschen, Büffeln, Hausrindern oder einem Menschen nach. Drei Kälber, die ich aus Felsspalten retten mußte, und zwei andere, die angeblich infolge von Kobrabissen starben, waren Männchen. Und auch die Tatsache, daß häufig Bullen aber fast nie Weibchen auf den Reisfeldern durch aufgebrachte Bauern getötet werden, ist ein Zeichen für die Unvorsichtigkeit der Männchen.

Die höhere Sterblichkeitsrate bei Männchen drückt sich im Geschlechterverhältnis einzelner Altersklassen deutlich aus. Je älter die Tiere sind, um so weniger Männchen gibt es in den Klassen. Zur Berechnung dieses Verhältnisses habe ich die Herdenzählungen in Lahugala und Yala benutzt. In der Klasse der Fünf- bis Siebenjährigen zählte ich in den drei Herden insgesamt 11 Weibchen und 8 Männchen. Das Geschlechterverhältnis betrug demnach 100:73. Unter den Subadulten, also den Acht- bis Fünfzehnjährigen, betrug das Verhältnis 31 Weibchen zu 14 Bullen oder 100:45, bei den Adulten war es 31 Weibchen zu 20 Bullen oder 100:64.

Weibchen leben zwar länger als Bullen, aber auch bei ihnen sterben nahezu 50 Prozent, bevor sie fortpflanzungsfähig sind. Zu diesem Schluß bin ich durch die folgende einfache Überlegung gelangt: In den drei gut bekannten

Herden von Lahugala und Yala lebten insgesamt 53 Kühe, die älter als zehn Jahre waren, also wenigstens je ein Kalb geboren hatten. Bei einem Geburtenabstand von vier Jahren setzt jährlich ein Viertel von ihnen. Das heißt, jährlich werden 13 bis 14 Junge geboren. Davon sind die Hälfte – es kommen gleich viele Männchen wie Weibchen zur Welt – Weibchen, also 7.

Bei den Subadulten, Acht- bis Fünfzehnjährigen, wurden acht Jahrgänge zusammengefaßt. Demnach entsprechen die 31 subadulten Weibchen, die in den drei Herden lebten, je rund 4 Weibchen pro Jahrgang oder 55 Prozent der 7 jährlich geborenen. Bei den Bullen liegt dieser Wert niedriger, nämlich bei 26 Prozent. 45 Prozent der Weibchen und 74 Prozent der Bullen sterben, bevor sie fortpflanzungsfähig sind. Die meisten von ihnen kommen, so schließe ich aus dem zugegebenermaßen bescheidenen Zahlenmaterial, nach den ersten vier Lebensjahren um, also dann, wenn sie aus der Obhut ihrer Mutter entlassen werden. Denn bereits in der Altersklasse der Fünf- bis Siebenjährigen überleben nur noch 53 Prozent der Weibchen und 38 Prozent der Bullen.

Lassen wir diese Rechnerei und halten wir fest, daß rund die Hälfte der Weibchen so alt wird, daß sie sich fortpflanzen. Dies bedeutet: Eine »durchschnittliche« Elefantenkuh muß wenigstens vier Junge – zwei Bullen und zwei Kühe – setzen, um bei ihrem Tod mit Sicherheit ein einziges Weibchen zu hinterlassen, welches sich wiederum fortpflanzt. Dazu muß sie wenigstens 26 Jahre alt werden. Denn sie gebärt das erste mit 10, das zweite mit 14, das dritte mit 18 und das vierte mit 22 Jahren und braucht weitere vier Jahre, um dieses zuletzt geborene Junge aufzuziehen. Bei dieser Überlegung wird angenommen, daß keines der Jungen unmittelbar nach der Geburt stirbt.

Werden Elefanten, die das fortpflanzungsfähige Alter erreicht haben, überhaupt 26 Jahre alt? Über diese Frage geben Schädel und Zähne toter Tiere, die wir in Yala fanden, Aufschluß. Insgesamt trugen wir 47 Relikte toter Elefanten zusammen. 42 stammten von subadulten oder adulten Tieren. Überreste von Jungtieren findet man seltener, da sie von Krokodilen, Schakalen und Wildschweinen entweder aufgefressen oder zumindest weit zerstreut werden. Die 42 Schädel der subadulten und adulten Elefanten trugen vollständige Gebisse, und so konnten wir das Todesalter schätzen. Elefanten haben im Laufe ihres Lebens zwar, wie die meisten Säugetiere, sechs Backenzähne in jedem der vier Kieferäste. Höchstens zwei pro Kieferhälfte sind aber gleichzeitig vorhanden. Bei der Geburt besitzen Elefantenkälber den ersten und den zweiten Backenzahn. Der erste ist etwa so groß wie eine Streichholz-, der zweite hat die Ausmaße einer Zigarettenschachtel. Durch das Kauen werden die Backenzähne abgewetzt. Außerdem bewegen sie sich gegen das vordere Kieferende, wo sie lamellenweise abbrechen. Der erste Backenzahn verschwindet auf diese Weise im Alter von 3 bis 4 Jahren, der zweite mit 6 bis 7 Jahren. Zwischen dem 3. und 13. Lebensjahr ist der dritte Backenzahn im Einsatz, zwischen dem 6. und 26. Altersjahr der vierte. Der fünfte ist zwischen dem 16. und 43. Lebensjahr im Gebrauch, und der 6., der letzte, erscheint mit 33 Jahren. Er hat die Größe eines Bauziegels. Im Alter von 65 Jahren wäre auch er verschwunden.

Kein einziger Schädel, den wir fanden, trug nur die sechsten Backenzähne. Das heißt, die Elefanten, deren Skelette wir fanden, starben, bevor sie 43 Jahre alt wurden. Der älteste mußte mit rund vierzig Jahren gestorben sein. Alle anderen waren jünger, im Durchschnitt gut dreißigjährig. Dies bedeutet, daß die Weibchen, welche ein fortpflanzungsfähiges Alter erreichen, während durchschnittlich zwanzig Jahren Junge gebären und aufziehen können. Diese Zeit reicht aus, um höchstens fünf Nachkommen zu produzieren, eines mehr als die vorhin geforderten vier, die nötig sind, um wenigstens ein Weibchen, das fortpflanzungsfähig wird, zu hinterlassen. So gesehen, verzeichnen die Herden von Lahugala und Yala einen bescheidenen Bestandeszuwachs. Dabei müssen wir aber bedenken, daß diese Überlegungen aufgrund der Annahme gemacht werden, daß kein einziges Junges unmittelbar nach der Geburt stirbt, was ja nicht stimmt.

In Yala lassen die Herdenzählungen auf eine erstaunlich kleine Säuglingssterblichkeit von lediglich 7 Prozent schließen. Sie ist praktisch zu vernachlässigen. In Lahugala und Wilpattu dagegen beträgt sie 30 und in Gal Oya gar rund 50 Prozent.

Um zu erkennen, was eine hohe Säuglingssterblichkeit für die Fortpflanzungsleistung des Bestands bedeutet, vergleichen wir hier zwei Kühe, deren Nachkommen unterschiedliche Schicksale erleben. Die erste, stellvertretend für den Elefantenbestand von Yala, bringt alle ihre Jungen durch, bis sie vierjährig sind. Dazu braucht sie, wie schon erwähnt, 16 Jahre. Das heißt, daß sie mit 26 diesen Sollwert erreicht hat.

Die zweite Elefantenkuh, stellvertretend für den Elefantenbestand von Gal Oya, wo 50 Prozent der Säuglinge kurz nach der Geburt sterben, braucht logischerweise mehr Zeit, um vier Junge bis ins Alter von vier Jahren aufzuziehen, nämlich zwanzig. Denn: Stirbt ein Kalb unmittelbar nach der Geburt, so dauert es zwar nur zwei Jahre bis zur nächsten Niederkunft; also liegen sechs Jahre zwischen den Geburten, bei denen Kälber auf die Welt kommen, die überleben. Da jedoch jedes zweite Kalb stirbt, mißt der durchschnittliche Geburtenabstand nicht vier, sondern fünf Jahre. Das heißt, die Kuh, deren Kälber zur Hälfte bereits als Säuglinge sterben, braucht wenigstens 19 Jahre, um den Sollwert von vier wenigstens vierjährigen Kälbern zu erreichen. Sie muß also 29 Jahre alt werden. Damit nähert sie sich aber schon »gefährlich« dem durchschnittlichen Höchstalter von 30 Jahren. Berücksichtigt man außerdem, daß Jungtiere kurz nach dem vierten Lebensjahr einer erhöhten Sterblichkeit von etwa 30 Prozent ausgesetzt sind, so kann man schließen, daß Kühe in Gebieten mit hoher Säuglingssterblichkeit nicht alt genug werden, um mit Sicherheit ein Weibchen zu hinterlassen, das ein fortpflanzungsfähiges Alter erreicht.

1989 hat mein Kollege Raman Sukumar anhand von 90 tot aufgefundenen Weibchen die Überlebenschancen von Elefantinnen in Südindien genauer berechnet. Er kam zu ähnlichen Ergebnissen wie ich: 40 Prozent sterben im Alter zwischen 10 und 15 Jahren, und lediglich 45 Prozent werden älter als 15 Jahre.

Ein Elefantenbestand muß also, um über Generationen bestehen zu können, Mittel und Wege finden, die Säuglingssterblichkeit möglichst gering zu halten. Zum ersten sind es soziale Mechanismen. Sie garantieren nicht nur den Schutz der Jungtiere durch alle Herdenmitglieder, sondern auch, daß bestimmte Kühe anderen Geburtshilfe liefern. Schließlich werden zur Jungenaufzucht nicht benötigte Tiere, vor allem erwachsene Bullen, vom Bereich der Mutterfamilien ferngehalten, und zwar durch Musthbullen. So entsteht keine Futterkonkurrenz zwischen säugenden Muttertieren und Bullen. Diese Mechanismen funktionieren aber nur in geeigneten Lebensräumen richtig. Deshalb werde ich im nächsten Kapitel die ökologischen Bedürfnisse der Elefanten beschreiben.

ELEFANTENALLTAG

Zwischen September 1968 und Februar 1969 hielt sich die Südherde von Yala in einem etwa zwanzig Kilometer langen und fünf bis zehn Kilometer breiten Küstenstreifen auf, den wir als Beobachtungsgebiet auswählten. Unterteilt man dieses Gebiet in drei Sektoren, einen Ost-, einen Mittel- und einen Westsektor, und trägt darin die Standorte einzelner Gruppen und Bullen ein, so wird die räumliche Verteilung auf einen Blick klar. Säuglingsgruppen hielten sich vor allem im Ostsektor auf, gelegentlich auch im Mittelsektor. Juvenilgruppen trafen wir besonders im Mittelsektor, relativ häufig auch im Ost-, aber seltener im Westsektor an. Musthbullen hielten sich im Ost- und Mittelsektor und seltener im Westsektor auf. Erwachsene Bullen, die nicht in Musth waren, traten zwar in allen Sektoren auf, im Mittel- und Westsektor aber vergleichsweise häufig.

Die drei Sektoren unterschieden sich unter anderem durch ihr Angebot an Futter und Wasser. Der Ostsektor wird durch den einzigen Fluß im Gebiet, den Menik Ganga, begrenzt. Er ist ohnehin das wasserreichste der drei Gebiete: Der Monsunregen setzt hier im September drei Wochen früher ein als im westlichen Drittel des Beobachtungsgebietes. Das flußnahe Drittel umfaßt 25 Wasserlöcher. Der mittlere Sektor lediglich 7, der westliche 8. Von diesen 7 oder 8 Wasserstellen werden nicht einmal alle von Elefanten benutzt. Der Grund dafür sind offenbar die zahlreichen Wasserbüffel.

Padikema, ein Felsloch, und Heenwewa, ein großes, tiefes künstliches Wasserloch, wurden auch während der Trockenzeit regelmäßig von Bullen und Herden besucht. Diese »günstigen« Wasserstellen benutzten ebenfalls dreißig bis vierzig Wasserbüffel. Die beiden künstlichen Wasserlöcher Deganwala und Rakinawala wurden regelmäßig von Bullen und selten von Herden aufgesucht, aber von immerhin 80 Wasserbüffeln: 60, 90, 120 und gar 200 Büffel suhlten sich regelmäßig in Palugaswala I, Urenyawala, Debragaswala und Jamburagala. Diese Wasserlöcher, die stark von Büffeln verschmutzt waren, wurden nie von Herden und nur selten von Bullen besucht.

Nicht nur das Wasser, sondern auch das Nahrungsangebot war im Ostsektor besser als in den beiden anderen. Dies läßt sich aus den pflanzensoziologischen Kartierungen ablesen, die Dieter Müller-Dombois, der Botaniker des Smithsonian-Teams in Yala, 1968 und 1970 angefertigt hat.

Bevorzugte Äszonen der Elefanten sind Gras- und offene Buschzonen. Im Ostsektor umfassen sie 24 Prozent der gesamten Fläche, im Mittel- und Westsektor nur je 12 Prozent, also lediglich halb soviel. Einer der bevorzugten Bäume, *Feronia limonia,* wächst nur im Ostsektor in größeren Beständen.

Der Ostsektor bringt aber noch einen anderen wesentlichen Vorteil. In ihm treten die verschiedenen Pflanzengesellschaften meist kleinräumi-

ger auf als in den anderen Sektoren: Sie bilden ein Mosaik aus kleinen Einzelflächen. Zusammen mit den reichlich vorhandenen Wasserstellen formen sie einen Lebensraum, in dem kein wichtiger Bestandteil weit vom anderen entfernt ist. Der Weg vom schützenden Wald oder Busch, wo Elefanten tagsüber oder bei Regen fressen, in die nächste offene Savanne, wo sie meist abends und nachts ihr Futter finden, ist kurz. Kurz ist auch der Weg zum Bade- und Trinkplatz, zu den Scheuerbäumen und Ruheplätzen. Im Ostsektor läßt es sich für Elefanten bequem leben.

Wir haben versucht, eine Anzahl von Elefantenrouten möglichst genau zu kartieren. Dabei gingen wir folgendermaßen vor: Solange sich eine Gruppe in übersichtlichem Gelände befand, wurden ihre Bewegungen direkt in Karten eingezeichnet. Verzog sie sich jedoch in unübersichtliches Gelände, brachen wir vorübergehend die Beobachtungen ab. Wir verfolgten die Elefanten also nicht, weil wir sie nicht stören wollten und auch unsererseits gerne auf »Störungen« durch eine Leitkuh oder einen Musthbullen verzichteten.

War eine Gruppe plötzlich verschwunden, so wechselten wir gemäß den Angaben von Pydase, unserem Spurenleser, zu einem günstigen Standort und warteten dort, bis die Elefanten wieder auftauchten. Verließen wir die Gruppe am späten Abend, so schritten oder fuhren wir am nächsten Morgen ihre Spuren ab und kartierten deren Verlauf. Die Säuglingsgruppen verschieben sich im Ostsektor täglich um einen bis drei Kilometer. Das sind die kürzesten Routen, die wir fanden. Auf der Karte erscheinen sie als wirre Knäuel, weil die Säuglingsgruppen im Ostsektor fast immer um einige ausgewählte Wasserstellen »pulsieren«. Die Juvenilgruppen, deren Routen wir besonders im mittleren und westlichen Sektor vermaßen, »nomadisieren« dagegen viel mehr von einem zum anderen Wasserloch. Die täglich zurückgelegte Marschdistanz beträgt drei bis acht Kilometer. Bullen legen täglich gelegentlich bis zu 15 Kilometer zurück.

Soweit hatte sich die Vermutung bestätigt, daß das Angebot an Futter- und Trinkplätzen sowie anderen lebenswichtigen Gegebenheiten und der Grad ihrer Durchmischung die Routenlänge bestimmen. Nun erschienen aber Juvenilgruppen gelegentlich auch im günstigen Ostsektor und umgekehrt Säuglingsgruppen im ungünstigen Mittelsektor. Juvenilgruppen waren dabei immer mobiler, obwohl sie im Ostsektor kürzere Tagesmärsche machten als im Mittelsektor und Säuglingsgruppen im Mittelsektor täglich weiter zogen als im Ostsektor. Daraus schließe ich: Nicht allein die Umwelt bestimmt die Mobilität einer Gruppe.

Denkbar wäre, daß schon die Größe eines Verbandes seine Tagesroute und damit die mittlere »Reisegeschwindigkeit« beeinflußt. Große Verbände sind wahrscheinlich langsamer als kleine und diese langsamer als Einzelbullen. George McKay hat 1973 aus Gal Oya berichtet, daß fressende Einzelbullen pro Stunde 10 bis 1500 Meter zurücklegen. Gruppen aus Weibchen und ihren Nachkommen dagegen nur 10 bis höchstens 300 Meter.

Die gemächliche Verschiebung der Säuglingsgruppen beruht vor allem auf der Tatsache, daß Neugeborene wenig Zeit mit Futtervorbereitung und Fressen verbringen, da sie ja gestillt werden. Allerdings schlafen sie mehr als ältere Elefanten, und Spielen ist ein wesentlicher Bestandteil ihres Alltags. Kurz: Neugeborene und Säuglinge unterscheiden sich auch aufgrund ihres Aktogramms von anderen Mitgliedern der Gruppe.

Wenn Gefahr droht, massieren sich Elefantengruppen zu einem »Igel«, zu einer Abwehrformation, bei der die Kälber im Zentrum stehen.

Dies läßt sich beweisen – jedenfalls für die Zeitspanne zwischen 7 Uhr früh und 19 Uhr abends. Während dieser zwölf Stunden notierte ich für rund hundert Beobachtungsstunden stichprobenartig die jeweilige Aktivität – Fressen, liegend Schlafen und stehend Dösen, Baden, Sozialverhalten, Gehen und Stehen – für folgende Alters- und Geschlechtsklassen: Säuglinge, Juvenile, Halbwüchsige, subadulte Weibchen, adulte Weibchen, subadulte Männchen, adulte Männchen.

Säuglinge sind während 24 Prozent des Tages mit der Futteraufnahme beschäftigt. Bei Juvenilen beträgt der Anteil 37 Prozent, bei Halbwüchsigen 43, bei subadulten Weibchen 47, bei adulten Weibchen 42, bei subadulten Bullen 41 und bei adulten Bullen 37 Prozent. Für das Baden sehen die Zeitanteile folgendermaßen aus: Säuglinge 16, Juvenile 17, Halbwüchsige 18, subadulte Weibchen 21, adulte Weibchen 18, subadulte Bullen 14 und adulte 22 Prozent. Für soziales Verhalten benötigen Säuglinge 17 Prozent, Juvenile 10, Halbwüchsige 12, subadulte Weibchen 3, adulte Weibchen 10, subadulte Bullen 20 und adulte Bullen 22 Prozent. Säuglinge verschlafen 12 Prozent des Tages, Juvenile 11, Halbwüchsige 1, subadulte Weibchen 5, adulte Weibchen 4, subadulte Bullen nur 2 und adulte Bullen nur 1 Prozent.

Wie Elefanten den 24-Stunden-Tag verbringen, konnten wir in der Peel Khana anläßlich der Khedda von Kakankote beobachten. Während 24 Stunden notierten wir das Verhalten von sieben Kälbern im ersten Lebensjahr, sieben Juvenilen, sechs Halbwüchsigen und fünf Elefanten im Alter von schätzungsweise zehn bis dreißig Jahren. Sicher entspricht das Verhalten dieser gefesselten, nervösen und aufgeregten Tiere nicht demjenigen ungestörter Wildelefanten. Die Unterschiede zwischen alten und sehr jungen Tieren wurden trotzdem deutlich, jedenfalls, was die Schlaf- und Freßperiode betrifft. Baden und trinken konnten sie allerdings nur, wenn sie zum Fluß geführt wurden. Fressen dagegen konnten sie praktisch zu jeder Zeit. Während eines vollständigen Tages verbrachten Säuglinge 4 Stunden und 48 Minuten oder 20 Prozent der Zeit mit Schlafen. Juvenile verbrachten damit 18, Halbwüchsige 13, subadulte und adulte Elefanten lediglich 11 Prozent, also 2 Stunden und 37 Minuten. Säuglinge fraßen während 4 Stunden und 21 Minuten oder 18 Prozent der Zeitspanne. Dieser Wert ist deshalb hoch, weil die Tiere nicht mehr gestillt wurden. Sie mußten sich ihre Nahrung aus hingeworfenen Gräsern selbst vorbereiten. Dazu erhielten sie einen gekochten Brei aus Reis, Milch und Wasser. Juvenile und Halbwüchsige verbrachten 17 Prozent des 24-Stunden-Tags mit der Futteraufnahme. Subadulte und Adulte aber 9 Stunden und 10 Minuten, also 38 Prozent.

Der Vollständigkeit halber muß ich hier erwähnen, daß diese Zeitangaben für die Nahrungsaufnahme sehr gering erscheinen, verglichen mit anderen Ausführungen dazu in diesem Buch. Dies liegt an folgendem: Bei den oben beschriebenen Aktogrammen zählte ich die Zeit, die Elefanten damit verbrachten, ihr Futter aufzusuchen, nicht als »Fressen«, sondern als »Gehen und Stehen«. Dies ändert aber nichts an der Tatsache, daß Säuglinge für das Fressen bedeutend weniger Zeit investieren als Adulte. Säuglinge brauchen dagegen viel mehr Zeit für Ruhen und Schlafen. Dies trifft für wildlebende Elefanten ebenso zu wie für frisch gefangene.

Nun unterscheiden sich einzelne Altersklassen aber nicht nur dadurch, daß sie bestimmten Aktivitäten unterschiedlich viel Zeit widmen. Unterschiede bestehen auch darin, daß sie nicht alle während derselben Tageszeiten dieselbe

Aktivität zeigen. Dazu zwei Beispiele: Säuglinge schlafen auch tagsüber, am häufigsten am Vormittag. Juvenile legen sich ebenfalls gelegentlich zum Schlafen auf den Boden, allerdings am frühen Nachmittag. Liegen erwachsene Bullen ab, so geschieht dies am Vormittag. Erwachsene Kühe schlafen am Mittag und während der frühen Stunden des Nachmittags.
Tiere der aufgeführten Altersklassen baden ziemlich gleich häufig. Säuglinge allerdings oft am Nachmittag, erwachsene Bullen und subadulte Weibchen besonders am Vormittag.
Unterschiedliche Gewohnheiten fallen besonders beim Schlafen auf. Ein Beispiel aus dem Züricher Zoo: Die am 13. Februar 1989 geborene Panang schlief liegend im Alter von 5 Monaten 8 Stunden pro Tag und legte sich gelegentlich schon am späten Nachmittag hin. Unterbrach sie den Schlaf später, störte sie regelmäßig Ceyla, ihre Mutter, die sich, wie andere erwachsene Elefanten in Menschenobhut, erst nach Einbruch der Nacht hinlegte. Ceyla lag damals, so berichtet Irene Tobler 1992, knapp halb so lange wie Panang. Bis zu einem gewissen Grad konnte sie die eingebüßte Nachtruhe kompensieren. Sie schlief ganz einfach im Stehen und kam so auf eine Ruheperiode von fünfeinhalb Stunden. Auch Elefantin Druk, welche die Nacht unmittelbar neben dem Gehege von Ceyla und Panang zubrachte, legte sich nur selten hin. Es heißt, dies sei wegen einer Fußverletzung gewesen. Möglicherweise gab es auch einen anderen Grund, der zu kurzem Schlaf im Liegen führte. Druk hat nämlich seinerzeit Ceyla bemuttert und spielte später Amme, als diese ihr erstes Kalb, Komali, setzte.
Von wildlebenden Elefanten habe ich ja berichtet, daß Ammen geradezu zwanghaft Muttertiere unterstützen und sich um den »fremden« Nachwuchs kümmern, sich also »altruistisch« verhalten. Für moderne Verhaltensforschung gilt aber: Altruistisches Verhalten richtet sich nicht generell auf Artgenossen, sondern speziell auf Verwandte und unterstützt so in diesen die eigene genetische Grundlage. Druk stammt jedoch aus Bhutan, Ceyla aus Sri Lanka und der Vater von Komali und Panang aus Thailand.
Besonders enge Verwandtschaft konnte auf Grund von Verhaltensstudien auch bei Wildelefanten, die sich gegenseitig unterstützen, nicht in allen Fällen nachgewiesen werden. Entweder trifft für die Tierriesen die Theorie der Kin-Selection (Verwandten-Selektion) nicht zu, oder alle Mitglieder einer Herde sind von Natur aus sehr eng verwandt. Genetische Untersuchungen sprechen eindeutig für letzteres.
Zwar gelang es den Japanern K. Nozawa und T. Shotake 1989 auf Grund von Untersuchungen an Blutproteinen, den Ceylonelefanten genetisch von Festlandformen eindeutig zu unterscheiden. Unterschiede zwischen südindischen und thailändischen Elefanten sind dagegen kaum auszumachen. Das bestätigen auch die Untersuchungen von Günther Hartl und mir an Zoo- und Zirkuselefanten. Wenn dem so ist, dann müssen die Herden wahrscheinlich aus genetisch noch ähnlicheren und damit sehr eng miteinander verwandten Mitgliedern bestehen. Das ahnte bereits 1861 Emmerson Tennent: »Eine Elefantenherde ist eine Familie«, behauptet er und liefert folgende Hinweise: »In einer gefangenen Herde von 21 Tieren hatten alle die gleiche Rüsselform, in einer anderen von 31 Tieren alle die gleiche Augenfarbe.« So gesehen spielt es also keine Rolle, ob wilde Elefanten sich um »ihren« oder um »fremden« Nachwuchs kümmern. Sie schützen damit ohnehin das »eigene« genetische Material. Viele der »altruistischen« Verhaltensweisen garantieren den Herdenzusammenhalt. Davon soll jetzt die Rede sein.

Im Zentrum der Gruppen halten sich die jüngsten Nachkommen und ihre Mütter auf. Die bestimmen den jeweiligen Standort: den Ort, wo die ergiebigsten Futterpflanzen wachsen. Ältere Nachkommen, subadulte und adulte Weibchen, die trächtig sein können, sowie jüngere Bullen werden von den zentral stehenden Müttern an die Peripherie verdrängt. Dies kann dazu führen, daß solche Satelliten, die aus irgendeinem Grund bei der Gruppe bleiben wollen oder müssen, abseits von Futterpflanzen stehen. Um ins Zentrum zu gelangen, bedienen sie sich eines einfachen Tricks. Sie füttern die Kälber der tonangebenden erwachsenen Weibchen im Zentrum: Das heißt, sie lassen sich von ihnen vorbereitetes Futter klauen, vorgekautes aus dem Mund nehmen oder schieben dem Jungtier eine Portion Futter ins Maul. Die zwei- bis dreijährige Tochter von Wepa (Nr. 18) beispielsweise wurde von der meist peripher stehenden, trächtigen Deniya (Nr. 21) gefüttert, ebenso von den subadulten Weibchen Schön und Klein. Klein fütterte auch Noras Sohn. Wepas Tochter wurde sogar von zwei jungen Bullen gefüttert, als Wepa brünftig geworden war und sich die beiden sonst mit Rüsselstößen heftig zurückgewiesenen Männchen für Wepa zu interessieren begannen und deshalb möglichst nahe bei ihr stehen wollten.

Das Füttern von Jungtieren spielt auch bei Verschiebungen über größere Distanzen eine Rolle. Eingeleitet werden sie durch Initialmärsche: Eine erwachsene Kuh durchschreitet mit erhobenem Kopf die Gruppe, passiert dabei gelegentlich bestimmte andere Weibchen und versucht so, diese zum Aufbruch zu bewegen. Schließlich zieht sie rasch über eine Strecke von fünfzig oder mehr Metern davon. Die Gruppenmitglieder rücken zusammen und folgen ihr in einem einfachen Muster: zuerst die Kälber, dann die anderen adulten und subadulten Weibchen.

Manchmal verlaufen solche Initialmärsche als komplizierte Wendemanöver. Denn die einzelnen Gruppenmitglieder entfernen sich beim Äsen oft beträchtlich voneinander und schlagen dabei Richtungen ein, die nicht mit der geplanten Route der Leitkuh übereinstimmen. In solchen Fällen durchschreitet die Leitkuh den Verband in der von diesem eingeschlagenen Richtung und zieht ihn vorerst in der für sie falschen Richtung nach. Doch dann wendet sie plötzlich scharf in die von ihr gewählte Richtung und bringt so die Gruppe auf den »richtigen Kurs«. Initialmärsche und Wendemanöver haben nicht jedesmal Erfolg. Die Gruppe kann auch stehenbleiben oder anderen Initiativen folgen. Eines kann die Initialkuh aber regelmäßig verzeichnen: Ihr Junges folgt ihr immer, und zwar sehr rasch – aus einem einfachen Grund: Es wird von ihr gewissermaßen erpreßt. Kurz vor und vor allem nach einem Initialmarsch wird es gesäugt und/oder mit vorbereitetem Futter gefüttert. Wepa (Nr. 18) beispielsweise hatte

Mütter kontrollieren ihre Kinder häufig mit dem Rüssel und schieben ihnen gelegentlich sogar vorgekautes Futter ins Maul.

ihre zwei- bis dreijährige Tochter praktisch schon entwöhnt. Jedenfalls ließ sie sie während 515 Beobachtungsminuten nur viermal für etwa 15 Sekunden trinken, das heißt rund alle zwei Stunden einmal. Futter stehlen ließ sie sich während dieser Zeit nur dreimal. 33mal beobachtete ich sie und ihre Tochter bei Initialmärschen und Wendemanövern, die Wepa eingeleitet hatte. 17mal wurde die Tochter dabei gestillt, 7mal gefüttert. Genauso verhielten sich auch andere Kühe, die zwei- bis dreijährige Junge führten. Nora (Nr. 19) und Kurz (Nr. 15) ließen während je zwölf Beobachtungsstunden ihre Kälber lediglich sechs- beziehungsweise viermal trinken. Kurz ließ ihren Sprößling nur zweimal Futter stehlen, Nora sogar nie. Vor und nach ihren eigenen Initialmärschen und Wendemanövern haben aber beide Weibchen ihre Söhne gestillt und gefüttert.

Stillen und Füttern erhalten also bei älteren Kälbern eine wichtige Bedeutung im Zusammenhalt zwischen Mutter und Kind. Eingeübt wird das gehorsame Nachfolgen bereits mit Halbjährigen. Diese trinken links oder rechts während 25 bis 55, im Mittel 40 Sekunden. Doch ungefähr jedes vierte Mal unterbricht die Mutter durch einen Vorwärtsschritt nach 5 bis 15 Sekunden das Säugen und läßt das Junge ihr nachlaufen. Dann wird das Junge belohnt: Es darf weitertrinken.

Bei rund einjährigen Kälbern unterbricht die Mutter bereits in acht von zehn Fällen das Säugen und ermuntert ihren Sprößling so, ihr zu folgen. Gehorsam wird aber auch auf andere Weise geübt. Durch zwei Lautsignale, die auch beim Stillen abgegeben werden, fordern Elefantenmütter ihren Nachwuchs auf, ihnen zu folgen. Sie schlagen mit ihren großen Ohren hörbar gegen den Nacken und »grollen«. Der Grolllaut ähnelt dem Geräusch eines Dieselmotors. Auf welch große Entfernungen er wirkt, habe ich 1980 im Mudumalai-Reservat von Tamil Nadu erfahren: Dort lebten damals zwei Kühe, die je ein zwei- bis dreijähriges in Gefangenschaft geborenes Kalb führten. Die beiden Erwachsenen sollten wieder zur Arbeit geführt und die Kälber trainiert werden. Also wurden Mütter und Kinder tagsüber getrennt. Die Kälber wurden im Camp zurückgehalten, die Mütter in den Dschungel geführt. Im Camp brüllten die Jungen, im Dschungel riefen die Mütter gelegentlich mit Grollauten nach den Jungen. Eines Tages konnten sich die beiden Kälber im Camp befreien und rannten schnurstracks und auf kürzestem Weg zu ihren im Dschungel angebundenen Müttern. Die Distanz betrug ein- bis anderthalb Kilometer. Weder haben die Kälber dabei den Weg benutzt, auf dem ihre Mütter in den Wald geführten wurden, noch wußten sie, wo sich ihre Mütter aufhielten. Gefunden haben sie sie ausschließlich aufgrund der Kontaktlaute. Jedes der beiden Jungen lief zu seiner Mutter. Auch in diesem Fall wurden die Jungen unmittelbar nach ihrem Eintreffen gestillt.

Inzwischen wissen wir bedeutend mehr über Kontaktlaute der Elefanten. Mehr als 30 wurden inzwischen beschrieben. Die meisten davon können menschliche Ohren nicht einmal hören, denn sie verzeichnen in der Regel nur Frequenzen von 20 bis 20 000 Hertz. Elefanten unterhalten sich aber häufig mit tiefen Tönen zwischen 13 und 24 Hertz, die mit 85 bis 90 Dezibel sehr laut sind, lauter als jedes menschliche Gespräch (rund 65 Dezibel) und fast so laut wie Rockmusik in der Disco (120 Dezibel). Derartig energiereiche Infraschallaute sind kilometerweit zu hören.

Entdeckt wurden sie 1984 von Katy Payne und zwar an Asiatischen Elefanten im Zoo von Portland. Wie energiereich diese tiefen, für menschliche Ohren oft nicht einmal wahrnehmbaren Schallwellen sind, kann man bei zahmen Elefanten in Zoo oder Zirkus abschätzen. Man muß lediglich die flache Hand etwa 10 Zentimeter über die Rüsselansatzstelle eines »grollenden« Elefanten halten. Die Handfläche beginnt dann zu zittern. Zu zittern begannen auch Elefantenfänger am ganzen Leib, wenn sie sich in unmittelbarer Nähe wilder Herden aufhielten. Dieses Phänomen, so schreibt Pat Stracey, heißt in Assam Hathi jokar. Es ist zwar seit Jahrhunderten bekannt. Doch niemand wußte, daß es sich dabei um übertragene Schwingungen von für Menschen unhörbaren Kontaktlauten handelte. Und so wurden in Feldstudien vor allem Kontaktverhalten beschrieben, die man vor allem in den Mutterfamilien sehen kann.

Ältere Jungen werden nicht mehr gestillt, sei es, weil die Mutter wiederum trächtig ist und deshalb keine Milch mehr produziert, sei es, weil das Junge nicht mehr trinken will. Trotzdem funktioniert der Kontakt zwischen beiden noch. Weiß (Nr. 22) verlor ihr Kalb und zog mit ihrem viereinhalbjährigen Sohn in Juvenilgruppen. Folgte er gehorsam ihren Initialmärschen, so »belohnte« sie ihn mit Mundkontakten. Das heißt: Sie ließ sich von ihm mit seinem Rüssel im Mund betasten und umgekehrt. Das »Rüssel-in-den-Mund-Legen« ist mehr als Geruchskontrolle. Marion Garai fand in ihren Studien 1989, daß diese Verhaltensweise am häufigsten zwischen den angriffslustigen und ranghöchsten Elefanten vorkommt. Wahrscheinlich teilen sie sich damit freundliche Absichten mit. So gesehen hätte dieses Ritual aggressionshemmende Wirkung. Entstanden ist es sicher aus dem Füttern des Partners.

Jedenfalls füttern sich auch Erwachsene, wenn bestimmte, von den Elefanten als gefährlich erachtete Situationen den Zusammenschluß der Gruppe erfordern. Das heißt, wenn die Gruppen einen »Igel« bilden, einen Schutzverband, in dem die Adulten und Subadulten Körper an Körper stehen, die Kälber zwischen, hinter oder unter ihnen.

Ein Beispiel: Wepa (Nr. 18), ihre zwei- bis dreijährige Tochter Nora (Nr. 19) mit ihrem gut zweijährigen Sohn sowie die beiden subadulten Töchter Schön (Nr. 16) und Klein (Nr. 17) bewegten sich langsam und fressend am Rand der Buttuwa-Ebene, als sie plötzlich Wind von einem Sambarkadaver erhielten. Aufgeschreckt wurden sie zudem von Schakalen, die von den Resten eines von einem Leoparden getöteten Hirsches fressen wollten. Wepa warnte mit einem heftigen Rüsselschlag auf den Boden und grollte. Alle Tiere drängten zu ihr. Die beiden Kälber standen sofort zwischen und hinter den beiden Müttern. Plötzlich wollte Nora aus dem Schutzverband preschen und die Schakale am Kadaver vertreiben. Doch Wepa hielt sie blitzschnell mit dem Rüssel zurück und fütterte sie anschließend mit Gras, das sie ihr ins Maul schob. Wepa leitete schließlich den Rückzug ein. In diesem Beispiel verhielt sich Wepa als Leitkuh: Sie organisierte den »Igel«, hielt ihn zusammen und löste ihn schließlich wieder auf.

Innerhalb der erwähnten Sechsergruppe, die zwischen September 1968 und Februar 1969 sehr stabil war, obwohl sie sich gelegentlich mit anderen Gruppen vermischte, war Wepa das dominierende Weibchen. Dies sah man bereits, wenn sich die Gruppe langsam äsend verschob. Zwei von drei kurzräumigen Verschiebungen leitete Wepa, aber nur eine von drei Nora ein. Wepa war auch bei ihren Initialmärschen erfolgreicher. In neun von zehn Fällen folgte die Gruppe ihren Routenvorschlägen. Nora, die übrigens gleich häufig Routeninitiativen vortrug, mußte in einem von drei Fällen in die

Seite 180/181: Meist ziehen zwei oder mehr befreundete Elefantenmütter ihre Säuglinge gemeinsam auf. Das erleichtert vieles. So können sie sich zum Beispiel abwechseln, wenn der Nachwuchs beim Baden bewacht werden muß.

Gruppe zurückkehren, weil ihr außer ihrem Sohn niemand folgte. Das gleiche Verhältnis zwischen erfolgreichen und erfolglosen Initialmärschen ermittelte ich auch, wenn Wepa und Nora mit ihrem Anhang in größeren Gruppen standen, beispielsweise zusammen mit Weiß, Kurz und Krabbe und deren Nachkommen.

Wepa war eindeutig älter als Nora, vielleicht war sie sogar deren Mutter. Möglicherweise waren Schön und Klein ältere Töchter Wepas beziehungsweise Noras und die sehr stabile Sechsergruppe eine Großfamilie mit Großmutter, Mutter und Nachkommen, eine soziale Einheit.

Bei einer zweijährigen Feldstudie lassen sich solche Fragen leider nicht beantworten. Wir entdeckten lediglich die sanfte Diktatur des ältesten und wahrscheinlich erfahrensten Tiers. Diese Hypothese klingt vernünftig. Sie stimmt aber nicht. Jedenfalls nicht immer.

Weiß zum Beispiel war, als sie ihr Neugeborenes führte, eine sehr dominierende Persönlichkeit. Dann starb ihr jüngstes Kind. Mit dem älteren Tusker Zack ging sie in Juvenilgruppen. Ihre Initialmärsche hatten, obwohl sie sicher eine ältere Dame war, höchstens zur Hälfte Erfolg. Ebensooft bemühte sich Bauchpunkt (Nr. 7), allerdings häufig erfolglos, die Gruppe, in der sie sich jeweils befand, in der von ihr gewünschten Richtung zu bewegen. Auch sie führte ein Junges, allerdings einen flegelhaften Sohn, der meist am Rande der Gruppe herumlümmelte und sich mehr für Termitenhaufen, Wildschweinrotten, Krokodile, Hasen und Bengalwarane interessierte als für die Verschiebungsmanöver seiner Gruppe. Kurz (Nr. 15), Krabbe (Nr. 9) oder Komor (Nr. 8) waren jüngere Weibchen. Trotzdem waren ihre Initialmärsche erfolgreicher als diejenigen, die Weiß und Bauchpunkt unternahmen.

Sie führten aber auch jüngere Nachkommen als die beiden alten Weibchen, Nachkommen, die in den Juvenilgruppen im Zentrum standen und, wenn sie den Initialmärschen ihrer Mütter folgten, die anderen Jungtiere des Gruppenkerns mit sich zogen. Damit wurden häufig auch die Verschiebungen der anderen Gruppenmitglieder eingeleitet. Aber nicht immer: Elefantenmütter haben, wie an anderer Stelle schon erwähnt, durchaus die Möglichkeit, ihre Kinder zu sich zu rufen und so einen Initialmarsch einer anderen Kuh abzublocken beziehungsweise sich und ihren Anhang von der Gruppe zu lösen.

Aus dem bisher Gesagten geht hervor, daß jede erwachsene Kuh Initialmärsche unternehmen und damit Teile der Tagesroute vorschlagen kann. Sie hat damit vermutlich Erfolg, wenn auch andere erwachsene Weibchen der Gruppe in die von ihr vorgeschlagene Richtung ziehen wollen und früher oder später denselben Verschiebungsvorschlag gemacht hätten. Gruppen verschieben sich also nicht, weil ein ganz bestimmtes Weibchen sie dominiert, sondern gewissermaßen als demokratische Leistung verschiedener Absichten. »Überstimmte« Tiere folgen der Gruppe so lange, bis sie in eine andere wechseln können. Wechsel ereignen sich meist nur dann, wenn Gruppen nahe zusammenstehen. Routenziele sind nicht nur Futterplätze, Wasserstellen oder Ruheorte. Sie können auch von den Standorten anderer Gruppen beeinflußt werden.

Treffen sich zwei Juvenilgruppen, dann durchdringen oder vermischen sie sich und bilden neue Gruppen. Nur einmal habe ich beobachtet, daß eine Juvenilgruppe eine andere zum Ausweichen zwang. Säuglingsgruppen durchdringen oder vermischen sich bei Begegnungen. Spannender wird die Sache, wenn sich eine

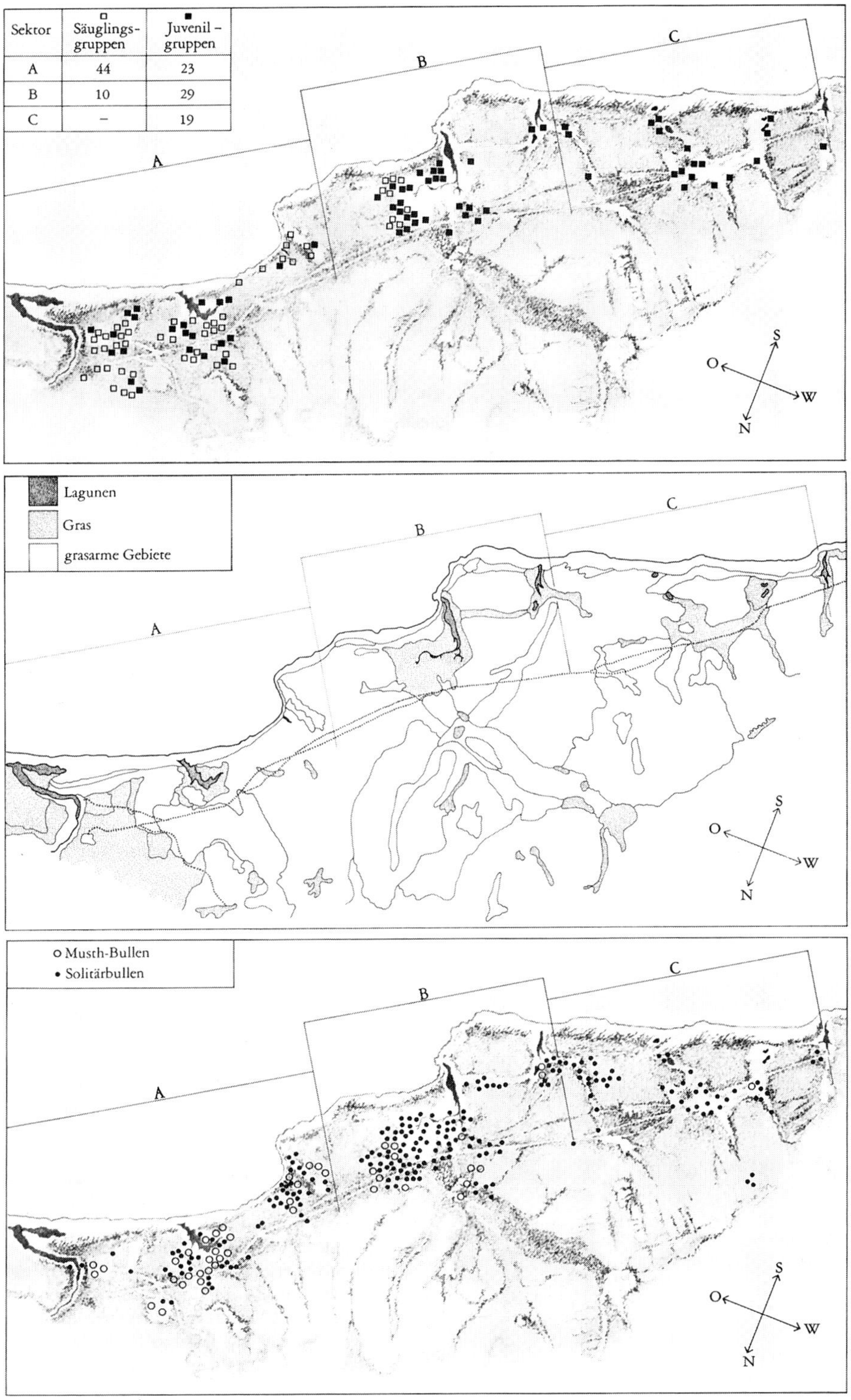

Verteilung der Säuglings- und Juvenilgruppen (oben) sowie der Musth- und Solitärbullen (unten) im Yala-Nationalpark auf Sri Lanka. Das Gebiet ist im Osten gras- und wasserreicher als im Westen (Mitte). Säuglingsgruppen halten sich in »besseren« Gebieten auf als Juvenilgruppen und Musthbullen häufiger in Gebieten mit Weibchen-Jungtiergruppen als Solitärbullen. (Zeichnung: Marcus Hodel)

Routen von Säuglingsgruppen

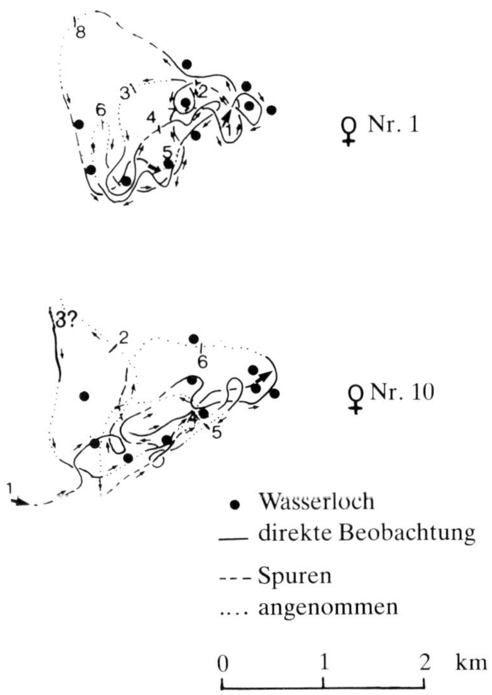

Routen von zwei verschiedenen Säuglingsgruppen (1967). Oben: Gruppe mit Weibchen Nr. 1 zwischen dem 28. 9. (1) und dem 5. 10. (8); unten: Gruppe mit Weibchen Nr. 10 zwischen dem 6. 10. (1) und dem 11. 10. (6).

Routen von Juvenilgruppen

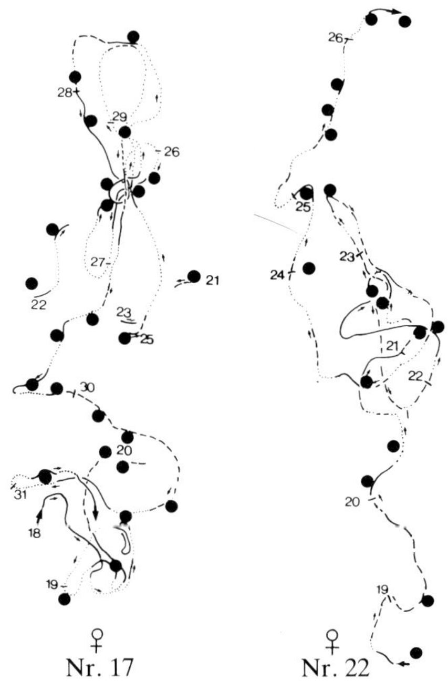

Routen von zwei verschiedenen Juvenilgruppen (1969). Links: Gruppe mit Weibchen Nr. 17 zwischen dem 18. und dem 31. 1.; rechts: Gruppe mit Weibchen Nr. 22 zwischen dem 19. und dem 26. 2.

Juvenil- und eine Säuglingsgruppe treffen: Bei 16 derartigen Begegnungen gab es 2 Durchdringungen, 3 Vermischungen, 16mal aber wich die Juvenilgruppe aus, das heißt, sie wurde dazu gezwungen. So zum Beispiel am späteren Nachmittag des 15. Februar 1969: Eine Juvenilgruppe mit Nora, Deniya, Wepa, Weiß, Großohr und Komor und ihren Nachkommen äst am Rand der Buttuwa-Ebene, als eine Säuglingsgruppe am östlichen Waldrand auftaucht. Sofort rückt die Juvenilgruppe zusammen, obwohl die Säuglingsgruppe 150 bis 200 Meter entfernt steht. Aus der Säuglingsgruppe löst sich Finger (Nr. 10), schreitet zur Juvenilgruppe, beißt Wepa zweimal in die Stirn, stößt Nora mit dem Kopf heftig in den Hintern und vertreibt Großohr. Dann durchschreitet sie die Juvenilgruppe mit erhobenem Haupt und führt sie mit einem Initialmarsch von der Ebene in südlicher Richtung weg. Schließlich kehrt sie allein in die Säuglingsgruppe zurück. Elefantenmütter, die Neugeborene führen und/oder betreuen, sind demnach ranghöher als andere erwachsene Weibchen.

Die dominanten Säuglingsgruppen hielten sich im Osten unseres Beobachtungsgebiets auf. Diese Zonen, obwohl sie die futter- und wasserreichsten waren, wurden von den Juvenilgruppen zwar nicht gerade gemieden, jedoch nur zögernd aufgesucht. Dies bemerkten wir etwa dann, wenn es gelang, an zwei aufeinanderfolgenden Abenden den Standort ein und derselben Juvenilgruppe zu bestimmen. 13mal war dies der Fall. 6mal bewegten sie sich in Richtung Osten, also in Richtung der Säuglingsgruppen. Dabei legten sie eine mittlere Distanz von 1,25 ± 0,7 Kilometern zurück, in Luftlinie gemessen. Bewegten sie sich dagegen von der Säuglingsgruppe weg, also von Osten nach Westen, waren sie rascher. Die mittlere Distanz betrug 3,26 ± 1,6 Kilometer.

Nun gibt es aber gelegentlich in Juvenilgruppen Tiere, die den Kontakt zu Säuglingsgruppen suchen. Es sind hochschwangere Weibchen, die kurz vor dem Setzen von den mobilen in die eher stationären Säuglingsgruppen wechseln, wie zum Beispiel Nummer 7 und Nummer 20. Gelegentlich halten sich vorübergehend aber auch Säuglinge führende Weibchen in Juvenilgruppen auf. In Gruppen, in denen der Anteil an Weibchen, die sich zu Säuglingsgruppen hingezogen fühlten, größer war als der Anteil anderer erwachsener Weibchen, verlief das Verschiebungsmuster ganz anders. Bewegte sich eine solche Einheit nach Osten, so legte sie innerhalb von 24 Stunden 2,13 ± 0,98 Kilometer zurück, wie zwölf Stichproben ergaben. Bewegten sie sich aber von Osten nach Westen, also von den Säuglingsgruppen weg, so betrug die täglich zurückgelegte Distanz lediglich 1,09 ± 0,5 Kilometer, so der Durchschnitt von sechs Stichproben. Aus diesem Befund läßt sich schließen, daß die von einer Gruppe zurückgelegten Tagesmärsche nicht nur von der Beschaffenheit der Umwelt, dem Standort anderer Gruppen, sondern auch von der jeweiligen Zusammensetzung einer Gruppe abhängen.

Kurz gesagt: In der Gruppe der Kühe und ihrer

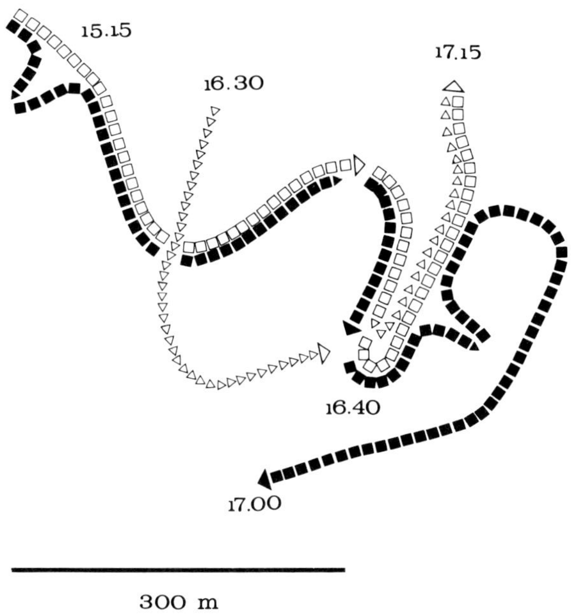

Beispiele von Initialmärschen und Gruppenumbildung. Wepa und ihre Nachkommen (weiße Quadrate) erscheinen zusammen mit drei jungen Bullen (schwarze Quadrate) von links oben. Um 15.15 h machen die Bullen eine vergebliche Initiative nach links unten. Sie begleiten anschließend Wepas Gruppe. Um 16.30 h erscheint Deniya (weiße Dreiecke) mit ihrem Gefolge, durchdringt rasch die Gruppe und leitet 10 Minuten später einen Initialmarsch ein, dem Wepa und ihre Nachkommen folgen. Die Bullengruppe folgt kurz, macht eine weitere erfolglose Initiative und löst sich schließlich von den beiden Weibchen-Jungtier-Verbänden.

Nachkommen wird demokratisch entschieden. Eine allesdominierende Leitkuh habe ich nirgendwo gesehen, weder auf Sri Lanka noch später in Indien und Indonesien. Auch die Rolle des »Leitbullen« steht, mittel- und langfristig betrachtet, nicht einmal ganz bestimmten Männchen zu, sondern allen jungen Adulten, die gut genug ernährt sind, um sich den Luxus eines vorübergehenden Testosteronschubs zu leisten, also in Musth zu kommen.

Anstelle sturer Machtansprüche spielt die jeweilige Funktion beim Fortpflanzungsverhalten die entscheidende Rolle. Bereits Jungtiere, die noch nicht einmal pubertiert haben, müssen bei den Tierriesen mit ihrer bescheidenen Nachwuchsrate wichtige Aufgaben bei der Arterhaltung übernehmen. Im Alter von etwa vier Jahren übernimmt ein junger Elefant seine erste arterhaltende Aufgabe: Er füttert das Neugeborene seiner Mutter. Er spielt mit ihm, bewacht es und führt den Säugling, sollte er aus der Gruppenformation ausbrechen, wieder in sie zurück. Zeit seines Lebens wird jeder Elefant, ganz gleich, ob Bulle oder Weibchen, sich um den Nachwuchs kümmern. Je älter Elefanten werden, um so mehr gilt ihre Fürsorge, die sie im Umgang mit jüngeren Geschwistern geübt haben, allen in der Gruppe vorhandenen Jungtieren.

Fürsorgeverhalten bringt auch den »Altruisten« Vorteile: Sie können dabei in der Nähe erwachsener Kühe stehen, also dort, wo das beste Futter wächst. Noch mehr: Junge Weibchen haben, bevor sie mit zehn Altersjahren selbst zum erstenmal Mutter werden, sechs Jahre Gelegenheit, die Pflege des empfindlichen Nachwuchses zu erlernen.

Was sie allerdings nicht erlernen können, sind Geburt und Stillen der Jungen. Doch bei der Geburt stehen ihnen andere, erfahrene Weibchen bei und, will man den Schilderungen von Elefantenmenschen aus Südasien Glauben schenken, werden Neugeborene, sollte ihre Mutter nach der Geburt sterben oder keine Milch haben, von anderen Kühen gestillt und umsorgt. Junge Mütter nehmen in der Gruppe an den »Abstimmungen« über Verschiebungen teil. Den jeweiligen Lebensraum kennen sie bereits aus Erfahrung. Ältere Kühe, die wenigstens schon zweimal Kinder zur Welt gebracht haben, übernehmen eine weitere Rolle. Sie koordinieren die Abwehrformation, den »Igel«, halten Furchtsame wie Angriffslustige zurück, beruhigen mit zugeschobenen Futterportionen Ängstliche und leiten den geordneten Rückzug ein.

Bullen verlassen zwar nach dem vierten Altersjahr die Gruppen, sie tauchen aber immer wieder in der einen oder anderen auf, vor allem, wenn sich dort brunftbereite Weibchen aufhalten. Mit zunehmendem Alter neigen sie zu Einzelgängertum. Während der Musth jedoch drängt es sie wieder in die Gruppen.

Die Musth ist von großer Bedeutung für die Raumorganisation der Elefanten. Denn Musthbullen stehen in oder in der Nähe von Weibchen-Jungtier-Gruppen, und da sie vorübergehend allen anderen Bullen überlegen sind, verjagen sie diese aus der Nähe der Gruppe mit den anfälligen Kälbern. So gesehen, kommt selbst dem Musthverhalten, das oft leichtfertig lediglich als Brunft beschrieben wird, eine Bedeutung bei der Fürsorge für die Jungen zu.

Neben der Fürsorge für den Nachwuchs bestimmt ein weiteres Verhaltensmuster den Alltag der Tierriesen: Fressen. Elefanten, die, abgesehen von einigen wenigen großen Herden bildenden und Gras fressenden Hirscharten, kaum natürliche Konkurrenten um Nahrung und Lebensraum kennen, gelten nicht nur als äußerst schlechte Futterverwerter, sondern auch als Verschwender. Fressen spielt im Leben der Elefanten eine dermaßen zentrale Rolle, daß man füglich behaupten kann, jeder sei in irgendeiner Form der Nahrungskonkurrent des anderen. Und so kann es niemanden erstaunen, daß die sozialen Organisationsprinzipien dieser innerartlichen Konkurrenz Rechnung tragen müssen. Dies geschieht so perfekt, daß den Säuglingen und ihren Müttern die fruchtbarsten Zonen im Lebensraum überlassen werden.

EIN SPARSAMER VERSCHWENDER

Elefanten erreichen mehr Futter als die meisten anderen Bodenbewohner. Tiefhängende Äste reißen sie mit dem Rüssel zu Boden, kleinere Bäume treten sie einfach um. Die Reste der so gewonnenen Nahrung stehen dann Hirschen, Wildrindern oder Wildschweinen zur Verfügung.

Den Bullen, so beobachtete ich auf Sumatra, gelingt es, mit den Stoßzähnen drei bis vier Meter lange Rindenstreifen von turmhohen Baumgiganten zu reißen und diese dabei unter Umständen tödlich zu verletzen, so daß sie früher oder später zusammenbrechen und andere Bäume mitreißen. So entstehen Lichtungen, auf denen wilde Bananen, Palmen oder Bambus in die Höhe schießen, wichtige Futterzentren im sonst äsungsarmen Unterwuchs des tropischen Hochwalds.

Elefanten sind beachtliche Umweltgestalter. Ihre Bedeutung ist uns aber erst bewußt geworden, nachdem menschliche Unvernunft überall dort, wo heute die letzten wilden Elefanten leben, das Netz ökologischer Gefüge entflochten hatte. Die in Reservaten dahinsiechenden Elefantenbestände haben die vom Menschen eingeleiteten Fehlentwicklungen noch rasant beschleunigt: Riesige ostafrikanische Waldregionen, so etwa der Tsavo-Nationalpark in Kenia, mußten binnen weniger Jahrzehnte baumlosen Steppen weichen, auf denen ungehindert Grasbrände, Wind und Regen Erosionen begünstigen. Auch in asiatischen Reservaten können Elefanten den Dschungel zerstören oder zusammen mit anderen Pflanzenfressern wenigstens erheblich zu seiner Verarmung beitragen.

Landschaftsverändernd wirken Elefanten, wenn sie in ihrem Lebensraum mehr fressen und dabei mehr zerstören, als nachwachsen kann. Dem Tierriesen ist nicht nur mehr Futter zugänglich als den anderen Pflanzenfressern unter den Säugetieren. Er braucht auch mehr als diese. Über die tägliche Futtermenge des Elefanten machte sich schon 1907 George P. Sanderson Gedanken. Er fütterte acht erwachsene weibliche Arbeitselefanten mit Gras, das er vorher abgewogen hatte. In 24 Stunden, so registrierte er, frißt ein Elefant 364 Kilogramm Grünzeug. Dr. Krishnamurthy empfiehlt eine tägliche Ration von 400 Kilogramm Bambus, Gras oder Ästen für einen ausgewachsenen Elefanten. Zu viel geringeren Werten kam dagegen C. R. Ananthasubramaniam vom Veterinärkolleg in Mannuthy, Kerala. Er fütterte seine vier Experimentierelefanten »ad libidum« mit Blättern der Caryotapalme. Zwei erwachsene Weibchen mit einem Gewicht von je rund dreieinhalb Tonnen verdrückten täglich je 144 Kilogramm, zwei Jungtiere von je 1,3 Tonnen Gewicht je 68 Kilogramm. George McKay ist 1973 bei wildlebenden Elefanten in Gal Oya zu einem ähnlichen Ergebnis gekommen. Er hat die Futtermenge gewogen, die sich ein Elefant auf einmal in den

Mund schiebt. Dies war möglich, weil Elefanten das Futter gelegentlich zu Boden fallen lassen. Ein Mund voll Elefantennahrung, gleich welcher Art, wiegt zwischen 100 und 200 Gramm, im Schnitt 150 Gramm. Und da ein Elefant täglich ziemlich genau tausendmal Futter vorbereitet und ins Maul schiebt, beträgt die tägliche Futtermenge für einen erwachsenen Elefanten rund 150 Kilogramm. So weit einfache Faustregeln.

Die tägliche Futterration wird aber auch bestimmt vom Nährgehalt der jeweiligen Pflanzenkost, von der vorhandenen Futtermenge oder vom Schwierigkeitsgrad, dieses Futter zu beschaffen und vorzubereiten. Auf die Frage, was ein Elefant frißt, gibt es wohl eine einfache Antwort: fast alles, aber Gras ist, falls vorhanden, Hauptnahrungsmittel. Bis heute sind nahezu 400 Pflanzenarten bekannt geworden, die oder von denen Elefanten fressen, und die Liste wird immer länger. George McKay, der sich im Rahmen des Smithsonian Elephant Survey auf Sri Lanka mit dem Freßverhalten intensiv auseinandergesetzt hat, berichtet, daß Elefanten von allen vorkommenden Bäumen und Sträuchern fressen.

In Yala verwendeten die Elefanten 71 Prozent ihrer Zeit bei der Nahrungsaufnahme mit Grasfressen, 27 Prozent mit Laubfressen und nur 2 Prozent mit Früchtefressen. Das Angebot ließe eine andere Verteilung erwarten. Nur ein Viertel des Yala-Nationalparks ist mit Gras bestanden, der Rest mit Büschen und Bäumen. Aber Elefanten bevorzugen Gras, obwohl es dort seltener ist als andere Pflanzen, von denen sie gelegentlich auch fressen.

Die Häufigkeit von Gräsern bestimmt mit über die Bevölkerungsdichte der Elefanten. Dazu ein paar Beispiele: Einst lebten in den Savannen des La Ngas während der Regenzeit 3000 Elefanten auf einer 650 Quadratkilometer großen Fläche. Im Reservat von Kaziranga in Assam, das zu zwei Dritteln aus Grasländern besteht, schätzt man heute noch 90 Elefanten auf 100 Quadratkilometern. In Yala-Süd, meinem ehemaligen Studiengebiet, das zu einem Viertel aus Grasländern besteht, sind es 50, in Gal Oya und Wilpattu sind es 10 bis 20. Hier ist der Savannenanteil geringer als in Yala. Im tropischen Regenwald, wo Gräser Mangelware sind, leben äußerst selten Elefanten. Im Taman-Negara-Nationalpark (Malaysia), der 4300 Quadratkilometer groß ist, schätzten die Gewährsleute Hislop 1961 und Stevens 1968 24 Elefanten, also etwa einen auf 200 Quadratkilometer. In Regenwäldern leben Elefanten übrigens in erster Linie von verschiedenen Palmen, was nicht heißt, sie würden nicht ebenfalls Gras bevorzugen. Es ist lediglich selten.

Gras ist für Elefanten bequeme Nahrung. Es läßt sich leicht vorbereiten und wird fast vollständig gefressen. George McKay schätzte den Verlust auf 20 Prozent. 50 Prozent beträgt er bei Laubnahrung. Frißt ein Elefant aber lediglich Rinde oder Holz, dann beträgt der Verlust 80 Prozent. Kurz: Nahrung von Büschen und Bäumen ist mit verhältnismäßig großem Aufwand für die Nahrungsvorbereitung und geringem Ertrag – die tatsächlich gefressene Futtermenge – verbunden. Grasnahrung hat aber auch Nachteile. Sie ist reich an schwer verdaubaren Faserstoffen und verhältnismäßig arm an Kalorien. George McKay bestimmte den Kaloriengehalt der Blätter von zehn häufig gefressenen Baumarten auf 4,24 Kilokalorien (kcal) pro Gramm mit Extremen von 4,85 und 3,79 kcal pro Gramm. Bei sieben häufig gefressenen Gräsern lag der mittlere Wert tiefer, nämlich bei 3,59 kcal pro Gramm. Die Extreme betrugen hier 3,01 und 4,18 kcal pro Gramm.

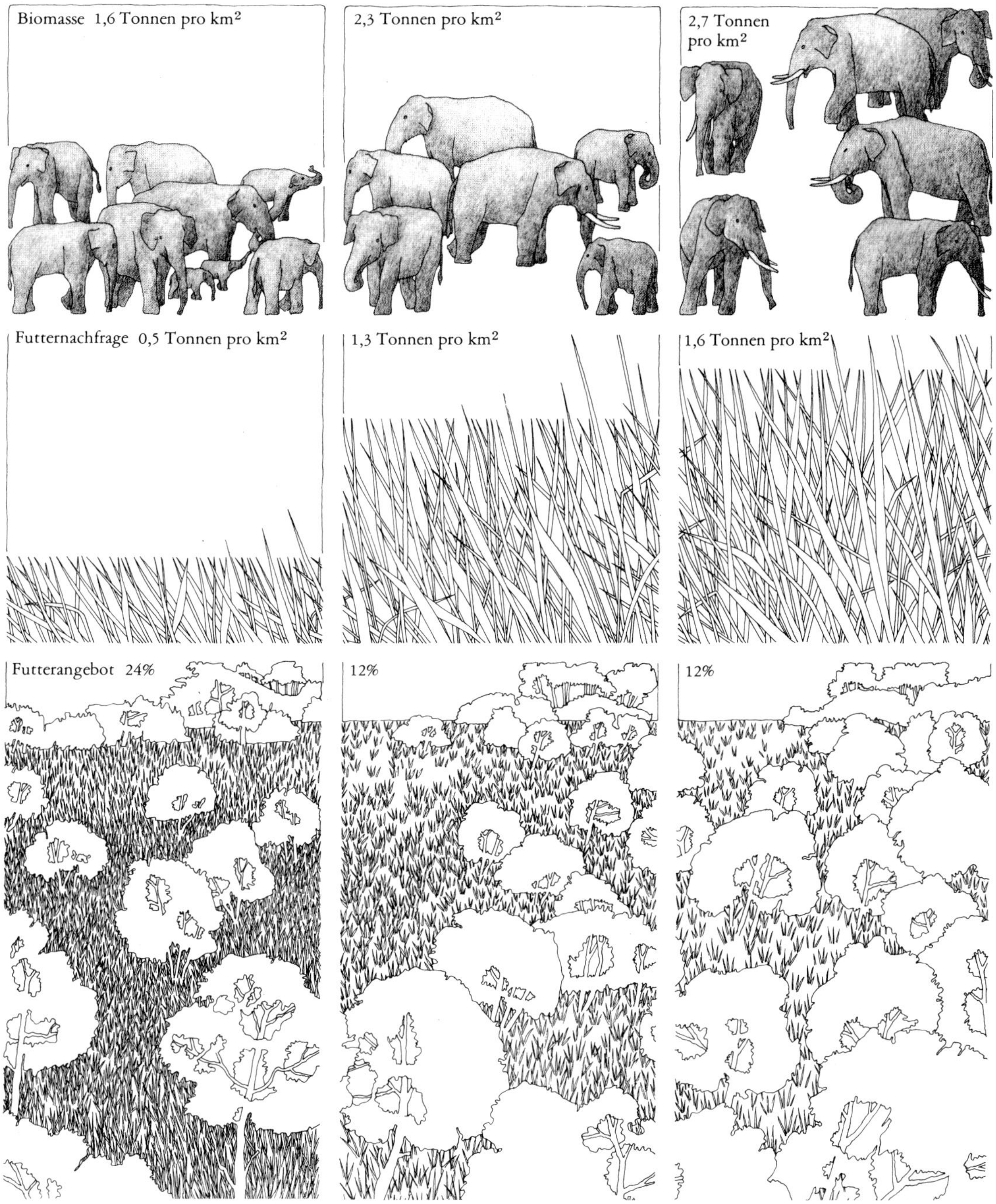

Vergleich der Biomassen, Futternachfragen und Futterangebote (Gras) in drei Sektoren des Yala-Nationalparks auf Sri Lanka. Im grasreichsten Ostsektor (links), wo sich vor allem Säuglingsgruppen aufhalten, sind Biomasse und Nachfrage am geringsten. Im grasärmsten Westsektor (rechts) dagegen, wo sich vor allem Solitärbullen aufhalten, ist die Futternachfrage sehr hoch, das Angebot an Gras aber gering. Hier sind Bullen gezwungen, sich an Baumnahrung zu halten.
(Zeichnung: Marcus Hodel)

Doch selbst mit seiner energiearmen Grasnahrung geht der Elefant noch verschwenderisch um: 60 Prozent der aufgenommenen Heunahrung, das registrierte 1936 Francis G. Benedict an seinem Versuchsobjekt, dem Varieté-Elefanten Jab, verlassen den Körper unverdaut. C. R. Ananthasubramaniam stellte einen fast ebenso hohen Kalorienverschleiß fest. Seine beiden erwachsenen Elefanten fraßen täglich je rund 245 000 kcal. Davon wurden 41 Prozent unverdaut mit dem Dung und 9 Prozent mit dem Urin oder als Methan ausgeschieden. 122 000 kcal, also knapp 50 Prozent der aufgenommenen Menge, standen somit dem Stoffwechsel zur Verfügung.

George McKay berechnete den täglichen Energieverbrauch von wildlebenden Elefanten mit 96 000 kcal, und Francis Benedict notierte, daß sein Versuchselefant, der die ganze Zeit in einer Box stand, also weder gehen noch Futter suchen und vorbereiten konnte, täglich mit 65 000 kcal auskam.

Büroangestellte, die wie Jab keine schweren körperlichen Arbeiten zu verrichten haben, kommen mit rund 2300 kcal täglich aus, also mit rund einem Dreißigstel von dem, was die unbeschäftigte Jab in ihrem 3600 Kilogramm schweren Körper verbrannte. Jab ist aber fünfzig- bis sechzigmal schwerer als ein kalorienbewußter Büroangestellter. Der Elefant braucht also pro Kilogramm seines Körpergewichts weniger Energie als der verhältnismäßig kleine und leichte Mensch.

Jedes Lebewesen benutzt die in seinem Körper durch Verbrennung der Nahrung entstehende Energie, um Arbeit zu verrichten, etwa, um sich zu bewegen, zu laufen oder zu denken. Ein Teil der täglich aufgenommenen Nahrung wird für den sogenannten Grundstoffwechsel benötigt. Er dient in erster Linie dazu, den Körper am Leben zu erhalten. Solche »Lebensvorgänge« vollziehen sich als chemische Reaktionen und Bewegungen kleinster Teilchen innerhalb der Zellen, aber auch als Bewegungsabläufe des Herzens, der Atmungsorgane und des Darms. Ein beachtlicher Teil des Grundstoffwechsels dient zur Erzeugung von Wärme. Diese Wärme wird dauernd abgegeben, davon rund zwei Drittel durch Ausstrahlung über die Körperoberfläche. Bei körperlich nicht besonders hart arbeitenden Menschen benötigt der Grundstoffwechsel etwa zwei Drittel der täglich aufgenommenen Nahrungsmenge, vor allem, um den Wärmeverlust zu kompensieren. Demnach wird der Umfang des Grundstoffwechsels nicht allein durch den Inhalt oder das Gewicht eines Körpers bestimmt, sondern auch durch die Größe von dessen Oberfläche. Und die wird mit zunehmender Körpergröße im Verhältnis zum Körpervolumen immer kleiner. Deutlich wird dies, »wenn wir die Hautoberfläche eines 70 Kilogramm schweren Menschen, die 1,8 Quadratmeter beträgt«, so der berühmte niederländische Anatom Everhard Johannes Slijper, »mit der 35 Quadratmeter großen Hautoberfläche eines Elefanten vergleichen, der 4000 Kilogramm wiegt.« Das Rüsseltier ist 57mal schwerer als der Mensch, seine Oberfläche ist aber nur 19mal größer. Je größer und schwerer ein Tier also wird, desto geringer wird der Umfang seines Grundstoffwechsels im Verhältnis zum Körpergewicht. Warmblütige Tiere produzieren dazu im Tagesdurchschnitt im Mittel pro Kilogramm Körpergewicht 70 kcal in der 3/4 Potenz. Demnach beträgt der tägliche Grundstoffwechsel für einen 50 Kilogramm schweren Axishirsch 1316 kcal und für einen 4000 Kilogramm schweren Elefanten 35 208 kcal. Sein »Ruhestoffwechsel« ist nach Benedict 1,8mal und sein Gesamtstoffwechsel (96 000 kcal)

2,7mal größer. Bei Wiederkäuern wie etwa dem Axishirsch oder dem Wasserbüffel ist der Gesamtstoffwechsel aber nicht lediglich 50, sondern 100 Prozent höher als der Ruhestoffwechsel, also wenigstens viermal größer als der Grundstoffwechsel. Dies ist schon deshalb einleuchtend, weil Hirsche schneller wachsen als Elefanten und nicht wie sie nur alle vier, sondern alle ein oder zwei Jahre ein Junges haben und aufziehen. Elefanten investieren also ihr verhältnismäßig geringes Energiebudget eher in die Erhaltung ihres Bestandes, Hirsche dagegen verwenden ihr hohes Energiebudget eher für ein rasches Wachstum ihres Bestandes und ihrer Biomasse.

So gesehen, sind Elefanten sparsam. Verschwender sind sie trotzdem, weil sie ihr Futter viel schlechter verdauen als Wiederkäuer wie Büffel und Axishirsch und weil sie beachtliche Teile der Nahrungspflanzen nicht fressen, sondern bei der Futtervorbereitung lediglich abreißen und zerstören. Dies gilt vor allem hinsichtlich langsam wachsender Bäume und Sträucher. Auf diese Nahrung können sich Elefanten umstellen, wenn ihnen allgegenwärtige Futterkonkurrenten, Artgenossen, aber auch andere Grasfresser wie Büffel und Hirsche, die Grasnahrung streitig machen.

Auf den ersten Blick scheint die Konkurrenz zwischen verschiedenen Arten gering. In Kaziranga beispielsweise zählte Juan Spillett 1966 pro Elefant 16 Büffel und Hirsche, anders ausgedrückt, pro Tonne Elefant lediglich 500 Kilogramm Büffel und Hirsche. In Yala-Süd wurde die Konkurrenz allerdings deutlicher: Pro Elefanten zählten wir hier rund 100 Büffel und Hirsche. Das Gebiet hatte pro Tonne Elefant zwölf Tonnen Büffel und Hirsche zu versorgen. Berechnet nach Gewichtsklassen benötigen Büffel und Hirsche hier täglich rund 500 000 kcal pro Quadratkilometer der Reservatsfläche, die Elefanten aber nur 30 000 kcal, also 17mal weniger. In Kaziranga benötigen die Wiederkäuer pro Quadratkilometer und Tag rund 80 000 kcal und die Elefanten rund 50 000.

Gegen die Futterkonkurrenz »wehren« sich Elefanten auf zwei Arten: Erstens ist ihnen, wie erwähnt, Nahrung zugänglich, die ihre Konkurrenten nicht erreichen. Beispielsweise treten sie kurz abgefressenes Gras samt Wurzeln aus dem Boden. Und sie kommen dank Körpergröße und Rüssel an Futter, das außerhalb der Reichweite anderer bodenbewohnender Pflanzenfresser liegt. Zweitens verfügen sie über eine Strategie, die Konkurrenz, und zwar mit Artgenossen, weitgehend ausschließt: ihr schon geschildertes räumliches Organisationsprinzip. Man kann die Raumverteilung der Elefanten im Beobachtungsgebiet von Yala in Zahlen darstellen, etwa als Minimaldichte. Das heißt, als die Anzahl sämtlicher Individuen, die in den drei unterschiedenen Sektoren an bestimmten Stichtagen gezählt wurden. Die sich entsprechenden Beobachtungsbedingungen erlauben es, zu vergleichen. Da ich bei allen Beobachtungen die Tiere in Größenklassen einordnen und diese wiederum bekannten Gewichtsklassen zuordnen konnte, ist es gelungen, die Biomasse zu schätzen. Unter Biomasse verstehe ich hier das Gesamtgewicht aller gleichzeitig pro Flächeneinheit gezählten Elefanten. Schließlich ist aber auch bekannt, wieviel Futter ein Elefant einer bestimmten Größenklasse pro Tag zu sich nimmt. Somit läßt sich auch die pro Sektor täglich aufgenommene Futtermenge abschätzen.

Die Resultate dieser Berechnungen widersprechen der vorherrschenden ökologischen Theorie. Danach soll die Bestandsdichte in gut geeigneten Räumen die höchsten und in schlecht geeigneten die niedrigsten Werte aufweisen.

Soziale Mechanismen verteilen dagegen die Yala-Herde so, daß im gesamten im Untersuchungsgebiet von Elefanten bewohnten Lebensraum eine minimale Dichte von etwa einem Elefanten pro Quadratkilometer vorkommt (dies allerdings nur dann, wenn sich die Gruppen aus Weibchen und Jungtieren im Studiengebiet befanden). Da im optimalen Ostsektor viele Jungtiere leben, beträgt die Biomasse hier lediglich 1,6 Tonnen pro Quadratkilometer und ist damit geringer als im Mittelsektor (2,3 Tonnen pro Quadratkilometer), wo vor allem Halbwüchsigengruppen und Bullen stehen, oder gar im Westsektor. Hier halten sich hauptsächlich Bullen auf, und hier beträgt die Biomasse 2,7 Tonnen pro Quadratkilometer. Auch die täglich aufgenommene Futtermenge ist, wider alle Erwartung, im besten Sektor, das heißt im Osten, am geringsten. Sie beträgt lediglich 130 Kilogramm pro Quadratkilometer. Im Mittel- und Westsektor dagegen schätze ich sie auf 160 bis 190 Kilogramm pro Quadratkilometer. Noch deutlicher wird die unterschiedliche Belastung der drei Ausschnitte des Lebensraums, wenn wir die geschätzten täglichen Futtermengen allein mit der Fläche der bevorzugten Futterzonen, das heißt der Savannen und offenen Buschwälder, in Beziehung setzen: In den beiden ungünstigen Mittel- und Westsektoren ist die Dichte mit zehn Tieren pro Quadratkilometer futterreiche Fläche fast doppelt so hoch wie im optimalen Sektor mit nur sechs Tieren pro Quadratkilometer. Die Biomasse (19 bis 23 Tonnen pro Quadratkilometer) und die täglich benötigte Futtermenge (1,3 bis 1,6 Tonnen pro Quadratkilometer) sind etwa dreimal höher als im optimalen Gebiet mit einer Biomasse von 7 Tonnen und einer täglichen Futtermenge von lediglich einer halben Tonne pro Quadratkilometer.

Eine der möglichen arterhaltenden Funktionen des sozialen Verhaltens und der dadurch erzwungenen Raumorganisation ist offensichtlich: Sie entlasten gut geeignete Räume, in denen meist anfällige, wenig mobile »Kindergärten« wohnen. Die beweglicheren Juvenilgruppen und die in der Regel einzelgängerisch lebenden Bullen dagegen »bewirtschaften« Lebensräume, in denen die Vorzugsnahrung Gras seltener ist. Was sie sicher nicht daran hindert, diese Nahrungsquellen zu nutzen, denn diese Verbände können sich leicht auflösen und vorübergehend kleine Grasinseln abweiden, und sie können sich, da sie keine Säuglingsaufzucht zu betreiben haben, auch vermehrt dem zeitraubenden, da umständlichen Fressen von Büschen und Bäumen widmen. In Yala scheint dies geringen Einfluß auf die Entwicklung des Waldes zu haben. Ja, man darf vielleicht sogar annehmen, daß Elefantenfraß hier das Aufwachsen des Hochwaldes beschleunigt.

Wenn Elefanten in Yala Laub, Zweige oder Rinde fressen oder fressen müssen, halten sie sich bevorzugt an Bäume und Büsche früher Sukzessionsstadien, an *Securinega, Randia* und *Dichrostachys*, an *Manilkara, Feronia, Aglaia* und *Maba*. Sie meiden, dies ergaben die Untersuchungen von Dieter Müller-Dombois, heranwachsende Hochwaldbäume wie *Glycosemis, Polyanthia* oder *Mallotus*. Das selektive Freßverhalten richtet sich also gegen Pflanzen junger Waldstufen und begünstigt, weil er von übermäßigem Fraß verschont bleibt, den heranwachsenden Hochwald.

So gesehen, könnten Elefanten die Wiederbewaldung einer Waldlichtung vielleicht sogar beschleunigen. Dies erscheint um so plausibler, wenn man bedenkt, daß sie im Hochwald freßbare Früchte von Mango, Brotfrucht oder Durian finden. Deren Samen können sie nicht verdauen. Sie transportieren sie in Magen und

Darm dorthin, wo sie meistens fressen, auf die Lichtungen, und scheiden sie hier, wohlversehen mit Dünger, ihrem Kot, wieder aus.
Bestimmt wird das selektive Fressen der Elefanten durch ihre »Beute«, die Bäume und Büsche. Pflanzen junger Sukzessionsstadien, wenn sie also vom Waldrand her offene Zonen erobern, finden verhältnismäßig viele Nährstoffe im Boden und auch viel Licht und Wasser. Sie investieren diese besonders in schnelles Wachstum. Ganz anders verhalten sich Pflanzen des Hochwaldes. Hier sind Nährstoffe, Licht und Wasser eher Mangelware. Bäume und Büsche, die hier wachsen, investieren diese »Rohstoffe« vor allem in Abwehrmechanismen – ledrige Blätter, Dornen und Giftstoffe.
Auch im Regenwald von Malaysia oder Sumatra suchen sich Elefanten, finden sie nicht genügend Gras- oder Bambusnahrung, nach diesem Prinzip ihr Futter: Sie fressen auf Lichtungen und an deren Rändern und nicht im Hochwald. Mutterfamilien bewohnen eher gut geeignete, einzelgängerische Bullen eher weniger gut geeignete Räume.
Während der Leuser-Expedition von 1970 vermaß ich die Spuren von Weibchen-Jungtier-Gruppen regelmäßig in großen Sekundärwuchszonen. Solche entstehen in Erdrutschgebieten an Steilhängen oder dort, wo ein abgestorbener Baumriese beim Zusammenbrechen ein Loch in den Hochwald reißt. Futterreiche Zonen finden sich aber auch entlang der Flüsse an Stellen, die regelmäßig so stark überschwemmt werden, daß Bäume nicht aufwachsen können. Neben Gras und Bambus bilden hier wilde Bananen, Palmen und Kletterpflanzen die Hauptnahrung. Auch auf Sumatra verschmähen die Elefanten die Schößlinge der Klimaxbäume, jener Pflanzen also, die erst im Lauf von Jahrzehnten zu turmhohen Baumgiganten wachsen, dann mit ihrem Blätterdach den Boden verdunkeln und so mögliche Futterquellen der Elefanten zum Versiegen bringen. Die Bullen, die sich abseits und häufig in ungünstigeren Futtergebieten aufhalten, sind, so schloß ich aus entsprechenden Beobachtungen, gelegentlich gezwungen, sich außer der bevorzugten Nahrung anderes Futter zu beschaffen. Das heißt, sie ernähren sich gelegentlich von Baumrinde. Dadurch können auch große Bäume abgetötet werden.
Auf den ersten Blick sieht es so aus, daß Elefantenbullen »planmäßig« einen Prozeß einleiten, der sonst fast ausschließlich von der Willkür tropischer Unwetter abhängt: die natürliche Verjüngung der Pflanzendecke durch Zerstörung des Hochwaldes. Man sollte aber derartige Eingriffe des Elefanten nicht überschätzen. Sie sind und waren sicher immer sehr seltene Bewohner des immergrünen tropischen Pflanzenmeeres, dem auch örtlicher Kahlfraß nichts anhaben kann. Dieser entsteht auf den Lichtungen, wo ein Einzelgänger oder eine Gruppe so lange weilen, bis sie alle dort wachsenden Palmen aufgefressen haben. Erst dann ziehen sie weiter.

DIE FERNSTRASSEN DER ELEFANTEN

In den Regenwäldern von Perak, Malaysia, folgte 1967 Encik Mohammed Khan bin Momin Kahn, der Chief Game Warden, einer neunköpfigen Herde während fünf Jahren. Er bemerkte, daß die Elefanten bei ihren Wanderungen zur Futtersuche täglich 10 bis 15 Kilometer zurücklegten. Diese Wanderungen waren jedoch nicht mit der jeweiligen Jahreszeit in Verbindung zu bringen. Auf Sri Lanka dagegen, wo ausgeprägten Regenperioden ausgeprägte Trockenzeiten folgen, werden Wanderungen stark vom Jahresablauf beeinflußt. Denn von ihm hängen die Vegetationsperioden der Pflanzen ebenso ab wie das Vorkommen geeigneter Wasserquellen.

In Yala-Süd wurde dies im Juni und Juli deutlich, das heißt zu Beginn der Trockenzeit: Wasser war noch vorhanden. Das bevorzugte Kurzgras aber wurde, weil Büffel es rasenkurz abgeweidet und Elefanten es über große Flächen samt Wurzeln aus dem Boden getreten hatten, immer seltener. Folglich stellten sich die Elefanten vorübergehend auf Laubnahrung um und verwendeten etwa drei Viertel der Freßzeit mit der Vorbereitung und Aufnahme von Laub, Rinde oder Holz, wenn sie nicht schon nach Norden und Nordosten abgewandert waren.

Auch im Gal-Oya-Nationalpark, wie es George McKay 1973 beschrieben hat, bedingt die Verfügbarkeit von Grasnahrung die jahreszeitlichen Wanderungen. Während der regnerischen Perioden halten sich die Herden im Reservat, das heißt meist am Ufer oder auf den Inseln des künstlichen Stausees, des Senanayaka Samudra, auf. Zu Beginn der trockenen Jahreszeit, wenn das Gras abgeweidet und von Menschen teilweise abgebrannt wird, ziehen sich die Herden in höher gelegene Gebiete zurück. Die Distanz zwischen den Regen- und Trockenzeitzentren beträgt zehn bis zwanzig Kilometer.

Im Wilpattu-Nationalpark, so berichteten John Eisenberg und Melvin Lockhart 1972, werden die jahreszeitlichen Wanderungen nicht nur von der Verfügbarkeit der wichtigen Grasnahrung bestimmt, sondern auch vom Wasservorkommen. Während der regnerischen Perioden ziehen die Herden in die grasreichen Savannengebiete im Westen. Hier fehlen aber dauerhafte Wasserquellen. Daher müssen sich die Elefanten, lange bevor die Nahrungsquellen erschöpft sind, während der Trockenzeit ins Zentrum des Reservats zurückziehen.

Wasser bestimmt auch mit darüber, ob die überaus reichen Grasvorkommen in den verlandenden Lahugala-Tanks von Gruppen genutzt werden können. Ist es reichlich vorhanden, überschwemmt es die Savannen. Gruppen scheinen sie dann, wahrscheinlich wegen der Anfälligkeit der Kälber, zu meiden. Bullen dagegen finden ihr Futter auch im anderthalb Meter tiefen ehemaligen Stausee. Selbst Blutegel können sie davon nicht abhalten.

Elefanten sind ausgezeichnete Schwimmer, die auch im Meer stundenlang schwimmen können, ohne zu ermüden.

Sinkt während der winterlichen Trockenzeit der Wasserspiegel, so werden die Savannen von Lahugala auch von Gruppen benutzt. Woher die beachtlichen Ansammlungen in Lahugala stammen, ist bis heute unklar. Möglicherweise handelt es sich um Herden, die in den nördlich gelegenen Waldgebieten leben. Denkbar und wahrscheinlich ist auch, daß Elefanten aus dem Block 4, dem östlichen Teil des Yala-Nationalparks, im richtigen Moment nach Lahugala ziehen. Wie dem auch sei: Wichtig ist festzuhalten, daß Nahrung während der Trockenzeit nicht zwangsläufig schlechte Nahrung ist (die fetten mehrjährigen Gräser im Lahugala-Tank sind ein gutes Beispiel dafür). Darüber hinaus ist bemerkenswert, daß die Wanderstrecken zwischen den Aufenthaltsräumen während der feuchten und den Aufenthaltsräumen während der trockenen Jahreszeiten, soweit John Eisenberg, George McKay und ich sie bestimmen konnten, weit kürzer sind als die Strecken, von denen Gewährsleute wie Emerson Tennent oder Sir Samuel Baker im letzten Jahrhundert und C. E. Norris 1957 berichtet haben.

Auch aus Südindien, vor allem aus den Nilgiris, sind beachtliche Wanderungen bekannt. S. John Joseph hat 1980 Elefantengruppen beschrieben, die sich auf den Grasländern des 2100 Meter hohen Bergrückens aufhielten. Er hat festgestellt, was bereits George P. Sanderson 1907 publizierte, daß sich die Herden mit Beginn der Regenzeit nach Süden in die Regenwälder von Kerala oder nach Norden durch Regenwälder in die 1000 Meter tiefer liegenden Monsunwälder begeben. Dazu Sanderson: »In den trockenen Monaten, Januar bis April, halten sich die Herden in der Nähe der großen Bäche auf. Ungefähr im Juni, wenn die ersten Regen fallen, fressen sie in den Hügeln frisches Gras. Im Juli und August ist dieses Gras trocken und bitter (auch Arbeitselefanten verschmähen es jetzt). Nun ziehen die Herden in die tiefer gelegenen Wälder, wo das Gras noch nicht ausgewachsen ist.«

Neben der Verfügbarkeit, so ist zu schließen, spielt auch die Qualität der Nahrung eine Rolle als Zeitgeber für Wanderungen. Sanderson erwähnt aber noch einen anderen Aspekt: »Sie verlassen die hochgelegenen Gebiete schließlich auch wegen der dauernden Belästigung durch Mücken und Fliegen.« – »Das schlagartige Auftauchen von blutsaugenden Bremsen an einem bestimmten Ort und zu einer bestimmten Jahreszeit«, so schreibt schon 1910 Oberstleutnant Evans, der Klassiker unter den Elefantenärzten, »kann ganze Herden in die Flucht schlagen.« Er hat eine ganze Reihe fliegender Blutparasiten aufgelistet wie Sandfliegen, Simulium, Moskitos, Stomoxys und Tabanus, die auf wilde wie zahme Elefanten Krankheiten übertragen wie Malaria, Surra, N'gana, Schlafkrankheit oder Filariasis, was auch ceylonesische Veterinäre in den letzten Jahren nachgewiesen haben.

Schon im Altertum müssen blutsaugende Insekten Elefanten arg zugesetzt haben, zum Beispiel 260 v. Chr., als Saphor, der Perserkönig, mit einem Heer von Kriegselefanten Nisibus belagerte. Schwärme von ihnen töteten oder schwächten die Rüsseltiere dermaßen, daß die Belagerung aufgegeben werden mußte.

In Lebensräumen mit ausgeprägten jahreszeitlichen Wechseln zwischen Regen- und Trockenzeiten zwingen Nahrungsmangel oder Ungenießbarkeit der Nahrung, Wassermangel oder Überschwemmungen, Grasbrände oder Insektenplagen die Elefanten zur Abwanderung in Gebiete mit vorübergehend besseren Lebensbedingungen. Solche Wanderungen erfolgen, darüber sind sich die Gewährsleute einig, über uralte Straßen, sogenannte Wechsel, die häufig noch deutlich sichtbar sind, auch wenn es die Elefanten, die sie einst schufen, längst nicht mehr gibt. Mitten im Regenwald Nordsumatras, wo kaum je Menschen waren, fanden die Pawangs – Poran, Samudin und Bangun – und ich breite Straßen, auf denen man bequem viele Kilometer weit mit einem geländegängigen Fahrzeug fahren könnte: die Fernstraßen der Elefanten. Meist folgen sie hervorstechenden topographischen Linien, vor allem Fließgewässern und Bergkämmen, und halten sich, wenn immer möglich, an eine bestimmte Höhe, selbst dann, wenn sie dabei große Umwege machen müssen. Gelegentlich kreuzen die Straßen Flüsse. Die Furten sind leicht als 20, 30 oder gar 50 Meter breite unterwuchslose Treppen an beiden Ufern zu erkennen. Diese Furten sind häufig auch Trink- und Badeplätze. Größere Flüsse durchschwimmen die Elefanten. Die Kühe stützen dabei mit den Rüsseln ihre Jungtiere. Ja, es kann sogar vorkommen, daß die Jungen sich wie junge Nilpferde auf den Nacken der Erwachsenen legen und so sicher ans andere Ufer gebracht werden. Elefanten sind derart gute Schwimmer, daß sie sich stundenlang im Wasser aufhalten können und dabei erstaunlich große Strecken zurücklegen. Von den auf den Andamanen lebenden verwilderten Elefanten weiß man, daß sie zwischen einzelnen Inseln im Meer 320 Kilometer zurückgelegt haben müssen. Und George P. Sanderson berichtete, daß frisch gefangene Elefanten in der zweiten Hälfte des letzten Jahrhunderts auf dem Weg von Chittagong nach Dakka Seitenarme des Brahmaputra durchschwimmen mußten, wobei sie sechs Stunden unterwegs waren, ohne je festen Boden unter den Füßen zu haben.

Folgen die wilden Herden bei ihren Ortsveränderungen kleineren Gewässern, dann gehen sie im Flußbett – jedenfalls solange keine spitzen Steine darin liegen. Sie kürzen aber regelmäßig ab über Pfade, wenn das Gewässer enge Mäander aufweist. Die mehr oder weniger parallel zueinander verlaufenden Hauptwechsel im Talboden und auf den Bergkanten sind immer durch Wechsel verbunden, die senkrecht zur Talrichtung verlaufen, dabei als Zickzacklinien kleinen Wasserrinnen oder Felsnasen folgen und steile Gefälle auf Treppen überwinden, die dadurch entstehen, daß immer alle Tiere einer Herde an denselben Stellen auftreten.

Auf den vegetationslosen Wegen der Elefanten bewegen sich alle großen bodenbewohnenden Tiere des tropischen Regenwaldes, Tiger, Nashörner, Hirsche und Wildschweine. Auf ihnen breiteten sich die ersten Menschen in den unendlichen tropischen Wäldern aus, und noch heute gelangen die einheimischen Jäger und Fallensteller auf ihnen ins Innere des sonst nur schwer zu durchdringenden Pflanzenmeers.

Als im vorigen Jahrhundert europäische Kolonisatoren die erschlossenen Hochländer Sri Lankas, Birmas oder Indiens durch Verkehrsadern mit den Küstenstädten zu verbinden suchten, erübrigten sich oft mühsame Berechnungen: Unzählige Generationen wilder Elefanten hatten Jahrhunderte, vielleicht Jahrtausende früher die kürzesten Routen gefunden, und man baute Eisenbahnlinien und Straßen auf den breiten Elefantenpfaden, was die Riesen vielerorts bis heute nicht daran gehindert hat, diese weiterhin zu benutzen.

Die Straßen der Elefanten weiten sich etwa alle zwei Kilometer zu Arenen mit vier bis zehn Meter Durchmesser. Hier ruhen und schlafen die Riesen. Nicht selten treffen dort mehrere Straßen zusammen wie an den Suhlen, den Schlammbädern in den Tälern. Auch sie sind das Werk der Elefanten. Nicht nur durch regelmäßigen Gebrauch entstanden sie aus unschein-

baren Wasseransammlungen, sondern auch durch aktives Graben mit den Vorderfüßen, Rüsseln und Stoßzähnen.
Im Yala-Nationalpark von Sri Lanka habe ich im ausgetrockneten Bett des Menik Ganga die selbstgegrabenen Zisternen der Elefanten gefunden. Ein bis anderthalb Meter tiefe Löcher haben sie hier im Sand ausgehoben. Und als 1968 die Trockenzeit ihren Höhepunkt erreicht hatte, entdeckten wir am Fuß einer Meeresdüne ein vier bis fünf Meter tiefes Loch, das ein Bulle während einer Nacht mit dem Rüssel geschaufelt hatte, um zu einer völlig verschütteten Frischwasserquelle zu gelangen.
Eines der imposantesten Elefanten-Bauwerke, das ich je entdeckt habe, war eine riesige Salzlecke bei Nodi, im südöstlichen Zipfel des Leuser-Reservats von Nordsumatra. Es war ein flacher Hügel, in den die Elefanten in Generationen währender Arbeit einen Graben getrieben hatten. Der von ihnen durch das Gestein gezogene Graben war dreieinhalb Meter tief und bis zu zwanzig Meter breit. Von ihm aus gruben sie in beide vertikale Schnittflächen armtiefe Kanäle in die salzhaltigen Gesteinsschichten. Frische Spuren der Stoßzähne zeugen heute noch von regelmäßigem Gebrauch. Eine ganz ähnliche Salzlecke gibt es im Bandipur-Reservat von Karnataka in Südindien.
Die selbstgeschaffenen Elemente im Lebensraum der Elefanten sind auch wichtige Fixpunkte für viele andere Bewohner des Dschungels. Huftiere fressen vom ausgegrabenen Salz, balzende Pfauen und Argusfasane schlagen das Rad auf den Ruheplätzen, und Wildschweine, Nashörner oder Büffel kühlen sich in den Suhlen.
Diese Fixpunkte im Lebensraum der Elefanten und die sie verbindenden Straßen werden während vieler Generationen benutzt, damit auch erhalten und ausgebessert. Daraus ist zu schließen, daß wenigstens bestimmte Tiere einer Herde diese Einrichtungen kennen und aus Erfahrung wissen, wo sie liegen und wann sie aufgesucht werden müssen.
Um die »Straßensicherheit« der Elefanten zu beobachten, ist die Reise in die letzten Gebiete, in denen wilde Elefanten noch vorkommen, nicht einmal nötig. Die Herde des Schweizer Nationalzirkus Knie führt es dem aufmerksamen Betrachter fast tagtäglich vor. Louis Knie und ich haben unsere Erfahrungen damit 1980 wie folgt festgehalten: »Oft trennen große Distanzen Güterbahnhof, wo der Zirkuszug mit dem fahrenden Zoo anlangt, und Zeltstadt voneinander. Zirkuselefanten sind schon aus dem Zirkus an Lärm, Licht und viele fremde Menschen gewöhnt. Auch der dichteste Straßenverkehr macht ihnen wenig Eindruck. Dagegen verstehen oft Fahrzeuglenker die Welt nicht mehr, wenn auf einer Kreuzung ein Dutzend Elefanten in schlurfend fedrigem Gang korrekt eingespurt vorbeiziehen. Beobachten die Erstaunten den Vorgang etwas genauer, stellen sie wahrscheinlich bald einmal fest, daß der Prozession nicht etwa ein Tierpfleger vorangeht. Hier schreitet Sahib in zügigem Schritt. Der erste Kutscher (Pfleger) geht meist neben Madura, der etwas nervösen Elefantendame, die auf dritter Position folgt. Anscheinend kennen Sahib und wahrscheinlich auch die anderen älteren Elefanten den Weg zwischen Verladestation und Zirkus in sechzig Schweizer Städten sehr genau. Hinzu kommen noch ein paar Großstädte im Ausland, wo der Zirkus regelmäßig im Winter gastiert. Die Elefanten von Knie wissen auch genau Bescheid im Labyrinth der großen Hallen von Berlin, München, Wien und Paris, wo der Elefantenstall oft weit vom Arbeitsplatz entfernt liegt.

Daß Knies Elefanten tatsächlich ein fast unheimliches Ortsgedächtnis besitzen, zeigte sich an Rosa, der stattlichen Elefantendame, welche während Jahrzehnten gebieterisch die Herde führte. Irgendwann in den dreißiger Jahren muß Rosa, damals noch ein kleines Elefantenmädchen, erstmals zusammen mit den anderen Knie-Elefanten vom Aarauer Bahnhof zum Spielplatz marschiert sein. Der Weg führte unter einer Bahnunterführung durch. An solche Wegstücke waren die Elefanten längst gewöhnt. Doch einige Tage später, auf dem Rückweg in den Bahnwagen, brauste genau in dem Moment, als die Elefanten die Unterführung passierten, ein Schnellzug darüber. Das ungewohnte Geräusch erschreckte den Zirkusneuling Rosa dermaßen, daß sie ausbrach. Die Folge: Jahre- und jahrzehntelang – Rosa war inzwischen zum Routinier herangewachsen – verweigerte sie, die sonst willig allen Befehlen ihres Meisters gehorchte, die Passage der Aarauer Bahnunterführung. Als einfachste Lösung blieb ein Umweg von jeweils zwei oder drei Kilometern.«

Über außerordentliche Routenkenntnisse, wenn auch nicht in dem Ausmaß wie Elefanten, verfügen auch Huftiere, zum Beispiel das Rotwild. Hier, so hat Robert Schloeth, der Direktor der Schweizer Nationalparks im Unterengadin, nachgewiesen, wird die Tradition der jahreszeitlichen Wanderungen von der Mutter auf ihre Nachkommen übertragen. Und da Elefantenweibchen, wie ich früher schon berichtet habe, wahrscheinlich so lange im Verband ihrer Mütter leben, bis diese sterben, darf angenommen werden, daß die Kenntnis der Routen und das Wissen über jeweils günstige Aufenthaltsorte von älteren an jüngere Weibchen weitergegeben werden. Die Wahrung der Tradition, wonach Futter- und Wasserquellen jahreszeitlich zur günstigsten Zeit aufgesucht und wahrscheinlich verlassen werden, bevor die Nahrungspflanzen völlig vernichtet sind, und dabei die optimalen Routen benutzt werden, ist meiner Meinung nach in erster Linie Aufgabe der Weibchen.

Tradition ist ein lebenserhaltendes Prinzip, solange sich die Umwelt nicht ändert. Jedoch: Futterquellen können plötzlich versiegen, so beispielsweise, wenn der Bambus stirbt oder wenn unerwartete Überschwemmungen oder Grasbrände sie vernichten. Umgekehrt können neue Futterquellen entstehen. Dann etwa, wenn ein Erdrutsch Hochwald zerstört und damit Platz schafft für Grasflächen oder Bambushaine.

Auch Menschen haben seit Jahrtausenden Nahrungsquellen zerstört, indem sie Felder anlegten und sie vor Elefanten schützten. Sie schufen aber auch neue Nahrungsquellen. Ich denke dabei an die heute noch in den Bergen Südostasiens lebenden Bauernvölker, die Brandrodung betreiben und ihre Felder nach dreijähriger Nutzung verlassen. Solche allmählich wieder zuwachsenden Ladangs sind wichtige Zentren im Lebensraum der Elefanten.

Fragt man, wie Elefanten neue Futterquellen finden, dann werden oft die »Elefantenklassiker« Williams, Sanderson, Bazé oder andere zitiert. Sie behaupten, Elefanten könnten Wasser, Futter oder Artgenossen über Dutzende, wenn nicht gar Hunderte von Kilometern riechen. Derartiges wurde bis heute aber nie bewiesen. Ebensowenig läßt sich eine andere Hypothese belegen, die mir aber plausibel erscheint. Sie bezieht sich auf eine mögliche Funktion der Bullen bei der Suche nach neuen Nahrungsquellen: Bullen leben nur während verhältnismäßig kurzer Zeit im Lebensraum der Gruppen, nämlich als Jungtiere und später als

Musthbullen. Bullen kennen also einen größeren Lebensraum als die Weibchengruppen. Sie ernähren sich zum Teil von Futterquellen, die sich für die Gruppen nicht zur Nutzung lohnen, etwa dem Hochwald, oder von Futterquellen, die Gruppen mit ihren anfälligen Jungtieren nicht aufsuchen können, zum Beispiel dem überschwemmten Stausee von Lahugala. Auf ihren Streifzügen entdecken Bullen immer neue Futtergebiete, zum Beispiel frisch angelegte Reisfelder, in die sie mutig einbrechen.

Kehren derartige Einzelgänger vorübergehend zu den Gruppen zurück, dann sind sie meistens in Musth. Das heißt, sie haben vorübergehend in einem Gebiet gelebt, wo sie derartig viel fressen konnten, daß sie in der Lage sind, sich den »Luxus« eines stark erhöhten Testosteronspiegels zu leisten. Musthbullen können Herden führen, indem sie ihnen vorausschreiten und den Weg mit Duft markieren oder indem sie diese, wie ein Hirtenhund, zusammenhalten und in die gewünschte Richtung treiben. Es ist nicht auszuschließen, daß ein Herdenbulle, der vielleicht rein zufällig ein neues ergiebiges Gebiet entdeckt hat, versucht, eine Herde dorthin zu führen, wenn diese möglicherweise in einem ungünstigeren Gebiet lebt.

Doch, wie gesagt, dies ist Theorie. Traurige Praxis ist, daß heute günstige Futtergebiete für Elefanten immer seltener werden, sei es, weil der Mensch sie für seine Zwecke erobert hat, sei es, weil Elefanten ihre traditionellen Weidegründe allmählich übernutzen. Dies geschieht etwa, weil ihre gewohnten Routen längst verbaut sind. Dieses Schicksal teilt der Asiatische Elefant mit anderen großen asiatischen Huftieren, vor allem mit einigen Hirscharten. Südasien ist für die Familie der Altwelthirsche (*Cervidae*) etwa das, was Afrika für die rinderartigen Antilopen und Gazellen darstellt. Nirgendwo sonst ist die Artfülle der Geweihträger so groß wie hier. Sie reicht vom pudelkleinen Muntjak mit seinem bescheidenen zweiendigen Geweih bis zu wahrlich stattlichen Gestalten wie etwa dem manchmal 36 Enden tragenden Barasingha, dem Sambar oder Pferdehirsch. Einige der größten Hirscharten haben wie der Elefant Grasländer erschlossen. Zum Teil gelingt ihnen dies sogar perfekter. Der Mähnenhirsch beispielsweise bewohnt praktisch wasserlose Savannen, der Barasingha Sümpfe, und der Manipur-Leierhirsch kann sogar auf schwimmenden Grasländern überleben.

Einige Arten, etwa der Barasingha, der Leierhirsch oder der Kaschmirhirsch, sind wenigstens ebenso bedroht wie die Elefanten. Andere haben zahlenmäßig derart zugenommen, daß befürchtet werden muß, sie würden ähnlich wie Reh- und Rotwild in Europa ihren und damit auch den Lebensraum des Elefanten zerstören. Was wiederum die Frage aufwirft, warum die Raubtiere, die in Südasien alle geschützt sind, den Huftiersegen nicht mehr in Schranken zu halten vermögen. Ich werde deshalb im nächsten Kapitel auf das »Büffelproblem« im Yala-Nationalpark von Sri Lanka zu sprechen kommen. Es ist nur eines von vielen ähnlichen Ereignissen, bei denen wildlebende und verwilderte Haustiere Lebensgemeinschaften gefährden können.

GEGEN BÜFFEL IST KEIN KRAUT GEWACHSEN

Somapala, unser Koch im Camp des Yala-Nationalparks auf Sri Lanka, mußte den Braten förmlich gerochen haben, als er eines Abends vom Küchenhaus auf die Veranda gerannt kam und Unverständliches von »Ura« und »Kotiya«, von Wildschwein und Leopard, erzählte. Aus der großen Werkzeugkiste verteilte er Beile, Schaufeln und anderes schweres Werkzeug an jeden und forderte uns dann ungeduldig auf, ihm in den stockdunklen Dschungel zu folgen.

»Er will, daß wir ihm helfen, den Braten für morgen zu holen«, keuchte mir Nettasinghe zu, der sich wie alle anderen bemühte, dem Koch zu folgen. Dann hörten wir den Lärm, ein wildes Grunzen von Wildschweinen, das auch, als wir näherkamen, nicht verstummen wollte. Somapala mußte die Borstentiere auf dem Weg vom Wasserloch in die Küche entdeckt und bemerkt haben, daß hier Außergewöhnliches vor sich ging. Jetzt hatten wir die aufgebrachte Rotte fast erreicht und sahen im Schein einiger Taschenlampen, daß die Schwarzkittel einen stattlichen Manilkarabaum umringt hatten und wütend nach oben bellend grunzten und dabei ihre Hauer gegeneinanderwetzten.

Auch Somapala hatte es auf diesen Baum abgesehen. Er gestikulierte, wir sollten den Baum umringen. Die Wildschweine flohen, und dann erfaßte Somapalas Taschenlampe den Grund der Aufregung. Hoch oben im Geäst saß ein Leopard, der quer über den Ast vor ihm ein junges Wildschwein gelegt hatte, es mit den Vorderpfoten festhielt. Er fauchte uns an. Somapala hämmerte mit der stumpfen Seite des Beils gegen den Stamm, und Tilekaratne, sein Küchenbursche, tat es ihm mit einem anderen Werkzeug nach.

Ich wollte zur Vernunft mahnen – schließlich schüttelt man nicht ausgewachsene Leoparden von Bäumen wie reife Pflaumen –, als die gefleckte Katze des Spektakels überdrüssig wurde, in einem lässigen Satz zu Boden sprang und verschwand. Ihre Beute rutschte vom Ast, und noch bevor Somapala oder ein anderer der nächtlichen Jägerschar das Schwein ergreifen konnte, stand es auf allen vieren, schüttelte sich kräftig und trippelte hurtig in die Finsternis. Die ersehnte Abwechslung im eintönigen Curry-Menüplan war von den Toten wiederauferstanden und erfreute sich bester Gesundheit, während sich Somapala schmollend auf den Rückweg machte.

Somapalas mißlungener Beutezug war nach einjährigem Aufenthalt im Yala-Nationalpark die erste Gelegenheit, bei der wir beobachteten, daß Leoparden Wildschweine erbeuten. Auch später haben wir dies nur selten beobachtet. Anfangs aber hatten wir das Gegenteil vermutet: Wildschweine, von denen es im Nationalpark sehr viele gibt, stellen die Hauptbeute des Leoparden dar, dachten wir. Paul Leyhausen,

der weltberühmte Katzenforscher vom Max-Planck-Institut in Wuppertal, der mich einmal in Yala besuchte, war ebenfalls dieser Meinung. Er glaubte darüber hinaus, daß auch Stachelschweine einen wichtigen Platz auf der Speisekarte des größten Raubtiers von Sri Lanka einnähmen. Stachelschweine sahen wir nachts zwar regelmäßig, doch stellten wir sie nie als Beute des Leoparden fest – von einer Ausnahme abgesehen.

Yalas Leoparden hielten sich an größere Beute, an Büffelkälber, Axis- und Sambarhirsche. Ja, einmal wurde sogar ein dreiviertelerwachsenes Lippenbärweibchen von einem Leoparden gerissen.

Leoparden schleppen größere Beutetiere in Yala regelmäßig auf Bäume, besuchen den »Kill«, den Kadaver, täglich ein- bis dreimal und fressen, jedenfalls bei Huftieren, zuerst die Eingeweide. So war es auch bei einem Büffelkalb, das wir am 16. Januar vier Meter über dem Boden im Geäst eines allein wachsenden Baumes nur deshalb entdeckten, weil um den Baum herum sechs Büffel standen, die nach oben blickten und ihre Hörner gegen den Stamm schlugen. Am Nachmittag kontrollierten wir den »Kill«. Der Bauch war offen, Eingeweide und Lunge fehlten. Am Abend desselben Tages erschien der Leopard erneut. Diesmal fraß er von der Kehle her den Hals, später den Schultergürtel, die Rippen und die Hüfte. Den Rest hat er nicht mehr aufgebaumt, er wurde leichte Nahrung für die Wildschweine, Krokodile und Schakale.

Gelegentlich ist die Beute so schwer, daß Leoparden sie nicht ins Geäst tragen können. Bei erwachsenen Sambaren ist das der Fall. Auch von ihnen frißt der Jäger zuerst Eingeweide, Herz und Lunge, vielleicht noch Schultergürtel und Brustmuskulatur. Den Rest muß er dann allerdings den Aasfressern überlassen.

Das Aufbaumen der Beute ist eine einfache Vorsichtsmaßnahme des Leoparden gegen Konkurrenten, nämlich Aasfresser wie Goldschakal, Lippenbär, Krokodile, Stachelschweine und vor allem Wildschweine. Der Leopard betreibt eine »Vorratshaltung«. Er kann an zwei, drei, vielleicht sogar an vier aufeinanderfolgenden Tagen in seine »Speisekammer« zurückkehren, sich vollfressen, ohne jedesmal auf die beschwerliche Jagd gehen zu müssen. Dies schränkt den Energieverbrauch ein und verschont die Beute vor übermäßiger Bejagung. In Yala leben die Leoparden kaum von Wildschweinen. Ganz im Gegenteil: Die Allesfresser leben zu einem großen Teil von Leoparden oder besser gesagt, von deren Beute. Ich habe wiederholt beobachtet, wie ein Leopard einen Hirsch oder ein Büffelkalb geschlagen hatte, die Beute dann am Hals hinter dem Kopf mit den Zähnen ergriff und sie zu einem hohen Baum zu schleppen versuchte, als plötzlich eine Rotte Wildschweine auftauchte, den gefleckten Jäger umstellte, ihn angriff und schließlich vertrieb. Dann begannen sie, den Kadaver zu verzehren, um ihn früher oder später, vor allem in der Dämmerung und nachts, an noch wehrhaftere Fleischfresser zu verlieren: an die Krokodile, die sich plötzlich aus einem Wasserloch oder aus einer Büffelsuhle schieben, sich stelzbeinig aufrichten, zum Kadaver kriechen, ihn mit ihren Schnauzen prüfend anstoßen und dann daneben warten, bis sich weitere Panzerechsen eingestellt haben. Dann beginnen sie plötzlich die Beute des Leoparden, die zum Schmaus der Wildschweine geworden war, zu ergreifen und zu zerreißen. Dabei drehen sie sich blitzschnell mit unglaublicher Kraft um ihre Längsachse. Hat eine Echse ein Stück, dann schleppt sie den Happen zurück ins Wasser. Nun haben die Wildschweine das Nachsehen.

Im Yala-Nationalpark an der Südküste Sri Lankas sind verwilderte Wasserbüffel harte Futterkonkurrenten der letzten wilden Elefanten.

Wildschweine und Krokodile sind im Süden Sri Lankas häufige und bedeutende Aasfresser. Selbst die Kadaver erwachsener Büffel oder gar von Elefanten fressen sie innerhalb kürzester Zeit auf. Meist entdecken Dschungelkrähen tote Tiere. Sie hocken im Geäst der Bäume und melden den Fund lautstark. Dann treffen die ersten Aasfresser ein: Fliegen und andere Insekten. Schließlich erscheinen die Rotten der Wildschweine, inspizieren das Ganze und verschwinden wieder, wenn das tote Tier keine offene Wunde trägt. Nur an ihr würden sie sofort zu fressen beginnen. Handelt es sich bei dem toten Tier um einen erwachsenen Büffel oder Elefanten, der aus Altersschwäche, Krankheit oder irgendeinem anderen Grund starb, dann warten die Wildschweine und die später erscheinenden Krokodile ziemlich genau eine Woche lang, bevor sie von ihm fressen, das heißt so lange, bis die Fäulnis die Eingeweide dermaßen aufgebläht hat, daß die Bauchdecke platzt. Und nun fressen sie, wie der Leopard seine frische Beute verzehrt, zuerst die Eingeweide und dann die Muskulatur. Ein 500 bis 800 Kilogramm schwerer Büffel wird auf diese Weise innerhalb von drei bis vier Tagen aufgefressen. Nur die Haut, die größeren Knochen, die Zähne und die Hufe bleiben übrig. Bei einem toten Elefanten dauert es etwa zwei Tage länger. Hier fressen die Wildschweine den Kadaver an der hinteren Bauchseite an, öffnen so einen Zugang zum Inneren des toten Tierriesen, den sie dann abwechselnd mit den Krokodilen allmählich aushöhlen. Im Studiengebiet von Yala gab es kein Wasserloch, ja nicht einmal eine größere Büffelsuhle, in der sich nicht Krokodile aufhielten. Während der Trockenzeit fanden wir sie sogar in Felsspalten weitab vom nächsten Wasserloch. Und sie waren dauernd in Bewegung. Das erfuhren wir dank regelmäßiger Zählungen der Reptilien an den Gewässern. Leider mußten wir aus Zeitgründen darauf verzichten, die beiden in Yala lebenden Arten, das Leistenkrokodil (*Crocodylus porosus*) und das Sumpfkrokodil (*C. palustris*), gesondert zu beobachten.

Nachts zählten wir, besonders in der winterlichen Regenzeit, Dutzende von zwei bis drei Meter langen Panzerechsen auf den großen Grasflächen, den Villus. Pydase, unser Führer, sagte, sie würden hier Hasen jagen, was wir jedoch nie sahen. Ich glaube, sie suchten vor allem Aas. Nur zweimal beobachteten wir Krokodile beim Reißen großer Beutetiere, eines Axishirsches und eines Büffelkalbs, die sie an der Wasserstelle geschickt und unerkannt anschwammen und dann, nach einem kräftigen Biß in den Kopf und einer fast gleichzeitigen blitzschnellen Drehung um die eigene Längsachse, ins Wasser zogen.

Häufiger entdeckten wir Krokodile, die wie tote Baumstämme auf der Wasseroberfläche dümpelten und dann plötzlich mit peitschenden Schwanzschlägen Fische oder Schildkröten, die neben ihnen aufgetaucht waren, in den geöffneten Rachen des seitlich abgedrehten Kopfes schlugen. Meistens aber sahen wir Krokodile bei Kadavern großer Huftiere.

Die beiden großen Aasfresser Krokodil und Wildschwein sind in Yala in jenen Gebieten besonders häufig, in denen viele Wasserbüffel leben. Das hängt damit zusammen, daß alle drei Arten ähnliche Teile des Lebensraums bevorzugen, zum Beispiel Wassernähe, offene Parklandschaften und Savannen.

Große Ansammlungen von Wasserbüffeln verändern die Umwelt zugunsten der Krokodile und Wildschweine. Büffelkot nämlich zieht Unmengen von Insekten an, etwa Pillendreher, die Wildschweinen als Nahrung dienen. Büffelbullen legen große Schlammsuhlen an, um sich tagsüber darin zu kühlen. Diese Plätze werden von Wildschweinen und Krokodilen als Bade- und Kühlplätze beziehungsweise als Verstecke genutzt. Und schließlich finden die Aasfresser dort, wo viele Büffel leben, während der Trockenzeit auch die meisten Kadaver, von denen sie sich zu einem großen Teil ernähren. Leben viele Büffel in einem Gebiet, dann gibt es dort auch viele Wildschweine und Krokodile, und die wiederum zwingen den Leoparden, vermehrt auf Jagd zu gehen, weil sie ihm große Beutetiere entreißen und auffressen.

Man könnte annehmen, daß ein hoher Büffelbestand, wie er im Süden des Yala-Nationalparks vorkommt, eine verstärkte Jagd auf die Kälber geradezu provoziert und damit seine eigene Bestandsregulierung einleitet. Daß dem nicht so ist, beweisen die Zahlen über das stetige Wachstum der Wasserbüffelherden – bis eine Katastrophe eintrifft, eine harte Trockenzeit, wie sie sich etwa alle sieben Jahre ereignet, eine Seuche oder beides. Leoparden vermögen die Vermehrungsrate der Büffel auf den südlichen Grasländern des Yala-Nationalparks nicht zu begrenzen. Dies liegt sicher nicht daran, daß Büffelkälber besonders schwer zu erbeuten wären. Dies gelingt schon Menschen, wie mir Pydase wiederholt erzählt und dann auch demonstriert hat.

Pydase stammt aus einem der Dörfer an der Westgrenze von Yala, wo die Menschen als Reisbauern, Fischer und vor allem als »Büffelzüchter« leben. Diese Gegend zwischen Tissamaharama und Tangalle ist wegen des »Curts« bekannt, einem yoghurtähnlichen Produkt aus Büffelmilch. Es wird in flachen, tönernen Schalen über die ganze Insel verschickt und entlang der Straßen angeboten. Curt, vermischt mit Melasse oder Honig, ist eine erfrischende und gut schmeckende Mahlzeit, die wir in unserem Camp so oft wie möglich als Frühstück oder Nachtisch genossen.

Curt stammt aus der Milch verwilderter Büffelkühe, wie sie zu Tausenden im Nationalpark von Yala leben. Die Büffelzüchter halten die Muttertiere nur vorübergehend zur Milchgewinnung bei sich zu Hause. Dorthin folgen sie den Menschen zwangsläufig. Denn kurz nach der Geburt schleichen sich einige mutige Burschen an das Neugeborene im hellgrauen Fell mit den weißen Beinen heran, das verborgen im Unterwuchs liegt, heben das Tier auf und tragen es ins Dorf. Die Mutter versucht, die Kindsräuber abzuwehren. Sie wird aber geschickt abgelenkt, sie ermüdet, und schließlich folgt sie wohl oder übel den Menschen. Sie wird dann gefesselt in einen Verschlag geführt, wo sie bis zur Entwöhnung des Kalbs Milch für beide zu liefern hat, für ihr Kalb und für die Menschen. Dann wird sie entlassen. Meist kehrt auch das Kalb in die Herde zurück. Ist es ein Männchen und werden auf den Reisfeldern neue Zugochsen gebraucht, so wird es kastriert und hat Frondienste für den Menschen zu leisten. Doch auch Ochsen können, falls sie nicht mehr gebraucht werden, wieder zur Herde stoßen. Mir waren seinerzeit wenigstens zwei Dutzend Ochsen bekannt, die auf ihren Flanken die Brand- und Schnittmarken ihrer früheren Besitzer trugen und in Yala lebten. Und auch heute noch sind »Hausbüffel« mitten unter den »Wildbüffeln« auszumachen. Das soll aber nicht heißen, daß alle Wasserbüffel Yalas oder anderer naturbelassener Gebiete einmal in Menschenhand waren oder das Pech haben, früher oder später eingefangen zu werden. Ganz im Gegenteil: Die meisten von ihnen leben seit vielen Generationen vom Menschen völlig unbehelligt und verwilderten. Am meisten gleichen jene Büffel ihren heute noch wildlebenden Verwand-

ten in Assam, die im Norden des Yala-Nationalparks leben. Dort ähnelt ihr Lebensraum in seiner Struktur dem Grasdschungel des nordöstlichen Indiens.
Allerdings ist im hier dichten Wald Yalas das Futterangebot gering und daher die tragbare Wilddichte bescheiden. Wir schätzten höchstens zehn Büffel pro Quadratkilometer. Bis zu siebzigmal höher ist die Wilddichte auf den Grassavannen im Süden des Parks. Die wenigen kleinen Lichtungen, auf denen die »Waldbüffel« im Norden Yalas ihre Grasnahrung finden, sind ziemlich gleichmäßig verteilt. Das gilt auch für die kleinen Wasserlöcher, in denen sich die Büffel regelmäßig suhlen.
Die »Gesellschaftsordnung« dieser Huftiere entspricht den Umweltbedingungen: Man bleibt dauernd im Herdenverband, wo jeder jeden kennt, vermeidet Isolation, weil Büffel sich im Wald nicht über große Distanzen verständigen können. Auch fehlt es ihnen hier an einem sturen »Fahrplan«, nach dem sich alle zu einer bestimmten Zeit an einem bestimmten Ort einfinden könnten. Im Wald gibt es die untrüglichen Zeitgeber Mittagssonne und Nachtkälte nicht, weil sein Blätterdach vor Hitze schützt und nachts warme Luft zurückhält. Nun leben jedoch nicht alle »Waldbüffel« in Gruppen: Erwachsene Männchen trifft man gelegentlich als Einzelgänger an. Die Gruppen sind verhältnismäßig klein. Die größte, die ich kannte, umfaßte 23 Tiere. Gruppen bestehen entweder aus subadulten und adulten Bullen oder aus Kühen, ihren Nachkommen und nur einem Bullen. Dieser Gruppentyp ist eine stabile »Ein-Mann-Familie«. Mehrere Gruppen der »Waldbüffel« nutzen oft beachtliche Teile ihrer Lebensräume gemeinsam. Bei den seltenen Begegnungen vermischen sich die Mitglieder zweier Ein-Mann-Gruppen nicht. Die Zusammensetzung der Großfamilien ändert sich nur bei Geburten oder bei Todesfällen, dann etwa, wenn in besonders harten Trockenzeiten die Hälfte des Bestands verhungert oder verdurstet.
Die Gruppenzusammensetzung ändert sich gelegentlich auch, wenn ein starker fremder Bulle den Herdenbullen in fairem Kampf besiegt und ihn damit zum Einzelgänger macht. Der Leopard schließlich jagt Neugeborene und erbeutet sie auch, obwohl alle größeren Gruppenmitglieder sie zu schützen versuchen. Sie vereinen sich vor den hellgrauen Kälbern mit den weißen »Socken« zur Phalanx, sobald sie einen Leoparden gewittert haben. Doch Wasserbüffel auf Sri Lanka haben noch eine bessere Methode, um Folgen der Jagd durch Leoparden abzuschwächen: Sie gebären ihren Nachwuchs – ganz im Gegensatz zu allen anderen Huftieren Sri Lankas – während einer überaus kurzen Setzzeit zwischen November und Januar, also kurz vor der nahrungsreichen kurzen Regenperiode im Frühjahr. Auf diese Weise erhöhen die Büffel das Angebot an jagdbaren Kälbern für die Leoparden extrem stark, so stark, daß die Großkatzen so viele Kälber töten können, wie sie wollen, ohne jemals den Bestand zu gefährden. Außerdem wachsen Büffelkälber rasch, und schon bald haben sie es gelernt, den Räuber selbst zu erkennen und rechtzeitig zu fliehen. An halbwüchsige Büffel trauen sich Leoparden überdies nicht mehr heran.
Die Büffel, die auf den einst vom Menschen geschaffenen Savannen im Süden des Yala-Nationalparks leben, sind ganz anders organisiert als ihre Artgenossen in den nördlichen Waldgebieten. Auf den Savannen herrschen auch völlig andere Umweltbedingungen vor. Hier lockte während Jahrzehnten ein reiches Nahrungsangebot auf großen Flächen, seitdem der Nationalpark geschaffen worden ist und die

verwilderten Büffel weder gejagt noch gefangen werden dürfen. Auch heute noch, nachdem Elefanten und Büffel angefangen haben, die einst schier unerschöpflichen Nahrungsquellen zu zerstören, läßt der Monsun im Spätherbst und im Frühjahr frisches Grün auf den noch unversehrten Böden sprießen. Naturschützer haben tiefe Wasserlöcher am Rand der Savannen gegraben, die unverzüglich zu wichtigen Fixpunkten im eintönigen Land, zu Badeplätzen, geworden sind, an denen sich alle Büffel zur Zeit der Mittagshitze einfinden.

Dort treffen sich die Büffel regelmäßig. Doch im scheinbaren Überfluß der Savannen gibt es keine Großfamilien mehr. Die Tiere leben zum Teil in riesigen Verbänden: Von 272 Gruppen, die ich zählen konnte, umfaßte die größte 850, 79 davon hatten mehr als 10 Mitglieder.

Dagegen sah ich auf den Savannen nur zwei Ein-Mann-Gruppen. Sie waren vermutlich rein zufällig und nur vorübergehend gebildet worden. Auf den Savannen verändern sich die Zusammensetzungen der Gruppen dauernd. Ein erwachsener Bulle, den ich anhand bestimmter Hornmerkmale identifizieren konnte, hatte innerhalb von fünf Tagen Gruppenkontakt mit wenigstens zwei anderen erwachsenen Bullen, acht Kühen und neun Kälbern. Ein erwachsenes Weibchen trat innerhalb von zwei Monaten mit wenigstens zwanzig anderen Weibchen, sechs Kälbern und acht Bullen auf. Derartiges wäre in der straff organisierten Population der Waldbüffel nicht denkbar. Nicht denkbar wäre dort auch, daß sich reine Weibchengruppen bilden, wie sie auf den Savannen regelmäßig vorkommen. Selbst die neugeborenen Kälber, die noch kaum Pflanzennahrung zu sich nehmen, ruhen oder spielen zusammen, während ihre Mütter in Gruppen von Dutzenden, gelegentlich von Hunderten von anonymen Mitläufern auf die Weide oder zu den großen Wasserlöchern ziehen, wo sie blökend nach den Kälbern rufen und sie stillen. Sonst kennen sie keine Fürsorge mehr für ihren Nachwuchs.

Auf den Savannen kämpfen die Bullen nicht einmal während der Paarungszeit im April und Mai um den Besitz von einigen Weibchen. Sie streiten lediglich um eine zehn bis fünfzig Meter im Durchmesser messende Arena an der Peripherie der Savannen. Alle diese Territorien sind nach demselben Bauplan angelegt: In der Mitte befindet sich eine kleine Suhle, die irgendwann irgendeiner ihrer jeweiligen Besitzer während der Regenzeit aus dem feuchten Boden gescharrt hat. Am Rand der Arena verläuft mehr oder weniger kreisförmig ein Wechsel. Darauf patrouilliert der Arenenbesitzer und markiert die Grenzen seines Areals mit Harnspritzern. Auf dem Weg zur Weide durchqueren die Weibchen die Arenen, die fast wie Bienenwaben ineinandergeschachtelt nebeneinanderliegen. Die Bullen kontrollieren die Kühe zwar, doch sie sind nicht in der Lage, die Kühe in ihren Arealen zurückzuhalten. Es sind vielmehr die Kühe, die den Geschlechtspartner bestimmen, also schließlich bei dem bleiben, der ihnen »gefällt«.

Die Arenen sind viel zu klein, um ihre Besitzer zu ernähren. So ziehen sie dann gruppenweise auf die Weide, zeigen viel Imponiergehabe gegeneinander, aber sie kämpfen nicht.

Harte Kämpfe finden dagegen statt, wenn die Arenen neu verteilt werden. Überlegene Rivalen können dabei ihren Gegnern mit den Hornspitzen ein oder beide Augen ausstechen, sie auf der Flucht verfolgen und ihnen dabei die fürchterlichen Waffen in Hinterteil oder Flanken schlagen und dabei die Eingeweide herausreißen oder den Konkurrenten kastrieren. Büffelbullen auf der Savanne kämpfen dermaßen rücksichtslos

gegeneinander, daß manchmal die kräftigen Hörner sogar die Vorderlaufknochen des anderen brechen.
Erwachsene Bullen sind auf den Savannen daher auch viel seltener als bei den »Waldbüffeln«, die »fairer« miteinander kämpfen. In den nördlichen Waldgebieten zählte ich acht Bullen auf zehn Weibchen. Auf den Savannen dagegen sind es lediglich drei Bullen auf zehn Kühe. Schwerverletzte Bullen werden von anderen rücksichtslos vertrieben und ziehen sich schließlich in Felsgebiete zurück, die von Büffeln sonst gemieden werden. Hier wächst kaum Futter, hier rutschen die Verwundeten aus, brechen sich die Glieder, verhungern oder sterben an ihren Verletzungen. Im Norden der großen Savannen fanden Pydase und ich eine Felsgruppe, die wir »Büffelfriedhof« nannten, weil hier die gebleichten Knochen vieler Bullen verstreut über dem grauen Stein lagen.
Auf der Savanne wird durch den Tod von zwei Dritteln aller erwachsenen Büffelmännchen der Bestand sicher verringert. Nicht aber die Nachwuchsrate, die nicht einmal der Leopard wesentlich beeinträchtigen kann. Selbstverständlich verbrachten die verwilderten Büffel von Yala ihre äußerst kurze Setzzeit auf den Savannen. Dort läßt der Regen im Frühjahr beste Nahrung wachsen. Auf den offenen Flächen wird der Leopard, der als Ansitzjäger auf seine Beute lauert, von Aberhunderten von Augenpaaren frühzeitig erkannt. Sein Fell, das ihn im Wald fast unerkennbar macht, verrät ihn.
Der Regulationsmechanismus zwischen Räuber und Beute, der nur bei geringer Büffeldichte in natürlicher Umgebung funktioniert, greift in einer vom Menschen geschaffenen Umwelt nicht mehr. Die starke Raubkatze wird zur Farce, der verwilderte Hausbüffel zum Umweltzerstörer. Denn zu viele Büffel fressen heute in Yala das Gras rasenkurz ab, zwingen die Elefanten, es samt Wurzeln vom Boden zu treten und damit Erosionen einzuleiten oder zumindest das Aufkommen von Äsungsunkräutern, die niemand mehr frißt.
»Mittelfristig ist in Yala damit zu rechnen, daß die Büffel die fruchtbaren Grasländer verwüsten. Gelingt es nicht, sie regelmäßig einzufangen oder abzuschießen, so wird Yala gerade wegen seiner ›tierfreundlichen‹ Gesetze, die jeglichen derartigen Eingriff unterbinden, immer weniger sein, was es sollte: ein letztes Rückzugsgebiet für Elefanten und andere wirklich wilde Tiere – und kein Asyl für überzählige Haustiere.«
Dieser Meinung bin ich zwar heute noch. Möglicherweise ist sie aber nicht ganz zutreffend. Denn Charles Santiapillai und seine Kollegen haben in den achtziger Jahren die Grasländer Yalas näher untersucht, ebenso die Ernährungsgewohnheiten von den großen Pflanzenfressern. Sie kamen zum Schluß, daß Wasserbüffel nicht einmal ernsthafte Konkurrenten für Axishirsche sind, die, wie die Elefanten, in einem starken Maße von Gras leben. Denn während ausgesprochen langwährenden Trockenzeiten, wie sie in den letzten Jahren häufig vorkamen, kommen sehr viele dieser mächtigen Haustiere um. Der Axishirsch, der im Vergleich zum Elefanten schnellebig ist und in kurzer Zeit viele Jungtiere aufbringt, also auf Veränderungen in seiner Umwelt, namentlich auf Verknappung im Nahrungsangebot rasch und für menschliche Beobachter merklich reagiert, wird in jenen Teilen der südindischen Reservate seltener, wo viele Hausrinder weiden. Er ist der Konkurrenz nicht gewachsen. Das ergaben Studien der Bombay Natural History Society. Welchen Einfluß die vielen Rinder auf den Elefantenbestand von Mudumalai haben, wollte ich 1990

von Natarajan Sivaganesha wissen, der vier Jahre lang Vegetation und Freßverhalten beobachtet hatte. »Das Bambussterben 1969 und die Tatsache, daß nachher Rinder das Aufwachsen einer neuen Bambusgeneration durch Überweidung verhindert haben, hat den Elefanten wenig oder nichts ausgemacht«, begann er, »dem Wald aber schon.« Was er damit meinte, zeigte er mir dann draußen im Wald und anhand Tausender von Erhebungen. »Wie du siehst«, erklärte Natarajan, »halten sich die Elefanten jetzt vermehrt an Bäume. Je nach Art nehmen sie Laub, Rinde, Wurzeln oder Früchte. Einige treten sie um, etwa den Ber-Baum.«

Kein Wunder, denn Ber wehrt sich mit ganz schlimmen Dornen gegen seine Widersacher und macht seinem wissenschaftlichen Namen alle Ehre. Stecken diese Widerhaken von *Zyziphus jujuba* einem in der Haut, so ist es eine wahrhaftig schier unlösbare Aufgabe, sich von ihnen zu befreien. Dem Elefanten schmeckt aber seine Rinde, und seine Früchte sind nicht nur für den Tierriesen und andere Tiere des Dschungels wichtige Nahrung, sondern auch für den Menschen, besonders während einer Hungersnot.

Ber, dieser für Mensch und Tier so wichtige Baum, verjüngt sich, wie zahlreiche andere Baumarten, ausgerechnet dank Elefanten, weil die in den Früchten enthaltenen Samen im Elefantenkot besonders gut keimen. »Trotzdem kommt es nicht mehr zur Waldverjüngung«, korrigiert Natarajan, »weil das Vieh die frischgekeimten Schosse wegfrißt. Früher«, so fährt er fort, »war der Druck der Elefanten auf die Bäume nur in den Jahren sehr hoch, als der Bambus starb und seine nächste Generation heranwuchs. Die von Vieh, Menschen und eingeschleppten Unkräutern gestörte Lebensgemeinschaft vernichtet sich nun allmählich selbst.«

GESTÖRTER WALD ZERSTÖRT SICH SELBST

Obwohl Elefanten und Menschen schon lange miteinander leben, vertragen sie sich im Grunde nur dort, wo beide sehr selten sind.« So beginnen Charles Santiapillai und Hayani Suprahman ihren Bericht zur Lage der wilden Elefanten auf Sumatra vom Frühjahr 1986. Ihre einfache Feststellung trifft das Problem des Asiatischen Elefanten haargenau – und das gilt nicht nur für Sumatra, sondern für das gesamte Verbreitungsgebiet des Tierriesen.

Die heute noch rund 40 000 wilden Elefanten Südasiens teilen ihren Lebensraum mit mehr als einer Milliarde Menschen, die sich täglich noch um 50 000 Köpfe vermehren. Die Städte platzen aus allen Nähten. Einst fruchtbare Gebiete verkarsten und werden in zunehmendem Maße durch die falsche Anwendung von Kunstdüngern und Bioziden vergiftet. Viele Regierungen wollen die Einwohnerzahlen der Städte begrenzen oder verringern. Und so drängen wahre Menschenfluten in bisher kaum bewohnte Waldgebiete. So auch auf Sumatra, wo mehrere hunderttausend Aussiedler von den Inseln Java, Madura und Bali eine neue Heimat finden sollen – mitten im Elefantengebiet. Gleiches gilt für Sabah auf Borneo, wo die Hälfte der heute noch von wilden Elefanten bewohnten Gebiete zur Zeit gerodet werden und unter den Pflug kommen soll; und gleiches geschieht im Nordosten Indiens, in Assam, Anuradchal Pradesh und Meghalaya. Hier lebt, so 1986 Peter Jackson vom WWF-International, rund die Hälfte der letzten indischen Rüsselriesen. Gut zwei Drittel davon sind, wie Dr. D. K. Lahiri-Choudhury im Januar 1986 berichtet hat, durch Wilderei und durch Rodungen bedroht.

In den Regenwaldgebieten hat es schon immer Rodungen gegeben. Da aber die Bevölkerung in diesen Dschungelgebieten bis vor wenigen Jahrzehnten äußerst gering war – drei bis zehn Menschen pro Quadratkilometer –, konnten sie dem Ökosystem Regenwald nicht schaden. Sie schlugen kleine Lichtungen. Die an den Rändern wachsenden Baumriesen schützen sie vor der Gewalt tropischer Stürme. Ihre Wurzeln durchziehen die offene Stelle und festigen so den Boden. Haben die Menschen die Lichtung verlassen, erobert der große, wilde Wald den kleinen Landfleck mühelos zurück.

Doch was geschieht, wenn die Bevölkerung der Menschen dermaßen anwächst, daß die Bauern auf die verlassenen Rodungen zurückkehren müssen, bevor der Wald von ihnen Besitz ergriffen hat, und damit nicht mit dem reichen Aschensegen der verbrannten Vegetation zu rechnen ist? Was geschieht, wenn die Rodungen, um mehr Menschen zu ernähren, immer größer werden?

Auf großen Lichtungen werden Nährstoffkreisläufe abrupt unterbrochen. Der sie umgebende Wald kann die Flächen nicht vor Stürmen schützen. Die schweren Regenfälle schwemmen

Im Camp von Patnangala im Süden Sri Lankas gewöhnten sich wilde Elefanten dermaßen an unsere Nähe, daß sie bis auf wenige Schritte an unser Haus herankamen.

die fruchtbaren Bodenteile aus. Zuletzt verschwinden die Eisen- und Aluminiumoxide. Werden eisenreiche Böden durch Erosion dem Sonnenlicht und Sauerstoff ausgesetzt, dann laufen verschiedene komplexe chemische Reaktionen ab, die den Boden in steinhartes Material, sogenannten Laterit, verwandeln. Der Begriff Laterit stammt vom lateinischen Wort *later*, was Ziegel heißt. Ziegelhart wurden die Böden vieler ehemaliger Waldgebiete.

Kampf um neues Kulturland ist nicht der einzige Grund, warum Regenwälder heute weltweit mit verheerender Geschwindigkeit zerstört werden: jede Minute weltweit zwanzig Hektar. Der Hunger nach wertvollen Tropenhölzern treibt heute Maschinenarmeen durch das Pflanzenmeer, Maschinen, die wenig ernten, aber viel zerstören. In Malaysia, so C. T. Withmore von der Universität Oxford, werden nur dreißig Prozent der Bäume für wirtschaftliche Zwecke gefällt, aber fünfzig Prozent der Vegetation werden durch den rücksichtslosen Einsatz der schweren Maschinen zerstört. Um die Jahrhundertwende, so schätzt die IUCN in ihrer »Strategy of Survival« eher konservativ, wird in Süd- und Südostasien die Hälfte aller einst vorhandenen Regenwälder verschwunden sein.

Wälder, die noch vor wenigen Jahrzehnten schier endlos wie Meere schienen, sind immer mehr zu kleinen Inseln und Atollen in einem Meer öder Kultursteppen geworden, die rasch ihre Fruchtbarkeit verlieren. Allein der Ganges, dessen natürliche Uferwälder total verstümmelt sind, entlädt jährlich anderthalb Milliarden Tonnen Geschiebe ins Meer. Das sind durchschnittlich anderthalbtausend Tonnen von jedem einzelnen Quadratkilometer oder anderthalb Kilogramm von jedem Quadratmeter Boden seines Einzugsgebiets. Dies alles nur, weil Wälder weitgehend fehlen. Springflutkatastrophen im Golf von Bengalen haben in jüngster Zeit auf Tausenden von Quadratkilometern menschliches Leben, Ernten, Städte und Straßen verwüstet. Zurückgeführt werden sie auf die Tatsache, daß die küstenbegleitenden, das Hinterland schützenden Mangrovenwälder fast völlig abgeholzt wurden. Ähnliche Umweltkatastrophen, wie sie sich am Ganges und in seinem Mündungsgebiet abspielen, werden sich überall dort wiederholen, wo tropischer Wald kahlgeschlagen wird.

Tropischer Wald – vor allem Regenwald – ist nicht nur Bollwerk gegen Stürme, Wasserspeicher in den Trockenzeiten und ein unerschöpfliches Holzreservat, wenn er richtig genutzt wird, der tropische Wald ist auch ein unerschöpfliches Zentrum biologischer Informationen, gewissermaßen ein riesiges Software-Unternehmen. Träger dieser Informationen sind oft biochemische Wirkstoffe. Viele natürliche Wirkstoffe liefern dem Menschen seit jeher Medikamente und Gifte, Gewürze, Aufputsch- und Beruhigungsmittel. Und nicht von ungefähr stammen die wertvollsten Stoffe, wie etwa Chinarinde, Kampfer, Pfeffer, Gewürznelken, Vanille, Kaffee, Schwarztee oder Curare, fast ausnahmslos aus dem tropischen Regenwald. Kein anderes ökologisches System produziert so viel ergiebige biologische Information wie er.

Damit wußte die moderne Zivilisation des Menschen bisher nichts, aber auch gar nichts anzufangen, und dies, obwohl auch sie sich in einem ökologisch mit dem Regenwald vergleichbaren Klimax-Zustand befindet. Denn auch ihre Ressourcen sind praktisch aufgebraucht und – wenn auch zum Teil als Schadstoffe und Abfall – ins System integriert. Recycling und Symbiosen mit »Nützlingen« sowie Abwehr von »Schädlingen«, ohne dabei das eigene System zu gefährden, wären die

Devisen für wirksame Strategien zur Sicherung des Fortbestands unserer Zivilisation. Wie wir diese Ziele erreichen, sagt uns der Regenwald. Wir müssen ihn nur fragen.

Derartig billige »ökologische« Informationen werden wohl so lange nicht wahrgenommen, bis es zu spät ist, bis der Regenwald total verstümmelt sein wird und bestenfalls in Form kleiner geschützter Reservate weiterbestehen wird. Doch der parzellierte Regenwald wird nicht lange existieren, weil Stürme, Überschwemmungen, vielleicht sogar Erdbeben ihn zerstören werden. Solche Katastrophen konnten bisher lediglich Löcher in den Teppich der Baumgiganten reißen. Sie waren zu schwach, um die in der Lebensgemeinschaft gehorteten Nährstoffe abzutragen. Und so konnten die Lichtungen, die Natur oder Menschen schlugen, von Lebewesen des unbeschädigten Restwalds erobert werden. Auf diese Weise wurde der Regenwald immer wieder verjüngt. In einem Ödland von Menschenhand werden solche Reservoirs fehlen, und damit werden just jene unberechenbaren Ereignisse, die im intakten Ökosystem eine solch wichtige Rolle spielen, dem Regenwald den Rest geben. Und so, wie sich heute praktisch weltweit die Verinselung der Regenwälder – und der anderen Wälder der Tropen – abzeichnet, werden die letzten Wildelefantenbestände Südasiens isoliert. In Malaysia, so Mohammed Khan bin Momin Khan 1985, leben heute in einzelnen, einst wald- und elefantenreichen Staaten weniger graue Riesen als in einem mittleren zoologischen Garten. So etwa im Staat von Perlis: Gezählt wurden sechs Elefanten – eine fünfköpfige Gruppe und ein einzelgängerischer Bulle. Ebenso viele leben noch in Selangor. Im Staat Trengganu gibt es noch sechs Gruppen mit insgesamt 37 Mitgliedern.

Nicht viel besser wird es den Elefanten in Thailand ergehen, wenn nicht in letzter Minute wirksame Schutzbestimmungen eingeführt werden. Robert Dobias vom WWF-International vermutete 1986 im gesamten Königreich noch 4500 wilde Elefanten. Davon leben aber höchstens 650 bis 900 in staatlichen Schutzgebieten, der Rest in ungeschützten Arealen, wo gerodet und gewildert wird. Ob die Schutzgebiete Thailands auch nur einen verschwindend kleinen Teil der letzten Elefanten erhalten können, ist fraglich. Denn nur in 13 der 95 offiziellen Reservate leben heute mehr als zwei Dutzend Elefanten und in lediglich 7 mehr als 100.

Dem stehen heute allerdings noch einige große Reservate gegenüber, in denen es überlebensfähige Bestände gibt. Auf Sumatra sind dies etwa die Nationalparks und Reservate von Gunung Leuser (9464 km^2), Sekundur und Lankat (2139 km^2), Way Kambas (1300 km^2) oder Padang-Sugihan (700 km^2). In Malaysia leben wenigstens noch 166 wilde Elefanten im Taman-Negara-Nationalpark (4343 km^2). In Thailand sind es im Khao-Yai-Nationalpark (2168 km^2) noch zwischen 100 und 150. Zu den letzten noch verhältnismäßig großen Elefantengebieten im Nordosten Indiens gehört das Manas-Reservat (854 km^2) an der indisch-bhutanesischen Grenze und die umliegenden Schutzgebiete, in Nordindien der Corbett-Nationalpark (520 km^2) und der sich daran anschließende Rajaji-Nationalpark. In Orissa ist das Simlipal Tiger Sanctuary (2447 km^2) noch eines der großen Elefantengebiete. In Südindien umfassen die von wilden Elefanten bewohnten Flächen am Nordfluß der Nilgiris heute noch rund 21 000 Quadratkilometer. Davon liegt die Hälfte im Bandipur-Nationalpark und im Mudumalai Sanctuary.

Die meisten südasiatischen Länder haben in den

letzten Jahren die Anzahl ihrer Reservate um ein Mehrfaches vergrößert und weite Flächen – zumindest auf dem Papier – unter Schutz gestellt. Allen voran Indien: 1970 gab es auf dem Subkontinent 47 Nationalparks und »Wildlife Sanctuaries« mit einer Gesamtfläche von 14 050 Quadratkilometern. 1985 hatte sich die Zahl der Schutzgebiete auf 227 und ihre Gesamtfläche auf 113 842 Quadratkilometer erhöht.

Ähnliches geschah auf Sumatra: 1975 meldete die indonesische Regierung bei der UNO lediglich acht Reservate mit insgesamt 15 287 Quadratkilometern. 1985 verfügte Sumatra aber über 29 Reservate mit insgesamt 43 249 Quadratkilometern. In Thailand gelten heute 41 Gebiete als Nationalparks oder Wildlife Sanctuaries. 1975 waren es erst 11. Damals standen nur 13 425 Quadratkilometer unter Schutz. Heute sollen es 28 075 sein.

Auf dem Festland von Malaysia ist seit 1964, als das Sungai Dusun Game Reserve (43 km^2) als eines der letzten Rückzugsgebiete für kaum ein halbes Dutzend Sumatranashörner geschaffen wurde, kein Reservat mehr eingerichtet worden. Die Gesamtfläche der offiziell geschützten Areale beträgt rund 7 000 Quadratkilometer.

Alle genannten Reservate dürfen nach den international anerkannten Resolutionen der IUCN und der Zweiten Weltkonferenz über Nationalparks in den Jahren 1969 und 1972 wirtschaftlich nicht genutzt werden; ausgenommen ist nur der Tourismus. Es darf hier also weder Land- noch Weidewirtschaft betrieben, noch gejagt oder gefischt, noch Holz geschlagen, noch nach Öl gebohrt oder nach Erzen geschürft werden. Hier sollen keine Straßen, Kraftwerke oder Stromleitungen entstehen, auch keine Siedlungen und Industrieanlagen. Reservatspolitik ist bei Ansässigen nicht beliebt, weil sie die Nutzung der betreffenden Fläche durch den Menschen ausschließt. Aber dieses Ziel ist noch nicht in allen südasiatischen Schutzgebieten durchgesetzt worden – allen Bestrebungen der Naturschützer zum Trotz.

Eine strikte Befolgung der internationalen Richtlinien für die Schaffung und Erhaltung von Schutzgebieten bedeutet auch, daß Menschen umgesiedelt werden müssen. Ich denke dabei an Jäger und Sammler, an brandrodende Bauernvölker oder an Elefantenfänger und -führer. Verschwinden die Menschen aus den letzten heute mit allen erdenklichen Mitteln geschützten wilden Gebieten, so geht Wissen um eine Lebensgemeinschaft verloren, das den westlichen Naturwissenschaften bis heute weitgehend verborgen geblieben ist. Die Mannigfaltigkeit der Arten, die unermeßliche Vielfalt an zwischenartlichen Beziehungen und ihre Bedeutung für das Überleben des Planeten sind in der kurzen Zeit, die dem Regenwald noch bleibt, nicht einmal annähernd abzuschätzen. Es sei denn, die Regenwaldforschung könnte auf die jahrhunderte- und jahrtausendealten Traditionen jener Menschen aufbauen, die seit unzähligen Generationen die Lebewesen des Waldes kennen, genießbare von ungenießbaren Arten unterscheiden können, heilende von giftigen und häufige von seltenen.

Doch nach dem Konzept des konservativen Naturschutzes müssen diese Menschen die Reservate verlassen, obwohl sie bedeutend zu ihrem Schutz beitragen könnten. Aber immerhin, ein rigoroser Ausschluß der Menschen verhindert, daß die letzten Waldinseln durch rasche Übernutzung zerstört werden.

Aber trotzdem droht den Reservaten die Vernichtung: Praktische Erfahrungen und theoretische Erwägungen haben die Erkenntnis gebracht, daß Reservate den Keim der Selbstzerstörung in sich tragen. Wildelefanten können den Zerstörungsprozeß sogar noch beschleunigen, die Konflikte an den Grenzen zwischen natürlicher Lebensgemeinschaft und Kulturlandschaft drastisch verschärfen, bevor sie in den Auseinandersetzungen mit den Menschen schließlich sterben. In kleinen Dschungelinseln verläuft die Katastrophe schneller als in großen. Vergleichsweise winzige Dschungeltaschen beherbergen meist mehr Elefanten, als sie zu ernähren vermögen. Sie dienen den grauen Riesen fast nur noch als Tagesverstecke, die sie nachts gruppenweise verlassen. Ihr Futter finden die Elefanten dann auf den umliegenden Feldern. Reis, die Sprossen von Hirse und Mais, die Stämme des Zuckerrohrs und die Bananenbäume, das Laub der Kokospalmen und die Früchte des Mango- und des Brotfruchtbaums sind ihre bevorzugte Nahrung. Maulbeerbäume und Pfeffer dagegen werden verschmäht.

Die Schäden, die sie anrichten, sind beträchtlich. R. Sukumar von der Universität Bangalore kam 1986 nach einer umfassenden Studie in Südindien zu dem Schluß, daß erwachsene Elefanten pro Nacht bis zu 300 Kilogramm Ernte vernichten können. Er stellte überdies fest, daß die meisten Schutzmaßnahmen der Bauern kaum geeignet waren, die Riesen von den Feldern zu vertreiben und vor allem von ihnen fernzuhalten. Gräben werden in Südindien wie in Malaysia durchschritten, Knall- und Leuchtpetarden wirken wie Schreckschüsse nur am Anfang. Später wird meist scharf geschossen, dabei werden Elefanten verletzt und damit früher oder später zu einer tödlichen Gefahr für Menschen. Eine einzige Bande von Wilderern und Holzdieben, die in den späten siebziger Jahren in Südindien operierte, umfaßte 200 Mitglieder. Geschützt wurde sie von Bauern und Lokalpolitikern, und sie finanzierte sich durch den allmählich austrocknenden Elfenbeinhandel.

Rund die Hälfte der 7200 indischen Elfenbeinschnitzer stammt aus Südindien. Die riesige Nachfrage nach dem »weißen Gold« konnte seit Menschengedenken nie von landeseigenen Trophäen gedeckt werden, weshalb Stoßzähne Afrikanischer Elefanten eingeführt wurden. Zwischen 1875 und 1881 wurden jährlich rund 250 Tonnen importiert, die in Karnataka, Tamil Nadu und Kerala verarbeitet wurden. Zwischen 1960 und 1971 waren es noch 37 Tonnen pro Jahr, 1979 noch fünf. 1980 konnten die drei Staaten nur noch eine einzige Tonne einführen, was die Existenzgrundlage der südindischen Elfenbeinschnitzer erschüttert hat. Denen waren die 1800 Kilogramm Elfenbein, die über den aufblühenden einheimischen Wilderermarkt angeboten wurden, höchst willkommen. Wenigstens 225 000 US-Dollar sollen sie dafür bezahlt haben. Der hohe Preis hat wiederum die Wilderei angekurbelt. Bereits fünfjährige Bullen mit höchstens zwei Kilogramm schweren Stoßzähnen werden heute, so Sukumar, oft mitten in den Reservaten gewildert – praktisch ungehindert. Die Naturschutzbeamten kämpfen auf verlorenem Posten: Ihre Arbeit ist so unpopulär wie erfolglos. Und indem sie mit zeitraubenden Methoden zumindest versuchen, Elefanten zu vertreiben, die von kleinen Waldinseln aus Felder plündern, vernachlässigen sie andere Aufgaben: den Kampf gegen die Wilderer, das Eindämmen von Waldbränden, die Einschränkung der Waldweide durch Haustiere usw.

Die heute von Elefanten verursachten Schäden werfen eine wichtige Frage auf, was seinen Lebensraum anbetrifft: Warum hat er trotz des Tierriesen überlebt, bis der Mensch die Wälder großflächig störte und zerstörte?

Die naturgewollte Seltenheit des Elefanten ist

Tote Elefanten werden innerhalb weniger Tage von Wildschweinen, Krokodilen und anderen Aasfressern aufgefressen. Nur einige Knochen und die Zähne bleiben übrig.

sicher einer der Gründe. Seine Vorliebe für bestimmte schnellwüchsige Pflanzen ein anderer. Der Tierriese jätet gewissermaßen Gras, Palmen oder Bananenbäume weg, läßt aber die jungen Hochwaldbäume verschont. So gesehen spielen Elefanten eine Schlüsselrolle in der Abfolge einzelner Sukzessionsstadien des Waldes. Das wirft eine weitere Frage auf: Überlebt die natürliche Lebensgemeinschaft möglicherweise nicht nur trotz, sondern gerade wegen der unersättlichen Tierriesen? Immer mehr Argumente lassen sich finden, die diese Frage mit ja beantworten. Dazu einige Beispiele: Im Elefantenkot sammeln sich in kürzester Zeit unzählige Insekten. Zu ihnen gehören beispielsweise die Dungkäfer. Allein in einer einzigen, anderthalb Kilogramm schweren »Visitenkarte« des Tierriesen zählten Forscher 16 000 dieser Nahrungsspezialisten. Sie fraßen, vergruben oder rollten die ganze Pracht in zwei Stunden weg. Das berichtet 1991 Ilkka Hansi, ein Insektenforscher von der Universität in Helsinki. Dungkäfer riechen ihre Nahrung auf Tausende von Metern. Mit ihnen reisen unzählbare Milben und Fadenwürmer als blinde Passagiere mit. Sie gehören zu jenen im Kreislauf der Nährstoffe wichtigen Organismen, die aus Abfall Aufbaustoffe für die Pflanzen machen.

In frischem Elefantendung erscheinen regelmäßig auch Termiten, Geschlechtstiere, die das darin enthaltene, unverdaute Holz als Startkapital für die Gründung eines neuen Staates benutzen, oder Arbeitstiere aus einem nahen Termitenbau, die es unterirdisch finden und verarbeiten. Dank des Insektenfraßes und unzählbarer Kleinstlebewesen verschwinden selbst in den trockenen Wäldern Sri Lankas und Südindiens die Kotballen der Elefanten spätestens nach zwei bis vier Wochen. Das heißt, ihre Nährstoffe sind dann in den Boden eingearbeitet. Laub und Äste, die von Elefanten ungefressen am Baum vertrocknen und schließlich zu Boden fallen, brauchen dagegen Monate, wenn nicht Jahre, bis sie vermodert sind.

Ein Elefant produziert täglich rund 100 Kilogramm Dung. Nimmt man Savannengebiete oder Monsunwälder, wo auf einen einzigen Quadratkilometer zwar nur ein Elefant geschätzt wird, so ist die Düngermenge von 37 Tonnen beachtlich, schreibt Raman Sukumar 1991. Nicht von ungefähr haben sich viele Dungkäferarten auf Elefantenkot spezialisiert.

Elefanten sind schlechte Futterverwerter. In ihrem Kot finden sich viele unverdaute Samen. Bei westafrikanischen Rundohrelefanten (*Loxodonta africana cyclotis*) machen sie etwa 35 Prozent vom Trockengewicht des Kotes aus. Das fand der Heidelberger Biologe G. Merz. Er zählte Samen von fünf Dutzend Baumarten. Viele davon sind so groß, daß sie von keinem andern Tier verschluckt werden könnten. Mehr noch: Diese Samen können nur keimen, wenn sie vorher das Verdauungssystem des Tierriesen passiert haben. Dabei wird durch Wirkstoffe die Wachshaut, welche den Samen wasserdicht umschließt und ihn damit am Quellen hindert, abgelöst. Wo heute in Westafrika Elefanten fehlen, schwinden bestimmte Baumarten, etwa Macora, ein wichtiges Nutzholz für den Menschen.

In Südasien essen nicht nur Menschen gerne Mango, jene süße Frucht, sondern auch viele Vögel und Affen, Nashörner und Elefanten. Die Tierriesen verschlucken die äußerst hartschaligen Samen. In ihrem Kot sind dann die rasch gekeimten Mangoschößlinge zu sehen. Gleiches gibt es über wenigstens zwei andere für den Menschen wichtige Fruchtbäume der südasiatischen Wälder zu berichten, über den Durian- und den Brotfruchtbaum. Beide werden von Elefanten besucht, wenn die Früchte reif sind,

beide tragen Früchte mit riesigen Samen, und beide werden von Elefanten ausgesät.
Auf Sri Lanka ist es der Woodapple, der »Holzapfel«, *Ferronia limonea*, der bis vor kurzem *Ferronia elephantorum* hieß. Damit wurde auf die enge Beziehung zwischen dem niederen Baum und dem Elefanten hingewiesen. Denn Elefanten sind, von wenigen Insektenarten abgesehen, die einzigen Tiere, die das nach Limonen schmeckende süßsaure Fruchtfleisch verzehren. Zwischen ihren mächtigen Backenzähnen knacken sie die harte Schale der etwa tennisballgroßen Frucht. Die Schosse, die aus den an und für sich winzig kleinen Samen sprießen, finden sich nach meinen Beobachtungen nur auf Elefantendung.
So wie bestimmte Pflanzenarten durch den Tierriesen gefördert werden, verdanken auch viele kleinere Tierarten ihr Vorkommen den Elefanten, sei es, daß sie vom Laub fressen, das Elefanten von Bäumen rissen und liegen ließen, oder vom Salz, das die Tierriesen aus dem Gestein brechen, sei es, daß sie während der Trockenzeiten aus Zisternen trinken, die Elefanten in den Boden gruben. Das war immer so, meint der Zoologe Norman Owen-Smith. Als im Pleistozän (vor 10 000 bis 20 000 Jahren) in der Neuen Welt die Tierriesen ausstarben, möglicherweise durch Überbejagung durch Menschen, verschwanden auch zahlreiche kleinere Tierarten, die in der einen oder anderen Weise vom Elefanten abhingen. Allein wegen des Verschwindens des Mastodons, eines Verwandten des Elefanten, sind in Südamerika Pflanzen mit ausgesprochen großen Früchten ausgestorben oder zumindest selten geworden.
Man darf füglich behaupten, daß tropische Wälder, in denen Elefanten lebten oder noch leben, nicht nur trotz, sondern wegen der Tierriesen in ihrer Vielfalt bestanden, wegen ihrer gestalterischen Kraft, ihrer Größe, ihrer Mobilität, ihres verschwenderischen Umgangs mit dem Futter und ihrer schlechten Verdauung, kurz, wegen all jener Eigenschaften, die sie heute vielerorts zu Schädlingen machen, weil die Bestände zu dicht geworden sind. Diese »Schädlinge« werden aber auf Geheiß von Behörden und mit Geldmitteln von Tierfreunden aus den reichen Nationen häufig gegen den Willen der ansässigen Menschen geschützt, obwohl sie vielerorts ebenfalls schützenswerte Reste von Naturlandschaften zerstören.

WIE MENSCHEN UND ELEFANTEN ZUSAMMENLEBEN KÖNNTEN

Eigentlich ist es paradox: Innerhalb ihres großen einstigen Verbreitungsgebiets werden Elefanten immer seltener, innerhalb ihrer letzten ihnen vom Menschen überlassenen Verbreitungsinseln dagegen nimmt die Bestandsdichte zu – allerdings nicht etwa deshalb, weil sie sich hier besonders erfolgreich fortpflanzen würden. Die »Bestandsexplosionen« erfolgen, weil Elefanten aus umliegenden Gebieten einwandern oder aber, weil sie nicht mehr wandern können. Und damit beginnt ein schrecklicher Teufelskreis: Eine seltene, vom Aussterben bedrohte Tierart beginnt, einen bedrohten Lebensraum zu zerstören. Selbst in dichten Regenwaldreservaten wie auf Sumatra, vermuten die beiden WWF-Experten Charles Santiapillai und Hayani Suprahman, führen Elefanten eine Verarmung der natürlichen Vielfalt herbei.

Als klassisches Beispiel für diese These wird die Entwicklung im kenianischen Tsavo-Nationalpark angeführt: Kurz nach dem Zweiten Weltkrieg wurde er geschaffen. Mit seinen 21 000 Quadratkilometern ist er halb so groß wie die Schweiz. Seine endlosen Baumsavannen schienen ein ideales Rückzugsgebiet für Elefantenherden zu sein, die zwar landesweit geschützt waren, aber von den fruchtbarsten Böden durch die Plantagen der Menschen verdrängt wurden. 1970 war der Tsavo-Bestand durch Einwanderer von (um 1960) 20 000 auf 35 000 Elefanten angestiegen.

Der Baumbestand von Tsavo begann sich zu lichten. Die Elefanten fraßen Rinde und Holz der Affenbrotbäume im Übermaß. Immer mehr Boden wurde der sengenden Sonne ausgesetzt. Als sich deshalb der Grundwasserspiegel senkte, waren die Elefantenfreunde wieder zur Stelle und ließen künstliche Wasserlöcher graben. Wieder schien die Katastrophe, das Massensterben der Tierriesen, gebannt zu sein. Als dann aber wenig später eine Dürre über die inzwischen karg gewordenen Savannen zog, bahnte sich die Katastrophe langsam und unvermeidlich an: Der riesige Elefantenbestand mußte sich an die Ufer des Galana-Flusses und der wenigen anderen Gewässer zurückziehen, weil hier noch etwas Nahrung wuchs. Doch auch sie war bald weggefressen. Tausende von Elefanten verhungerten, weil sie außerhalb des Ufergürtels kein Futter mehr fanden. Die Hälfte der Überlebenden verblieb im Reservat. Die anderen versuchten auszuwandern. Aber Straßen und Pflanzungen versperrten den Weg. So blieb den ruhelosen Herden nichts anderes übrig, als in die selbstgeschaffene Halbwüste zurückzumarschieren, wo abgestorbene und ausgetrocknete Bäume Steppenbrände begünstigten und wo die löchrige Grasnarbe weder Wind noch Wasser widerstand und den Boden der Erosion preisgab. Weniger als zwanzig Jahre brauchten die geschützten Elefanten von Tsavo, um die Verwüstung einer riesengroßen Baumsavanne einzuleiten. Es wird mehrere Menschengenerationen dauern, bis die ersten Bäume im verkarsteten Boden von Tsavo wieder eine Chance haben werden aufzuwachsen. Eine solche Umweltkatastrophe, die der Mensch durch die rücksichtslose Inbesitznahme fruchtbarer Ländereien verursacht hat und die Zehntausende von eingekesselten Elefanten und eine Handvoll sentimentaler Tierschützer dann vollendet haben, ist auch in vielen südasiatischen Reservaten absehbar. In den vergleichsweise kleinen Schutzgebieten genügen ein paar Dutzend oder vielleicht einige hundert Elefanten, um das vom Menschen und seinen Haustieren angekurbelte Zerstörungswerk rasch zu vollenden. Viele Zeichen sprechen dafür. Davon habe ich berichtet.

Reservate verlieren aber nicht nur durch Überweidung dauernd fruchtbaren Boden an Erosionen und einwandernde Unkräuter, sondern auch durch großtechnologische Anlagen des Menschen. Im Gal-Oya-Nationalpark auf Sri Lanka, im Corbett-Nationalpark von Uttar Pradesh oder im Periyar Tiger Reserve, einem der großen südindischen Elefantenschutzgebiete, weiten sich heute riesige Stauseen in den Talsohlen, wo einst das beste Elefantenfutter wuchs. Und weitere derartige Eingriffe werden geplant oder bereits begonnen. So etwa das riesige Mahaweli-Ganga-Erschließungsprojekt auf Sri Lanka. Wenigstens 200 wilde Elefanten und einer der schönsten Eisenholzwälder Asiens werden in Bihar vernichtet werden, wenn sich der zentralindische Staat entschließt, die bisher größten je in Asien entdeckten Eisenvorkommen im Singhbhum Forest (2000 Millionen Tonnen) zu erschließen.

Haustiere, zu dichte Wildtierbestände und die wirtschaftliche Nutzung großer Teile der letzten noch natürlich gebliebenen Wälder beschleunigen ein für ökologische Inseln ohnehin unabwendbares Schicksal: die Verarmung der natürlichen Vielfalt. Um dies zu verstehen, genügt ein Blick in die jüngste erdgeschichtliche Vergangenheit. Am Ende der letzten Eiszeit ereignete sich weltweit eine Katastrophe, die Teile großer zusammenhängender ökologischer Systeme in einzelne Inseln auflöste. Ihren Anfang nahm die Katastrophe vor rund 18 000 Jahren, als die eiszeitlichen Gletscher abzuschmelzen begannen. Deshalb stieg im Lauf der folgenden 12 000 Jahre der Meeresspiegel allmählich um mehr als 100 Meter an. Tiefländer wurden dabei überflutet. Aus höher gelegenen Arealen entstanden oft Inseln, so etwa Borneo, Sumatra, Java und Bali. Landbewohnende Säugetiere – mit Ausnahme der Fledermäuse – konnten die Wasserstraßen zwischen diesen »Landbrückeninseln« nicht oder nur schwer überqueren. Ein großer Teil von ihnen (übrigens auch der Pflanzen) muß also schon vor der Katastrophe auf diesen Inseln gewesen sein. In der Tat beherbergt jede der großen Sundainseln heute noch Tierarten, die auch auf dem malaiischen Festland vorkommen, obwohl sie schlechte Schwimmer sind. Doch die Inselfaunen sind, verglichen mit dem Festland, unvollständig und auch voneinander verschieden, was leicht anhand des Vorkommens von drei Arten zu zeigen ist. Der Tiger zum Beispiel lebt auf Sumatra und Java, nicht aber auf Borneo. Der Asiatische Elefant fehlt auf Java, und er fehlte wahrscheinlich einst auch auf Borneo, wo er vermutlich ausgesetzt worden ist. Er lebt aber auf Sumatra. Dort wiederum gibt es keine Bantengs, große südostasiatische Wildrinder, im Gegensatz zu Java und Borneo.

Warum bestimmte Arten auf einzelnen Inseln fehlen, ist weitgehend unbekannt. Bekannt dagegen ist, daß jede Insel einst artenreicher war als heute. Dies belegen Fossilienfunde und Aufzeichnungen. Der Elefant zum Beispiel starb auf Java erst vor rund tausend Jahren aus, der Tiger auf Bali vor wenigen Jahrzehnten. Nach Vergleichsrechnungen zwischen Artenzahlen auf dem Festland und auf den Inseln müssen auf Borneo, der größten Insel, einst 153 Säugetiere gelebt haben. Heute sind es nur noch 123. Jede fünfte Art ist hier ausgestorben. Den Berechnungen nach kamen einst auf der kleinen Insel Bali immerhin 66 Säugetierarten vor; heute leben dort 19. Dort verschwanden also sieben von zehn Arten. Auf kleinen Inseln vollzog sich der Artenkollaps demnach tiefgreifender als auf großen.

Reservate sind klein, auch die größten unter ihnen umfassen kaum mehr Fläche als eine verhältnismäßig bescheidene Ozeaninsel. Und wie auf Ozeaninseln wird auch in den Reservaten ein rascher Artenkollaps unvermeidlich sein, wenn nicht Naturschützer korrigierend eingreifen. Vollzieht er sich in der Serengeti, im Nairobi- oder Tsavo-Nationalpark, im riesigen Leuser-Reservat von Nordsumatra, in Manas an der indisch-bhutanesischen Grenze oder in den Schutzgebieten am Nordfuß der Nilgiris so wie einst auf den großen Sundainseln, dann werden allein von den großen Säugetieren in den kommenden 50 Jahren zehn Prozent und in den nächsten 200 bis 500 Jahren fünfzig Prozent aussterben – wenn sie nicht schon früher durch Wilderer oder die Konkurrenz der Haustiere umkommen oder, wie die Elefanten, wegen hoher Bestandskonzentrationen ihre eigenen Lebensgrundlagen zerstören. Dieser Artenkollaps wird nicht nur große Säugetiere erfassen, sondern auch kleine Wirbeltiere, Insekten oder Pflanzen. Das einzig Tröstliche dabei ist, daß wahrscheinlich nicht in jedem Reservat dieselben Arten verschwinden werden. So gesehen, besteht eine gewisse Hoffnung auf einen verhältnismäßig wirksamen Artenschutz darin, daß möglichst viele Reservate geschaffen werden; was in Südasien auch der Fall ist. Jedoch: Bestimmte Arten werden aussterben, wenn es uns nicht gelingt, sie durch gezielte Eingriffe zu erhalten. Zu ihnen gehört der Elefant.

Wer an Artenschutz bei Großtieren denkt, denkt auch sofort an den Zoo. In der Tat: Eine stattliche Reihe von seltensten Säugetier- und Vogelarten haben nur dank moderner, wissenschaftlich geführter Zoos bis heute überlebt. Davids-Hirsch, Wisent, Arabische Oryx und Hawaii-Gans sind einige der bekannten Beispiele für bedrohte Arten, die einst in freier Wildbahn ausstarben, sich aber hinter Graben, Glas und Gitter so erfolgreich fortpflanzten, daß sie später wieder ausgewildert werden konnten.

Seit 1978 gehört der Asiatische Elefant zu den höchst bedrohten Arten, die nur noch in seltenen Ausnahmen importiert werden dürfen. »Dieser Importstopp«, weiß Alexander Haufellner von der Münchner Zoologischen Gesellschaft, »mit dem der nackte Verbrauch von Asiatischen Elefanten, wie er über 150 Jahre üblich war, unterbunden werden sollte, hat für Zoos und Zirkusse drastische Folgen: Was stirbt, kommt nicht mehr nach.« Bis heute wurden nach Europa zwar rund 3000 Asiatische Elefanten importiert, aber nur 112 geboren. Und in zweiter Zoo-Generation leben lediglich zwei.

Besonders Zirkusunternehmen sehen jetzt eine ihrer Hauptattraktionen rasch schwinden. Die 43, davon ein einziger allerdings einzeln gehaltener Bulle, in elf Zirkussen der Bundesrepublik stehenden Asiatischen Elefanten sind verhältnismäßig alt und dürften in den kommenden

zwei Jahrzehnten aussterben, ohne Nachwuchs zu hinterlassen. Außerdem wäre es wünschenswert, daß die Elefantenhaltung im Zirkus aus tierschützerischen Gründen demnächst verboten wird. Denn die reisende Wunderwelt konnte den Tierriesen bisher nie artgerecht halten.
Ich kenne jedoch einen einzigen Zirkus, der in den letzten Jahren rigoros mit der längst überfällig gewordenen Kettenhaltung brach und brauchbare Alternativen fand. Ich meine den Schweizer Nationalzirkus der Gebrüder Knie. Knies Elefanten leben praktisch dauernd in großen Gehegen. Ausflüge in den nächsten Wald oder zum Baden im Fluß und See sind an der Tagesordnung. Die schweren Bewegungsstereotypien sind, wie sich jeder überzeugen kann, verschwunden.
Kettenhaltung machte Elefantenhaltung zwar billig. Sie ist aber ein Hauptgrund für die vielen schweren Unfälle, weil sie engste Beziehung zwischen Pfleger und Tierriesen erzwingt. Diese Anbindemethode hinderte Zoodirektoren daran, erwachsene Bullen zu halten, und Elefanten daran, sich in Gefangenschaft artgemäß zu verhalten. Dies alles wirkt sich auf den Fortpflanzungserfolg aus, aber auch auf die Aufmerksamkeit der Zoobesucher.
Elefanten sind die populärsten exotischen Tiere, die jeder im Zoo sehen will. So ist es in London, Wuppertal oder Prag. Fragt man dagegen, wie Alex Stolba und Barbara Müllers von der Uni in Zürich, Zoobesucher nach dem Eindruck, den einzelne der im Zoo lebenden Tierarten auf sie machen, also nach dem Beliebtheitsgrad, so stellt man fest, daß die überaus populären Elefanten viel weniger Aufmerksamkeit auf sich lenken als etwa Affen, Großkatzen oder Robben. Diese Tatsache steht zweifellos in Zusammenhang mit der Seltenheit von Verhaltensäußerungen.
Zooelefanten, die in engen Ställen angekettet oder auf winzigen »Kuchentellerplattformen« dumpf herumstehen, sich also kaum »verhalten«, nicht spielen, nicht raufen und sich nicht fortpflanzen können, weil Sozialpartner fehlen, nicht baden und ihre Haut nicht einstäuben und massieren können, weil es entsprechende Fixpunkte nicht gibt im Gehege, sind keine Sehenswürdigkeit für Besucher. Sie reagieren erstaunlich fein – selbst in Zoos mit vorbildlicher Elefantenhaltung wie Zürich:
»Vor dem Außengehege, wo sich der Bulle bei den Kühen aufhielt und sich viele deutliche soziale und sexuelle Interaktionen ereigneten, verweilten die Besucher viermal länger als im Hausinneren, wo die Kühe sich ohne den Bullen weniger lebhaft verhielten«, schreiben 1990 Alex Stolba und Barbara Müllers. Als Heini Hediger, der damalige Direktor des Züricher Zoos, die Anlage plante, schrieb er, sie »müßte in erster Linie ein Bad enthalten, da freilebende Elefanten täglich baden und dessen auch zur Hautpflege bedürfen. Zweitens müßte sie eine Zuchtgruppe enthalten, da jede Einzelhaltung im Zoo unbiologisch und unverantwortlich ist.« Selbst derartig simple Forderungen, die für andere Zootiere so selbstverständlich sind, wurden für Elefanten bis heute nur in wenigen Tiergärten verwirklicht.
Wie unattraktiv und unbiologisch ihre Elefantenanlagen in Wirklichkeit sind, wußten 1979 auch Vertreter von 69 großen Zoos der ganzen Welt. Auf die Fragen der Züricher Tiergartenbiologen Robert Keller und Christian R. Schmidt, »welche Tiere für die einzelnen Zoos besonders interessant seien und welche sich auch fortpflanzten«, mochten lediglich sieben den Elefanten auf die Liste setzen, obwohl fast jedes dieser Institute Elefanten hielt.
Für Tierriesen bauen ist ungemein teuer. Selbst

in großen Zoos stehen heute noch Elefanten ganz einfach deshalb in veralteten, unzulänglichen Anlagen, weil Geld für Neu- oder Umbau fehlt. Jedoch: Daß Zooelefanten nicht immer eine Haut, »so weich und geschmeidig wie ein guter Radiergummi und nicht rissig, hart, borkig wie der Stamm einer alten Föhre« (Hediger) tragen, liegt nicht nur am Geld, sondern auch an der Phantasielosigkeit und Unkenntnis vieler Zoodirektoren. Elefanten pflegen ihre Haut nicht nur beim Baden, sondern in erster Linie in Schlammbädern und beim Scheuern an Bäumen, Termitenbauten oder Steinen mit flacher Oberfläche. Derartige Fixpunkte, die zum Beispiel die Zirkuselefanten der Knies auf jedem Spielort vorfinden, fehlen Zooelefanten häufig selbst auf großen Anlagen.

Über die nicht vorhandene oder falsche »Möblierung« von Elefantenanlagen ließen sich noch viele Beispiele auflisten; und allein ein ganzes Kapitel könnte man zum Thema Absperrgräben schreiben, jene so besucherfreundlichen, weil nicht sichthindernden Abschrankungen. Dutzende von Zooelefanten fielen nicht nur in diese Gräben, sie verletzten sich dabei oder starben, weil die Gräben zu tief oder zu eng waren und keinen weichen Bodenbelag hatten.

Nur wenige Zoos verfügen über sichere Bullenställe. Und so werden die meisten der 79 in 26 deutschen Zoos lebenden Elefantinnen nie Babys haben, denn 44 davon stehen in Zoos ohne Bullen, und bisher hatten »Hochzeitsreisen«, zu welchen einzelne Kühe in einen Zoo mit Bullen geschickt wurden, nur in einem einzigen Fall Erfolg. Wie erfolgreich sich die anderen 35 Weibchen fortpflanzen werden, die in den Zoos von Berlin-Ost, Berlin-West, Hamburg-Stellingen, Hannover, Leipzig und München leben, wo je ein junger bis ganz junger Bulle gepflegt wird, hängt unter anderem von ihrem Alter ab. 16 sind älter als 25 und kommen für eine erfolgreiche Paarung wahrscheinlich nicht mehr in Frage. Selbst unter der Annahme, daß die restlichen 16 alle schwanger und fortan jedes vierte oder fünfte Jahr Mutter werden, könnte sich der Bestand an Asiatischen Elefanten in deutschen Zoos ohne Neuimporte höchstens noch 40 Jahre halten, weil, wie bereits erwähnt, die Sterblichkeit der Neugeborenen und Halbwüchsigen zu hoch ist.

Allerdings haben einige der großen Zoos sich in letzter Zeit vermehrt um den Asiatischen Elefanten gekümmert, großzügige Anlagen entstanden in Berlin und Hamburg. In München und Münster sind sie geplant. Allein in der ersten Jahreshälfte von 1992 wurden bei Hagenbeck in Hamburg zwei Babys geboren. Vier weitere werden demnächst noch zur Welt kommen. Ähnliches gilt für den Zoo von Emmen in Holland, und beim Schweizer Nationalzirkus der Gebrüder Knie erblickte am 13. Juni ein 148 Kilogramm schwerer »Bueb« das Licht der Welt. Das Riesenbaby ist übrigens der vierte bei den Knies geborene Elefant. Besonders erfreulich ist die Tatsache, daß alle 1992 geborenen Elefanten bis heute leben.

Seit Herbst 1991 besuche ich regelmäßig die Elefanten in den Zoos von Berlin, Hamburg, Leipzig und Zürich. Einmal will ich das Paarungsverhalten, das hier gelegentlich zu beobachten ist, besser verstehen lernen. Zudem sammeln mein Kollege Günther Hartl und ich hier Blut und Haare für genetische Untersuchungen, die wir am Forschungsinstitut für Wildtierkunde und Ökologie an der Veterinärmedizinischen Universität in Wien durchführen. Wir wollen herausfinden, wie vielfältig die genetische Information des Tierriesen ist.

Genetische Vielfalt wurde zum Schlagwort des modernen Artenschutzes. Dazu ein Blick in die

Seite 224/225: *Im dunklen Stallzelt vieler Zirkusse stehen Elefanten eng nebeneinandergekettet. Nie können sich alle gleichzeitig zum kurzen Schlaf hinlegen (links oben). Im hellen Stallzelt des Schweizer Nationalzirkus der Gebrüder Knie dagegen ist so viel Platz, daß die Tierriesen meist ohne Ketten gehalten werden können (rechts oben). Inzwischen wurde es Mode, Zirkuselefanten mit elektrischen »Viehhütern« begrenzte Gehege zur Verfügung zu stellen. Sie sind häufig klein, ohne Schatten, Bad, Suhle und dergleichen (links unten). Bei den Knies dagegen stehen den Tierriesen meist große Gehege zur Verfügung. Hier finden sie reichlich Laubnahrung, hier scharren sie ihre eigenen Staubbäder, hier können Jungtiere sogar tagsüber liegend ruhen. Kenner bewundern bei Knies Elefanten die weiche Haut und die stark behaarten Schwänze (rechts unten).*

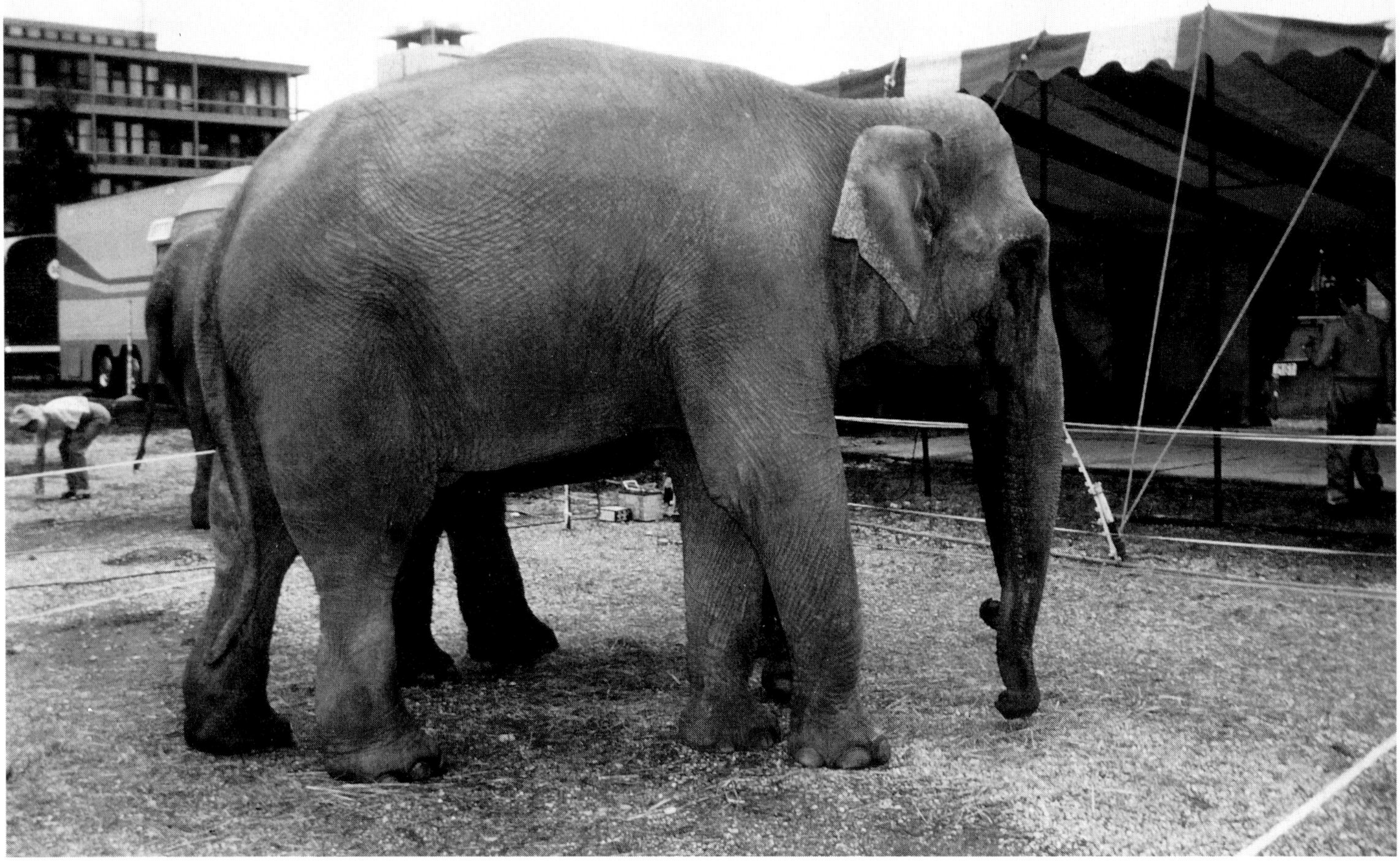

Praxis der Haustiergenetiker: Aus Experimenten leiten sie ab, daß bei einem Bestand von 50 zuchtfähigen Tieren pro Generation lediglich ein Prozent der genetischen Information verlorengeht. Im Bestand extrem langlebender Tiere wie Elefanten ist aber nur jedes vierte oder fünfte Mitglied alt oder, im Fall der Bullen, auch sozial stark und erfahren genug für eine erfolgreiche Paarung. So gesehen enthalten die meist ungefähr 200köpfigen Clans genügend fortpflanzungsfähige Mitglieder, um einige Generationen schadlos zu überleben.

»Theoretisch reicht es aus, wenn es alle hundert Jahre einem Bullen gelingt, seinen Clan zu wechseln und sich bei seinen Nachbarn erfolgreich fortzupflanzen und so verlorene Allele wieder einzubringen«, meint Adjai Desai von der Bombay Natural History Society.

Doch Elefantenbestände von 200 und mehr Mitgliedern sind in Südasien selten geworden. Auf Sumatra sind es bei 44 ausgezählten Populationen noch vier; 25 haben höchstens 100 Mitglieder. Ähnliches habe ich von Malaysia und Thailand berichtet. Fast alle Asiatischen Elefanten leben in kleinen und kleinsten Populationen, auf winzigen Waldinseln im Meer einer für sie unwirtlichen Kultursteppe.

Nun behaupten aber Populationsgenetiker, daß nur Bestände mit wenigstens 500 aktiv an der Fortpflanzung teilnehmenden Mitgliedern die durch Gendrift verlorengehenden Allele durch Mutationen wieder einbringen. So gesehen, könnten langfristig nur Elefantenbestände mit wenigstens 2000 Mitgliedern überleben. Zieht man dabei noch in Betracht, daß in den letzten beiden Jahrzehnten viele Bullen wegen ihrer Stoßzähne gewildert wurden, müßte der Bestand noch weit größer sein.

In Südasien leben heute 2000 und mehr wilde Elefanten lediglich noch in vier Gebieten. Es sind die Waldgebiete am Nordhang der Nilgiris, der Annamiten-Bergrücken in Vietnam, Laos und Kambodscha, die Wälder von Megalaya in Nordostindien und der Dschungel, der sich durch das südöstliche Himalajavorland zieht, von Bhutan über Anuradchal Pradesh bis Nordassam. In diesen vier Gebieten wird gerodet, gewildert, zum Teil Krieg geführt. So ist es eine Frage weniger Jahre, bis auch hier natürlicher Lebensraum und Wildelefanten bis auf geringe Reste zerstört sein werden.

Erfahrungen haben gezeigt, daß sich allen Befürchtungen der Genetiker zum Trotz kleine Elefantenbestände erholen und vergrößern können. Im südafrikanischen Addo-Nationalpark, der völlig eingezäunt ist, lebten um 1931 lediglich elf der Tierriesen, 50 Jahre später waren es rund 100. Auf den Andamanen-Inseln im Golf von Bengalen verwilderten in der Mitte des 19. Jahrhunderts einige Arbeitselefanten, pflanzten sich fort und bauten einen Bestand auf, der zur Zeit auf 30 bis 50 Mitglieder geschätzt wird. Die ersten Ergebnisse der Untersuchungen von Günther Hartl und mir, ebenso wie diejenigen unserer japanischen Kollegen, deuten darauf hin, daß, was die genetische Information anbelangt, ein Asiatischer Elefant dem anderen fast so ähnlich ist wie ein Schilfhalm dem anderen. Die genetische Vielfalt scheint sehr bescheiden zu sein und damit Inzucht keine Gefahr für die Arterhaltung.

Soweit die neuesten Vermutungen von der Forschungsfront. Bisher versuchten Praktiker isolierte Elefantenbestände mit Hilfe von Elefantenkorridoren und Umsiedlungen zusammenzuführen. Bisherige Erfahrungen, das sei vorweggenommen, sind enttäuschend. Dazu einige Beispiele:

Im nordindischen Anuradchal Pradesh umfassen die bisher ungerodeten Waldgebiete um den berühmten Corbett-Nationalpark und den neugeschaffenen Rajaji-Nationalpark insgesamt 2500 Quadratkilometer und beherbergen 750 wilde Elefanten. Die einzelnen Waldinseln werden aber getrennt durch Stauseen, Wasserleitungen, Straßen, Siedlungen, Armeelager und Fabrikanlagen. So schuf das Forestdepartment Korridore, damit Elefanten ihren traditionellen Wanderrouten folgend weiterhin von einem ins andere Gebiet wandern können. Einer davon, der Chila-Motichur-Corridor, ist drei Kilometer lang, einen breit und führt über den Ganges. Hier schwammen seit eh und je Elefanten – übrigens auch Tiger und Hirsche – über den breiten Strom und benutzten vier Inseln als Rast- und Futterplätze. Zwar sind diese Inseln längst geschützt. Das hat aber Viehhirten nicht daran gehindert, Rinder auf den Inseln weiden zu lassen. Jetzt sind die vier bis fünf Hektar großen Eilande überweidet, Gräser und Bäume, von denen Elefanten fressen, selten geworden oder gar verschwunden. Der Korridor wird von Elefanten nicht mehr genutzt.

Ähnliches ließe sich von allen ähnlichen Korridoren sagen: Sie sind durch wenige, chronisch unterbezahlte Wildhüter nicht zu schützen. Zudem bieten sie Elefanten, die praktisch dauernd fressen müssen, wenig Nahrung, aber immerhin sichere Rückzugsgebiete, von denen aus sie besonders nachts in die nahen Felder ziehen, was wiederum Wilderer auf den Plan ruft. So erkennen die Elefanten den Korridor schließlich als Gefahrenzone und meiden ihn.

Elefantenschützer versuchen aber auch, isolierte Herden durch gezielte Umsiedlungen zusammenzuführen. Als beispielsweise auf Sri Lanka die Rodungen für das Mahaweli-Projekt begannen, verwüsteten Elefanten im Norden, im sogenannten System H, Reisfelder. Angeschossene Bullen, sogenannte Rogues, gefährdeten das Leben der Siedler. Schlingenfänger und Betäubungsgewehr-Einsätze konnten das Problem nicht lösen. Im System H lebten viel zu viele Elefanten, um jene einzeln einfangen zu können. So entschloß man sich für eine wirksamere Lösung. Aus der Umgebung von Nochiyagama scheuchten 1979 Hunderte von lärmenden Treibern schätzungsweise 160 Elefanten auf und drückten sie über Reisfelder, Kanäle und die Hauptstraße, die Puttalam mit der früheren Königsstadt Anuradhapura verbindet, geschickt in den 50 Kilometer entfernten Wilpattu-Nationalpark. Die meisten davon kehrten in ihren alten Lebensraum zurück und gefährdeten weiterhin Ernte und Siedler. Ein zweiter »Elephant drive«, der 1981 stattfand, verlief ebenfalls erfolglos.

Nicht nur auf Sri Lanka entpuppten sich großangelegte Elephant drives als Schläge ins Wasser. In Südsumatra verblieben 230 Elefanten nicht im Padang-Sugihan-Nationalpark, wohin man sie 1982 getrieben hatte. Sie kehrten in ihren alten Lebensraum zurück, obwohl er weitgehend gerodet worden war. Lediglich die zwischen 1984 und 1985 aus der Umgebung planmäßig in das Way-Kambas-Game-Reserve gedrängten vierzig bis siebzig Sumatra-Elefanten scheinen sich bisher mit der neuen Umgebung abzufinden.

In den letzten zehn Jahren versuchten Naturschutzbehörden auch Einzeltiere umzusiedeln. In Malaysia, wo Problemelefanten früher kurzerhand erschossen wurden, werden sie heute mit Drogengewehren eingefangen. In kurzer Zeit wurden bisher 120 Halbwüchsige in die wenigen Reservate der Halbinsel überführt. Ob sich aber einzelne Elefanten mit einer neuen Umgebung abfinden können, bezweifeln selbst Charles Santiapillai und Peter Jackson, die 1990 den Aktionsplan zur Erhaltung des Asiatischen

Elefanten schrieben: »Aus gewissen Beobachtungen ist zu schließen, daß umgesiedelte Elefanten abwandern. Deshalb sollten sie radiomarkiert und genau beobachtet werden. Nur so läßt sich klären, ob Translokationen überhaupt eine Lösung des Problems sind.«

Genau das hat das Team der Bombay Natural Society in Südindien gemacht. Die Experten fingen in Kerala drei junge Bullen, notorische Schädlinge in Reisfeldern. Den einen haben sie mit dem Lastwagen in ein 270 Kilometer entferntes Schutzgebiet gefahren und dort ausgewildert; nach kurzer Zeit war der Bulle in seinen früheren Lebensraum zurückgekehrt. Die beiden anderen Bullen transportierten sie gar über 440 Kilometer, keiner blieb. Sie kehrten zwar nicht zurück, fanden aber bald neue Reisfelder, wo der eine gewildert und der andere eingefangen wurde.

So werden die Bestände des Asiatischen Elefanten wahrscheinlich in Zukunft immer auf kleine Dschungelinseln beschränkt bleiben, die zunehmend an Bedeutung für den Menschen gewinnen.

Die regenreichen, häufig bergigen Gebiete Südasiens können Menschenmassen auf Dauer nur ernähren, wenn genügend Wälder überleben, die die Gewalt der Monsunstürme brechen, damit Erosionen verhindern, Wasser speichern und es in den niederschlagsarmen Perioden abgeben. Selbstverständlich können diese Wälder genutzt werden – aber in einem bescheidenen Maß, so selektiv, wie es beispielsweise im Mudumalai-Reservat von meinem Freund Narasiman betrieben wurde. Er holte mit den Kurumbas und deren Arbeitselefanten, wie ich bereits beschrieben habe, nur so viel Holz aus dem wilden Wald, wie wieder nachwachsen konnte. Bei dieser selektiven Nutzung sind weder teure Maschinen noch kostenintensive Straßen nötig. Hier genügen das Wissen und die Kraft einheimischer Menschen.

Landschaftsschutz heißt heute die Devise weitsichtiger Menschen in Südasien und nicht sturer Artenschutz, der vor lauter Elefanten den Wald nicht mehr sieht. Doch wirklicher Elefantenschutz läßt sich durchaus verbinden mit dem Anliegen, möglichst vielfältige natürliche Lebensgemeinschaften zu erhalten. Dazu müssen aber folgende drei Kriterien erfüllt werden:

1. Den wilden Elefanten muß mehr Futter zugänglich gemacht werden.
2. Die Bestände in den übervölkerten Reservaten und anderen letzten Elefanteninseln müssen reduziert werden.
3. Die Elefanten müssen in Waldgebieten, in denen sie einst lebten, wieder angesiedelt werden.

Derartige Forderungen erscheinen zunächst wirklichkeitsfremd. Jedoch: Selektiver Holzeinschlag erhöht die tragbare Elefantendichte um das Doppelte. Das stellten die beiden vom WWF-International unterstützten Elefantenforscher Charles Santiapillai und Hayani Suprahman 1985 in Sumatras Way Kamba Game Reserve fest. Dort wurden die Bäume mit mehr als fünfzig Zentimeter Stammdurchmesser vor zwanzig Jahren geschlagen. Heute sind wirkliche Baumriesen immer noch selten. Ihr Platz wurde aber eingenommen von Zweitwuchs, dessen Bäume zehn bis zwanzig Zentimeter Durchmesser haben. Viele von ihnen, so fanden die beiden Experten, sind ideales Elefantenfutter. Andere wiederum, die für den Menschen so wertvollen Hochwaldbäume, wachsen dagegen ungehindert auf. Selektives Schlagen im Abstand von vierzig bis sechzig Jahren, so lautet das Fazit, ist nicht nur volkswirtschaftlich, sondern auch ökologisch sinnvoll.

Auf Sumatra und in vielen anderen Gebieten

Südasiens wächst, falls der Boden nicht sofort erodiert, auf großen Kahlschlagflächen meist eine eintönige Steppe aus Alangalang-Gräsern (*Imperata cylindrica*). Elefanten fressen von diesem zähen »Elefantengras« nur, wenn es jung ist. Solche für den Menschen völlig nutzlos gewordenen Flächen ließen sich nach Santiapillai und Suprahman regelmäßig abbrennen, damit der von den Tierriesen begehrte Jungwuchs sprießen kann. Elefantenaktivität würde dann vielleicht auf diesen Steppen Nährstoffkreisläufe ankurbeln – eine geringe Chance für die Wiederkehr des Waldes. Doch das ist Zukunftsmusik.

Tatsache ist aber ein für den aktiven Elefantenschutz wichtiger Schluß: Elefanten überleben dort am besten, wo Wälder durch Menschen in einem vernünftigen Rahmen forstwirtschaftlich genutzt werden und nicht – wie man laienhaft erwarten könnte – in völlig geschützten Reservaten. Nachhaltige Nutzung von Wäldern wirkt nicht gegen den Landschaftsschutz. Zudem öffnet sie Verdienstmöglichkeiten für Menschen.

Die vielerorts zu dichten Elefantenbestände verlangen gezielte Eingriffe. Elefantenschutz heißt ja leider auch Erhalten durch Verringerung der Populationen. In Teilen Süd- und Ostafrikas sind Abschußaktionen längst zur ebenso wichtigen wie traurigen Routine der Nationalpark-Verwaltungen geworden.

In Asien sind Abschüsse nicht nötig, sieht man von wenigen Ausnahmen ab. Denn dort hat die Tradition des Elefantenfangs, des Zähmens und Abrichtens überlebt. Und so ist es nicht erstaunlich, daß gerade in den jüngsten und bisher fundiertesten Berichten über den Zustand der letzten wilden Elefantenbestände Südasiens die Forderung nach Fangaktionen zu lesen ist. Auch die beiden hervorragenden Kenner der Sumatraelefanten, Santiapillai und Suprahman, schlagen sie vor. Die Frischfänge sollen auf »Zuchtstationen«, wie auf Sumatra in der Provinz Lampung bereits eine existiert, gebracht, dort trainiert und später entweder zur Holzgewinnung in unzugänglichen sumpfigen Gebieten oder als Reittiere für Touristen in Reservaten verwendet werden. Ähnliche Stationen wie auf Sumatra bestehen seit Jahren auf Sri Lanka.

Gleiches schlägt auch der Chief Wildlife Warden R. D. Gupta von Uttar Pradesh in Nordindien vor. Ihm unterstehen der Corbett-Nationalpark, der Rajaji-Nationalpark und die Kontrolle über die letzten wilden Elefanten am Südfuß des Zentralhimalaja. »Wo immer zu viele Elefanten vorkommen«, sagte er im Januar 1986, »ist es nicht nötig, die Überzähligen abzuschießen. Junge Tiere können vielmehr eingefangen und leicht abgerichtet werden. So kann der Überfluß nicht mehr schaden, sondern in den Dienst des Menschen gestellt werden.«

Aber gibt es heute noch eine ausreichende sinnvolle Nachfrage nach gezähmten Elefanten? Dazu zähle ich nicht jene Zirkusunternehmen und zoologischen Gärten, in denen Elefanten nichts anderes als gequälte Schaustücke in Kettenhaft sind. Solche Unternehmen sind heute bereit, die Phantasiesumme von bis zu 80 000 Mark für »kinderfreundliche, straßensichere und transportfreundliche« halbwüchsige Elefanten zu bezahlen.

»Überzählige« Elefanten müssen meiner Meinung nach als Arbeitselefanten in jenen Ländern und Regionen bleiben, wo sie noch wild leben oder einst lebten. Nur so werden wichtige Traditionen naturverbundener Stämme überleben und die letzten Naturwälder billig und »sanft« genutzt werden können. Denn der Einsatz der Tierriesen erfordert weder Straßen noch teuren Treibstoff, noch anfällige Maschinen. Hinzu kommt: In Elefantenlagern ist mit

regelmäßigem Nachwuchs zu rechnen, nicht zuletzt, weil dort Bullen – oft mehr als Kühe – gehalten werden.
Allein im Norden Thailands lebten 1884 mehr als 20 000 Arbeitselefanten, und um die letzte Jahrhundertwende arbeiteten im ganzen Königreich nahezu 100 000 gezähmte Tierriesen. Dann begann der Bestand zu schmelzen. Um 1950 waren es in Thailand noch 13 397 und 1972 noch 11 022. In den Jahren 1980 und 1982 registrierte das Innenministerium 5232 beziehungsweise 4739 Arbeitselefanten. Thailand, das zwischen 1950 und 1965 1138 Rüsseltiere und zwischen 1967 und 1971 immerhin noch 223 exportierte, importiert heute gewilderte Wildfänge aus Birma, Laos und Kambodscha. Wozu, weiß niemand genau. Denn für thailändische Arbeitselefanten gibt es kaum noch Arbeit, sieht man vom Touristengeschäft ab.
In den drei Ostprovinzen Surin, Buriram und Sisaket zum Beispiel, wo noch 1917 allein in drei Dörfern der Kui 90 große Jagdelefanten bereitstanden, fingen die Schlingenjäger 1961 zum letztenmal wilde Elefanten. Damals trug immerhin noch ein Drittel des Landes sein natürliches Waldkleid. Zwanzig Jahre später waren es noch acht Prozent. Inzwischen haben viele der ehemaligen Elefantenfänger ihre Jagdelefanten verkauft. Sie verarmten oder fanden kein Futter mehr für ihre Tiere. In einer Landschaft mit schier endlosen Reisfeldern ist kein Platz für Elefanten. Die letzten rund 100 Arbeitselefanten in den drei Ostprovinzen sind überaltert und unbeschäftigt.
Thailand ist nur eines von vielen Beispielen. Auf Sri Lanka schätzte Paul E. Deraniyagala 1955 670 Arbeitselefanten. Die beiden Veterinäre des Smithsonian Elephant Surveys kamen 1970 noch auf 532. Heute sind es knapp 200. In Birma lebten vor dem Zweiten Weltkrieg 6500 ausgewachsene Arbeitselefanten, 1945 waren noch 2500 übriggeblieben. Nach dem FAO-Experten John Blower arbeiteten 1982 wiederum 5400 Tierriesen in den Holzfällercamps. Sie pflanzen sich zwar fort. Doch selbsterhaltend sind sie nicht. Deshalb werden auch heute noch in Birma alljährlich wilde Elefanten eingefangen und gezähmt. Nach zu wenigen Informationen, die zur Zeit vorliegen, ist zu schließen, daß in Birma die Zahl von wildlebenden wie von zahmen Elefanten abnimmt. In Kambodscha, einst berühmt für 100 000köpfige Bestände, sind es heute knapp 500. In Laos sind noch 1332 zahme Elefanten im Einsatz, in Vietnam rund 600 und in Nepal 60. Auf Sumatra starb die Kunst des Elefantenführens im letzten Jahrhundert aus, wurde jetzt aber mit Hilfe thailändischer Mahuts wieder eingeführt. Zur Zeit leben in Zentralsumatra gut 50 Arbeitstiere in zwei Camps.
In Nordostindien arbeiten heute noch zwischen 1460 und 1660 zahme Elefanten, in Nordindien sind es zwischen 500 und 750, und in Südindien sind es 300 bis 350. Die Hälfte davon arbeitet für die Forstverwaltung, der Rest steht in Tempeln. Das soll sich jetzt ändern. Da die letzten Waldinseln zu strikten Reservaten werden, gibt es keine Beschäftigung mehr für Arbeitselefanten. Früher oder später werden sie an Tempel verkauft. Das alles müßte aber nicht sein.
Vorausgesetzt, es gelingt, anstelle großflächigen Kahlschlags vermehrt zur selektiven Holzgewinnung zurückzukehren, dann besteht auch heute ein guter Markt für zusätzliche Arbeitselefanten, die aus dichten Wildbeständen rekrutiert werden. Man kann sogar damit rechnen, daß selbst dort, wo die Haltung von Arbeitselefanten aufgegeben worden ist, wiederum Arbeitslager entstehen.
Zudem eröffnen sich neue Aufgabenbereiche.

So, wie der Einsatz zahmer Elefanten bei der Holzgewinnung verhältnismäßig spät in großem Stil begonnen wurde, wurden Arbeitselefanten erst in den letzten Jahrzehnten zu unentbehrlichen Helfern im Naturschutz und bei der Erforschung bedrohter Tiere wie zum Beispiel des Tigers oder des Panzernashorns. Im völlig unwegsamen Grasdschungel des Brahmaputra und des Manas-Flusses lassen sich die Einhörner praktisch nur vom Rücken zahmer Elefanten aus beobachten – und dies aus nächster Nähe.

Doch die wohl wichtigste Aufgabe der Arbeitselefantenlager wird die Nachzucht der Tierriesen sein. Schon heute werden in Süd- und Nordostindien, in Thailand und in Birma regelmäßig Elefanten in Gefangenschaft geboren. In Birma, das einst wegen seiner hohen Nachwuchsrate in den Arbeitslagern bekannt war, sollen – so John Blower von der FAO – heute jährlich fünf von hundert fortpflanzungsfähigen zahmen Weibchen ein Junges zur Welt bringen. Bei einem natürlichen Geburtenintervall von vier Jahren müßten es aber fünfmal mehr sein.

Erhaltungszuchten sind in den Arbeitslagern deshalb von großer Bedeutung, weil der Nachschub aus Wildgebieten bald versiegen wird. Arbeitselefanten, die in den letzten kleinen noch vorhandenen Waldgebieten für die selektive Holzgewinnung oder in den vielen neu entstandenen kleinen Reservaten als Transporttiere eingesetzt werden, erobern gewissermaßen verlorenes Areal zurück. So etwa im Kanha-Nationalpark, wo noch um die Jahrhundertwende wilde Elefanten lebten. Dort – wie auch anderswo – arbeiten die Tierriesen nicht jeden Tag des Jahres, und wenn sie überhaupt arbeiten, dann nur während einiger Stunden täglich. Den Rest verbringen sie, ähnlich wie ihre wilden Artgenossen, im Dschungel, wo sie ihr Futter finden, trinken, baden, schlafen und sich jetzt auch fortpflanzen.

Regelmäßige Nachzuchten, die den eigenen Bedarf an zahmen Elefanten decken, sind ebenso wichtige Marksteine auf dem beschwerlichen Weg eines sinnvollen Naturschutzes in Südasien wie die Rettung großer Waldinseln, in denen wilde Elefanten leben können, weil sie das Verbreitungsgebiet des Elefanten nicht einschränken, weil sie ansässigen Menschen Arbeit bringen, weil sie billige Nutzung und Erschließungsarbeiten auch in Zukunft ermöglichen. Erreicht werden diese Ziele aber nur, wenn es in kurzer Zeit gelingt, aus dem Tierriesen das zu machen, was er bis heute nie war: ein Tier, das sich in Obhut des Menschen selbsterhaltend fortpflanzt.

GLOSSAR

Aliya Stoßzahnloser Bulle auf Sri Lanka
Ätha oder Etha Stoßzähne tragender Bulle auf Sri Lanka
Äthine Elefantin auf Sri Lanka
Ankus Elefantenhaken, zum Lenken und Antreiben
Chang (Tschang) Bezeichnung für Elefant in Thailand
Decoy Fangmethode, bei der wilde Bullen mit Hilfe einer (brünftigen) Elefantin in einen Kral gelockt werden. Decoy bedeutet auch eine Methode, bei der eine (brünftige) Elefantin Jäger in unmittelbare Nähe eines wilden Bullen trägt und so lange bei ihm bleibt, bis er ermüdet. Dann wird er gefesselt.
Einbrechen Gewaltsames Gefügigmachen von Wildfängen
Esala Perahera Elefantenprozessionen während des Monates Esala (Juli/August) in Kandy (Sri Lanka)
Gadja, Gaja ursprünglich südostasiatische Bezeichnung für Elefant
Gaja shastra Elefantenlegende, Elefantenlehre
Gajanayaka Nilame Herr über die königlichen Elefantenställe auf Sri Lanka
Ganesh, Ganesha Elefantenköpfiger Gott. Auch Bulle mit nur einem Stoßzahn
Guddee, Guddi Sattelkissen
Hathi, Hastin Sanskritname für Elefant
Hathi jokar »Elefantenzittern«, das Menschen in nächster Nähe zu Elefanten erfaßt. Es wird wahrscheinlich durch Infraschallwellen verursacht.
Haudah Plattform auf dem Rücken der Reitelefanten
Hobbeln Loses Zusammenbinden der Vorderfüße. Damit ist nur langsame Gangart möglich.
Jamadar, Jemadar Vorgesetzter der Mahuts
Kankote Dorf im südindischen Karnataka, in dessen Nähe eine der großen Khedda-Anlage stand
Kasten Gruppen von Arbeitselefanten mit ähnlichem Erscheinungstyp
Kavedi Helfer des Mahuts in Südindien
Khedda Das Treiben von wilden Elefanten in einen Kral. Auch die Kralanlage selbst heißt Khedda.
Kotal Helfer des Mahuts in Assam
Kral, Kraal Gehege zum Fang (Sri Lanka) oder zur Zähmung (Südindien) von Elefanten
Kumeriah Königliche Kaste der Elefanten. Athletischer Typ mit stark entwickeltem Brustkorb
Kumkie, Kunkie Helferelefant, wird besonders beim Fang eingesetzt
Kunkidar Besitzer eines Kunkies
Kurumbas Stammesangehörige in Südindien, die sich auf Fang und Führen von Elefanten spezialisiert haben
Mahaldar Lizenzhalter zum Fang von wilden Elefanten
Mahut Elefantenführer, Begriff vor allem in Indien und Sri Lanka gebräuchlich
Makna Stoßzahnloser Bulle (Indien)
Muntras Zauberformeln, die vor Angriffen durch Elefanten schützen sollen
Mela Markt oder Messe in Zusammenhang mit religiösen Festlichkeiten; auch Elefantenmarkt
Mela Shikar Elefantenfang vom Rücken zahmer Elefanten aus. Dabei werden Schlingen verwendet, die dem Frischfang über Rüssel und Kopf (Nepal, Nordostindien) oder mit langen Stöcken über einen der Hinterfüße gestreift werden.
Mirga Schlanker und hochgewachsener Elefantentyp
Monitor Helferelefant auf Sri Lanka
Musth Periode erhöhter Aggression bei Bullen, in der die Schläfendrüsen aktiv sind und eine dunkle, stark riechende Flüssigkeit abgeben
Nilakantha Nordindischer Weiser, der vor ca. 200 Jahren das Wissen über den Elefanten vermittelte
Oozie Mahut in Birma
Pannikiyas Schlingenfänger auf Sri Lanka
Phand Fangschlinge in Nordindien und Assam
Phandi Schlingenfänger
Pil Khana Ort, wo Elefanten angebunden werden: Lager oder Stall
Sakhni Elefantenweibchen mit Stoßzähnen
Schan Südostasiatischer Volksstamm, der zwischen Südchina und Assam die Elefantenkulturen wesentlich beeinflußt hat
Sonpur Mela Elefantenmarkt bei Sonpur in der Nähe von Patna
Tush Kurzer, oberer, verlängerter Schneidezahn
Tusk Stoßzahn
Tusker Stoßzähne tragender Bulle
Yajaman Spurenleser (Südindien)
Yakschwanz Quaste, die Prunkelefanten vor die Ohren gehängt wird

LITERATUR

Abu'l-Fazl' Alami: A' in-i Akbar (Tr. H. Blochmann u. D. C. Phillot), Calcutta 1927

Ananthasubramanian, C. R.: ›Nutritional requirements of elephants‹. State Level Workshop on elephants, Trichur 1979

Andau, P.: ›Elephants in Sabah‹, WWF Monthly Report, December 1985

Baker, C. M. A. und C. Manwell: Man and elephant. The »dare theory« of domestication and the origin of the breeds. Z. Tierzüchtung/Züchtungsbiologie, 100:55–75, 1983

Baker, S.: ›Eight years in Ceylon‹, Dehiwala 1966

Basham, A. L.: ›The Wonder that was India‹, London 1967

Bazé, W.: ›Just elephants‹, London 1955

Benedict, F. G.: ›The Physiology of the Elephant‹. Washington 1939

Bishop, C. W.: The elephant and its ivory in ancient China. JAOS 41: 290–306, 1935

Boner, A. und S. R. Sarma: New light on the sun temple of Konarak, Varanasi, 1972

Burne, E. C.: A record of gestation period and growth of trained Indian elephant calves in the southern Shan states, Burma. Proc. Zool. Soc. London. Ser. B. 112:27, 1942

Choudhury, D. K. L.: ›An interim report on the status and distribution of elephants in North-East India‹, in: The status of the Asian elephant in the Indian subcontinent, 1981

Choudhury, D. K. L.: ›Elephants in North-East India‹. WWF Monthly Report, January 1986

Deraniyagala, P. E. P.: ›Some extinct elephants, their relatives and the two living species‹. Colombo 1955

Deraniyagala, P. E. P.: Some Sinhala combative, field and aquatic sports and games. Colombo 1959

Digby, S.: War-horse and elephant in the Delhi Sultanate, a study of military supplies. Orient Monographs, Oxford 1971

Dittrich, L.: Beitrag zur Fortpflanzung und Jugendentwicklung des Indischen Elefanten, Elephas maximus, in Gefangenschaft mit einer Übersicht über die Elefantengeburten in europäischen Zoos und Zirkussen, in: Der Zoologische Garten (NF), Bd. 34, 1967

Douglas-Hamilton, I. und O.: Unter Elefanten, München 1976

Eisenberg, John F., und M. Lockhart: An ecological reconnaissance of Wilpattu National Park, Ceylon. Smithsonian Contribution to Zoology, Number 101, 1972

Eisenberg, J. F., G. McKay und M. R. Jainudeen: ›Reproductive behavior of the Asiatic elephant‹ (Elephas maximus maximus L.), in: Behaviour 37:193–225, 1971

Evans, G. H.: ›Elephants and their diseases‹. Rangoon 1910

Frädrich, J.: Pferde, Esel und deren Kreuzungen. In: Handbuch der Landwirtschaft und Ernährung in den Entwicklungsländern (Bd. 2), Stuttgart 1967

Gale, U. T.: Burmese timber elephants. Rangoon 1974

Garai, M. E.: Special relationship between female Asian elephants (Elephas maximus) in Zoological Gardens. Ethology 90, 187–205, 1992

Giles, F. H.: Adversaria of elephant hunting. J. Siam. Soc. 23: 61–96, 1927

Giles, F. H.: An account of the rites and ceremonies observed at elephant driving operations in the seabord province of Lang Suan, Southern Siam. J. Siam Soc. 25: 153–214, 1929

Gupta, R. D.: ›Elephants in Northern India‹. WWF Monthly Report, January 1986

Gupta, S. K.: Elephant in Indian art and mythology. New Delhi 1983

Haufellner, A.: Liste der in Europa gehaltenen Asiatischen Elefanten. München 1992

Hediger, H.: ›Tierpsychologie in Zoo und Zirkus‹, Basel 1961

Hediger, H.: Ein Leben mit Tieren. Zürich 1991

Herre, W. und M. Röhrs: Haustiere – zoologisch gesehen. Stuttgart und New York 1990

Higham, C.: Early center of bovine husbandry in Southeast Asia. Science, 172: 54–56, 1971

Hubback, T. R.: ›The Malayan elephant‹. J. Bombay Nat. Hist. Society 42 (3):483–309. 1942

Hundley, G.: ›Statistical record of growth in the Indian elephant‹ (Elephas maximus). J. Bombay Nat. Hist. Society 37.487–88, 1934

Isenbart, H. H.: Das Königreich des Pferdes. Luzern und München 1969

IUCN: 1985 United Nations List of National Parks and Protected Areas

Joseph, S. J.: ›The Asiatic elephant in Nilgiri District‹, in: The status of the Asian elephant in the Indian subcontinent, 1979

Khan, A. R.: ›On the distribution and population status of the Asian elephant in Bangla Desh‹, in: The status of the Asian elephant in the Indian subcontinent, 1981

Khan, M. K. M.: ›Movements of a herd of elephants in the Upper Perak area‹, Malay. Nat. J. 20 (1 & 2):18–23, 1967

Khan, M. K. M.: ›Elephants in penninsular Malaysia‹. WWF Monthly Report, December 1985

Knox, R.: A historical relation of Ceylon. Colombo 1966

Kosambi, D. D.: The culture and civilization of ancient India. New Delhi 1976

Krishnamurthy, V.: ›Capture, training and management of Elephants‹. State Level Workshop on elephants. Trichur 1979

Krishnamurthy, V.: ›A report on the survey of elephants in Tamil Nadu‹, in: The status of the Asian elephant in the Indian subcontinent, 1981

Krishnan, M.: ›India's Wildlife in 1959–70‹, Bombay 1975

Kurt, F.: ›Indiens Tierwelt in Gefahr‹. Freunde des Kölner Zoos, 13,2:43–56, 1970

Kurt, F.: ›A comparison of reproduction in tame and wild elephant (Elephas maximus)‹, IUCN, XI. Technical Meeting, 1:148–154, 1970

Kurt, F.: ›Final report to WWF and IUCN on the Leuser Survey‹, North Sumatra 1970

Kurt, F.: ›Zoologische Exkursionen in den Kanha-Nationalpark‹. Nat. Forsch. Gesellschaft. Zürich 1973

Kurt, F.: ›Remarks on the social structure and ecology of the Ceylon elephant in the Yala Nationalpark‹, in: IUCN: The behaviour of ungulates and its relation to management, 1974

Kurt, F.: ›Elefanten – Gestalter des Dschungels‹, Image Roche, 59:2–13, 1974

Kurt, F.: ›Naturschutz – Illusion und Wirklichkeit‹. Hamburg und Berlin 1982

Kurt, F.: Gärtner von Eden. Hamburg und Zürich 1991

Kurt, F. und A. W. Nettasinghe: ›Estimation of body weight of the Ceylon Elephant (Elephas maximus)‹, Ceylon Vet. Journal XVI:1:24–28, 1968

Kurt, F. und L. Knie: ›Elefanten und Tiger im Zirkus Knie‹, Zürich und München 1980

Laws, R. M., I. S. C. Parker und R. C. B. Johnstone: ›Elephants and their habitats‹. The ecology of elephants in north Bunyoro, Uganda. Oxford 1975

Martin, C: ›Status and ecology of the barasingha (Cervus duvauceli branderi) in Kanha National Park‹, Diss. Universität Zürich 1975

McDougal, C.: ›The face of the tiger‹, London 1977

McKay, George M.: ›Behavior and Ecology of the Asiatic Elephant in Southeastern Ceylon‹. Smithsonian Contribution to Zoology, Number 125, 1973

McNeely, J. A. und P. S. Wachtel: Soul of the tiger. New York 1988

Merz, G.: ›Untersuchungen über die Ernährungsbiologie und Habitatspräferenzen des Afrikanischen Waldelefanten‹, Loxodonta africana cyclotis, Matschie, Dissertation, Heidelberg 1977

Moss, C.: Elephant memories. Harmondsworth 1988

Mueller-Dombois, D.: ›Crown distortion and elephant distribution in the woody vegetation of Ruhunu National Park, Ceylon‹. Ecology 53(2):208–226, 1972

Nair, P. V., R. Sukumar und M. Gadgil: ›The Elephant in South India‹, in: The status of the Asian elephant in the Indian subcontinent, 1981

Norris, C. E.: ›Part 1 – Preliminary Report on the Ceylon Elephant Field Survey‹. Wildlife Protection Society, Colombo 1959

Oettermann, S.: ›Die Schaulust am Elefanten‹. Frankfurt 1982

Olivier, R. C. D.: ›On the ecology of the Asian elephant‹. Dissertation. Cambridge 1978

Panwar, H.: ›Decline and restoration success of the Central Indian Barasingha (Cervus duvauceli branderi)‹, in: Threatened Deer, IUCN 143–158, 1978

Panwar, H.: ›Population dynamics and land tenures of tigers in Kanha National Park‹. IUCN/SSC Tiger Specialist Group Meeting, New Delhi 1979

Pillai, N. M.: ›A report on survey of elephants in Kerala Forests‹. State Level Workshop on elephants, Trichur 1979

Poniran, S.: ›Elephants in Aceh‹, Sumatra, Oryx 12(5):576–580, 1974

Rensch, B. und R. Altevogt: Visuelles Lernvermögen eines indischen Elefanten. Z. Tierpsychol. 10 (1): 119–134, 1953

Sanderson, G. P.: ›Thirteen years among the wild beasts of India‹, Edinburgh 1907
Sanderson, I. T.: ›Dynastie der Abu‹, Bern 1966
Sankhala, K.: ›Tiger! The story of the Indian tiger‹. Glasgow 1978
Santiapillai C. und H. Suprahman: ›Elephants in Indonesia (Sumatra)‹, WWF Monthly Report, December 1985
Santiapillai C. und P. Jackson: The Asian elephant. An action plan for its conservation. Gland 1990
Schlingloff, D.: Indische Seefahrt in römischer Zeit. In: Zur geschichtlichen Bedeutung der frühen Seefahrt. Koll. Allgem. und Vergl. Archäologie Band 2, 1982
Schweiger, G: Liste der in europäischen Zoos und Zirkussen geborenen Asiatischen Elefanten. Dachau 1992
Seshadri, B.: ›The twilight of India's Wild life‹. London 1969
Shahi, S. P.: ›Report of the Asian elephant specialist group, Central India Task Force‹, in: The status of the Asian elephant in the Indian subcontinent, 1979
Shahi, S. P.: ›Elephants in Central India‹. WWF Monthly Report, January 1986‹
Sikes, S. K.: ›The natural history of the African elephant‹. London 1971
Singh, V. B.: ›Elephants in NE. India (Uttar Pradesh)‹, in: The status of the Asian elephant in the Indian subcontinent, 1981
Slijper, E. J.: ›Riesen und Zwerge im Tierreich‹. Hamburg und Berlin 1967
Soulé, M. E. und B. A. Wilcox: ›Conservation Biology‹. Sunderland, Massachusetts, 1980
Spillett, J. J.: ›A report on Wildlife surveys in North India and Southern Nepal‹. J. Bombay Nat. Hist. Society 63(3):492–616, 1966
Stracey, P. D.: ›Elephant Gold‹, London 1963
Stracey, P. D.: ›Read, elephant hunter‹, London 1967
Sukumar, R.: The Asian elephant, ecology and management. Cambridge, 1989
Sukumar, R., N. V. Joshi und V. Krischnamurthy: Growth in the Asian elephant. Indian Acad. Sci. 97 (6): 561–571, 1988
Tennent, E.: ›The natural history of Ceylon‹, London 1861
Tobler, I.: Behavioral sleep of the Asian elephant in captivity. Sleep, 15 (1): 1–12, 1992
Trautmann, T. R.: Elephants and the Mauryas. In: Mukkerjee (Ed.): India: History and thought. Calcutta 1982
Vancuylenberg, B. W. B.: ›Feeding behaviour of the Asiatic elephant in south-east Sri Lanka in relation to conservation‹. Biol. Conserv. 12:33–54, 1977
Vijayan, V. S.: ›Status of elephants in Periyar Tiger Reserve‹, in: The status of the Asian elephant in the Indian subcontinent
Williams, J. H.: ›Elefanten in Birmas Dschungel‹, Wien 1953
Yin, H. Tun: ›Wild animals of Birma‹, Rangoon 1967
Zimmer, N.: ›Spiel um den Elefanten‹, Düsseldorf und Köln 1976

Abbildungsnachweis

ATP (1)
Urs Kohler (1)
Dölf Preisig, Schweizer Illustrierte (6)
Rudi Reiner (2)
Ringier Dokumentationszentrum (6)
Werner Schulze (2)
Zirkus Knie (2)
Alle weiteren Aufnahmen stammen vom Autor.

REGISTER

Aasfresser 204f.
Abwehrformation 172, 179
Agni 33, 37
Ägypten 17f., 33
Airavata 37f.
Ajanta 140
Akbar der Große 11, 62, 89
Aktogramm 174f.
Alexander der Große 17f., 31, 40, 43
Altersbestimmung 111f.
Altersklassen 93, 112, 117f., 121f.
Alterskriterium 117f.
Altevogt, R. 72
altruistisches Verhalten 175f., 186
Al-'Umari 38
Ammen 39, 163f., 175
Anamalai-Berge 82f., 89f.
Ananthasubramaniam, C. R. 187, 190
Andamanen 197, 226
Andhra Pradesch 80
Angriff 114, 186
Ankus 38
Annamiten-Bergrücken 226
Anuradchal Pradesh 26, 211, 226
Anuradhapura 47f., 95f., 227
Arbeitsteilung 107
Arier s. Aryas
Aristoteles 40
Artenschutz 83, 88
Arthashastra 138
Aryas 33f., 37
Assam 34, 51f., 54f., 80, 145, 178, 188, 206
Äthiopien 17f.
Atjeh 86f.
Aufstehen 104
Aufzucht 15
Augenmuster 140

Baden 100f., 114, 134, 173f., 197, 222
Bahrein 33
Baker, C. M. A. 30f.
Baker, S. 46, 196
Bambus 81f., 187f., 193, 199, 209
Bananen 87, 135, 187f., 193, 215
Bandipur 81f., 89f., 198
Bangladesch 55f., 89f.
Banteng 26, 37, 225f.
Basham, A. L. 27f.
Bazé, W. 21f., 39f., 54f., 145, 199
Belladonna 133
Benedict, F. G. 190
Bengalen 54f., 212
Ber-Baum 209
Bestand 92, 188f.
Bestandesdichte 188f., 206
Bewegungsstereotypien 13, 222
Bhutan 26, 89f., 175
Bihar 34, 80, 89f., 220
Biomasse 189f.
Birma 10, 21, 26, 34f., 40f., 51f., 89f., 142f., 164, 197, 230f.
Bishop, C. W. 35
Blouch, R. 88
Blower, J. 41, 231
Blutparasiten 196
Blutproteine 175
Bodenschlingen 36
Bombay Birma Trading Company 52
Borneo 26, 89f., 211, 220
Brahmaputra 22, 197, 231
British East Indian Company 52f.
Brom 135
Brunft 145f., 147f.

Carpenter, C. R. 87
Chittagong 56, 91
Cholareich 35, 37
Chowdury, S. 89f.
Coorg 70f.
Corbett-Nationalpark 23, 89f., 213, 220, 227
Cuvier, G. 16

Dakka 34, 55, 197
Dala 51
Darlac 39
de Alwis, L. 96
Decoy 36
Dekkan 27
depigmentierte Haut 98, 117f.
Deraniyagala, P. E. 24, 143
Diadochenkriege 17
Digby, S. 30
Dittrich, L. 128, 147, 154
Domestikationszentrum 27
Duftmarke 141f., 300

Einbrechen 54f., 67f.
Eisenberg, J. 94, 96, 146f., 165, 195f.
Elfenbein 24, 33, 52, 215
Energiebudget 190f.
Entwöhnung 125f.
Esala Perahera 111f.
Euphrat 24
Evans, G. H. 54f., 196

Fallgrube 18f., 22, 36, 54
Fang 18f., 54f.
Fangquoten 11
Feigenbaum 63
Fette 38
Flehmen 147f.
Flucht 114, 157
Fluchtdistanz 92
Fortpflanzungsbereitschaft 122
Fortpflanzungsleistung 82, 117, 222
Frädrich, J. 27
Freßkampf 142

Freßstil 103, 105f.
Fußumfang 13
Futter stehlen 178f.
Futteraufnahme 174, 178f.
Futterentzug 135
Futtermenge 187f., 192f.
Futterpflanzen 22, 103, 105f., 187f.
Futtervorbereitung 173

Gajanayaka Nilame 112
Gal-Oya-Nationalpark 24, 47f., 93, 96f., 142, 164, 195, 220
Gale, U. T. 40, 164
Ganesha 37, 81
Ganges 22f., 212, 227
Garaï, M. 164, 179
Garo-Hügel 56, 91
Gasnaviden 20
Gaur 26f., 32f., 37
Gayal 26f.
Geburt 127, 159f., 169f.
Geburtenintervall 128, 153, 165f.
Gesamtstoffwechsel 190f.
Geschlechterklassen 93, 112f., 121f.
Geschlechtsreife 14
Gewicht 11f., 112f., 190f.
Goethe, J. W. 16
Grundstoffwechsel 190f.
Gujarat 34
Gummibaum 83, 85f.
Gupta, R. D. 229
Gupta, S. K. 38

Handel mit Elefanten 34f., 61f., 230
Hansi, I., 217
Harappa 27f., 32f.
Hartl, G. 175, 223
Harun al Radschid 15
Hati Jokar 179
Haufellner, A. 10
Haushuhn 27
Hausschwein 27f.
Hautpflege 100f.
Hawkins, W. 20
Hediger, H. 222f.
Hendrichs, H. u. U. 107
Herre, W. 26
Hoden 98
Holländer 44f.
Hund 25

Imphal 34
Indra 37
Indus 22f., 27
Industsiegel 32f.
Infraschall 178f.
Initialmarsch 149, 176f., 182f.
Isenbart, H. H. 27

Jackson, P. 211, 227
Jacobsonsches Organ 148
Jägervölker 18f., 29
Jahangir 20, 38
Jainudeen, M. R. 96, 146, 147, 152, 157
Jangtsekiang 10, 23f., 27, 35f.
Java 26, 35, 211, 220f.
Jayasinghe, J. B. 96, 146
Jayasuriya, A. 96, 121, 126, 162
Johore 85f.
Joseph, S. J. 196
Joshi, J. P. 33
Juvenilgruppe 123f., 144, 165, 171f., 179f., 182f., 192f.
Juvenilsterblichkeit 165f.

Kabul 34
Kakankote 11, 56f., 103, 110, 128, 174
Kalimantan 90f.
Kambodscha 18f., 39f., 89f., 226, 230
Kampf 121, 131f., 149f.
Kampfspiele 121f.
Kandy 40, 89, 111f., 116f., 140, 147
Karen 52f.
Karl der Große 15
Karnataka 11, 41, 54f., 67f., 80f., 89f., 140, 145, 198
Karthager 18
Katongole, C. 146
Kaziranga 22, 91, 188
Keller, R. 222
Kerala 82f., 140, 187f., 195
Ketten 112f., 138, 220
Kettenhaltung 13f., 112f., 58f., 222, 229
Khan, E. M. 195, 213
Khao-Yai-Nationalpark 23
Khedda 36, 38, 54f.. 110, 128, 174
Khmer 20, 35f.
Kin-Selection 175
Kinderfüttern 149, 176f., 186
Kindergarten 121f., 192
Klitoris 153f.
Knie, L. 198f.
Knox, R. 40
Kohlehydrate 38
Koitus 155f.
Kokosnuß 110, 215
Kommando 70f., 143
Konarak 25
Konflikt 103
Kongo 18f.
Konkurrenz 191, 221
Kontaktlaute 178f.
Kopfgeschirr 140
Kopfkissen 104
Korridore 226f.
Kouprey 92
Kraft 11
Krokodil 201f., 216
Krone, C. 16
Kubilai Khan 20
Kumkies 67f.
Kummer, H. 97
Kurumbas 18, 55f., 74f., 77f., 138, 228

La Nga 21f., 39f., 188
Lahugala-Nationalpark 48f., 119f., 121f., 153, 165, 168f., 195f., 200
Lahiri-Choudhury, D. K. 80f., 91, 211
Lantana 81f.
Laos 18, 36, 40, 89f., 226, 230
Lassoschlingen 36, 63
Laws, R. 128, 164, 165
Leierhirsch 92, 200
Lekagul, B. 91
Leo X. 15
Leopard 201f.
Leopold II. 18f.
Leuser-Nationalpark 86f., 105, 213, 221
Lockhart, M. 96, 147, 165, 195
Lothal 33

Magenblindsack 62
Mahabarata-Krieg 31f.
Mahagoni 51
Mahaweli Ganga 22, 48f., 220, 227
Mahut 31f., 60f., 67f., 111f., 134f., 145
Malaysia 40, 85f., 89f., 188, 195, 212
Manas 91, 213, 221, 231
Mandalay 34
Mantras 131
Manuel I. von Portugal 15
Manwell, C 30f.
Marco Polo 20
Massieren 103
Maulbeerbaum 82f.
Mauryaherrscher 17f., 20, 31f.
McKay, G. 62, 96, 142, 147, 153, 164f., 173, 187f., 190, 195f.
McNeely, J. A. 38, 91
Megalaya 91, 226

Mekong 22
Mela Shikar 36, 54
Menang 22
Merz, G. 217
Milroy, J. W. 55f.
Mithan 26
Mogulreich 20, 31, 38
Mohendjo Daro 27f.
Moi 21
Moss, C. 164
Mudumalai 71f., 79f., 89f., 107f., 111, 178, 208f., 213, 228
Müller-Dombois, D. 171, 192
Müllers, B. 222
Mundkontakte 179f.
Musth 80, 123f., 127f., 131f., 145f., 149f., 153f., 171f., 183f., 200
Mutterfamilie 121f., 182

Nagerholle 70f., 89f.
Nährgehalt 188f.
Nährstoffkreislauf 211f.
Nahrungsangebot 171, 189f., 200
Nahrungsnachfrage 189f., 195f.
Nepal 89f.
Nettasinghe, A. P. W. 96, 121, 131, 201
Neugeborenes 107, 117, 121f., 159f., 173f.
Niederlegen 103
Nilakantha 38, 40, 138f.
Nilgiris 79f., 89f., 111, 196, 213, 221, 226
Notwehr 82
Nozawa, K. 175

Oettermann, S. 15f.
Olivier, R. 23, 91f.
Ölpalme 83, 85f.
Opium 31, 135
Orissa 25, 89f., 213
Owen-Smith, N. 218

Paarungsverhalten 14, 147f., 223
Pakistan 32
Pakrama I. 47f.
Pandschab 16f., 33f., 89f.
Pannikiyas 43f.
Panzernashorn 22, 32f.
Parpola, A. 33
Pataliputra 17
Patna 17, 34
Pawang 87, 197
Payne, K. 178
Penis 143, 153f., 157f.
Periyar-Nationalpark 24, 82, 110, 220
Persien 29
Pferd 25f., 36, 100
Pfleger 14
Pharaonen 33
Pil Khana 38, 55, 63f., 174
Polonnaruva 43, 47f.
Portugiesen 44f.
Porus 16, 31
Ptolemäer 17f.

Radjasthan 89f., 140
Regenwald 87, 107f., 188f., 195f., 211f.
Reis 22f., 38, 82, 89f., 135, 205, 227, 230
Reitervölker 27
Rentsch, B. 72
Riau 88
Riechvermögen 105
Rigveda 33
Rind 25f., 32f., 36, 81f., 100, 227
Röhrs, M. 26
Routen 173f., 179f., 197f., 200
Routenvorschlag 149, 179f.
Ruhestoffwechsel 190
Ruhunu s. Yala-Nationalpark
Rüssel 100f., 105f., 110f., 140f., 149f., 161, 179, 197f.

Sabah 90f., 211
Salzlecken 198
Sanderson, G. P. 55f., 145, 196f., 199
Sanderson, I. T. 37, 62
Santiapillai, C. 88, 208, 211, 219, 227f.
Sattel 52f., 56
Säugling 107, 117, 121f., 159f., 175f.
Säuglingsgruppe 122f., 144, 159f., 179f., 189f.
Schaf 25, 32f., 36
Schakal 203f.
Schanvölker 35f., 52f., 91
Scheinkampf 142f., 149
Scheuerbaum 100f., 173
Scheuermann, E. 146
Schimpanse 102
Schlaf 103f., 174f.
Schläfendrüse 131f., 145f., 147f., 152f.
Schlammbad s. Suhle
Schlingen 18f.
Schlingloff, D. 23, 39
Schloeth, R. 199
Schmidt, C. R. 222
Scho-Baum 59, 71
Schulterhöhe 11, 112f.
Schwanzabbeißen 99, 143
Schweiger, G. 154, 165
Schwimmen 105, 197
Serengeti 221
Shahi, S. P. 89
Sholas 54f.
Short, R. V. 146
Shotake, T. 175
Siam s. Thailand
Sikes, S. 128
Simlipal-Reservat 89f., 213
Sind 27f.
Sivaganesha, N. 208f.
Slijper, E. J. 180
Sozialverhalten 98, 173f.
Speichel 62
Spillet, J. 22
Spurkette 74
Sri Lanka 10, 18, 22, 29, 34f., 41, 43f., 62, 87, 89f., 95f., 112, 116, 135f., 145f., 147f., 167f., 175, 183, 185, 188f., 197, 201f., 220, 227f.
Stacheldraht 86f.
Stanley, H. M. 18
Stausee 24, 195
Steel Brother & Company Ltd. 53f.
Stoffwechsel 188
Stolba, A. 222
Stracey, P. 54f., 179
Südindien 51, 79f., 82, 89f., 110, 117, 196f., 198, 213f., 220, 230
Südostasien 10, 29, 88, 199, 212
Suhle 100f., 197
Sukumar, R. 23, 80f., 116f., 165, 215, 217
Sukzessionsstadien 192f.
Sumatra 10, 20, 35, 85f., 89f., 105, 187f., 197f., 211f., 220, 227f.
Suprahman, H. 88, 211, 219, 228f.
Surin 34, 230
Symes, M. 21

Taman-Negara-Nationalpark 188, 213
Tamil Nadu 41, 54f., 67f., 71f., 79f., 107, 116f., 135f., 145
Taxila 34
Teak 44, 51f., 54, 107
Tennent, E. 44, 62, 175, 196
Terpene 23
Terry E. 20
Testosteron 146, 155f., 185
Thailand 20, 35f., 39f., 51f., 60,

89f., 175, 213, 230f.
Thomson, E. 16
Tiger 29f., 32f., 83, 94, 138, 197, 220f., 227
Tigris 24
Tobler, I. 175
Traditionen 199
Tragzeit 14, 127
Trautmann, T. R. 29
Trinken 134f., 173f., 197
Tsavo-Nationalpark 219f.

Umsiedlungen 226f.
Unfälle 80f., 135f., 222
Uttar Pradesh 89f., 220, 229

Verwandten-Selektion s. Kin-Selection
Vietnam 21, 31, 39, 89f., 226, 230

Wachtel, P. S. 38
Wagnistheorie 30f.
Wanderungen 195f.
Wasserbüffel 27, 32f., 36, 110, 171, 191, 200, 201f.
Wasserloch 100f., 164, 171f., 184, 195f.
Wasserstellen 138f., 173, 195f.
Wechsel 196f.
Weißer Elefant 37
Wendemanöver 176f.
Werkzeug 100f.
Westasien 25
Western Ghats 70f., 89f.
Wildschwein 201f., 216
Williams, J. H. 31, 54, 135, 145, 199
Wilpattu-Nationalpark 93, 96f., 165, 188, 195f.
Wirkstoffe 212
Withmore, C. T. 212

Yakschwanz 135f.
Yala-Nationalpark 47f., 93, 96f., 100f., 105f., 125f., 134f., 147f., 153f., 159f., 171f., 183f., 188f., 196f.
Yünnan 91

Zähmen 20
Zebu 30f.
Zentralchina 25
Zeuner, F. 32f.
Ziege 25, 32f., 36
Zimmer, N. 23
Zimmermann, E. A. W. 15
Zirkus 10f., 125, 153f., 160f., 198f., 221f., 229
Zoologischer Garten 10f., 125f., 153f., 159f., 175, 213, 221f., 229
Zuchterfolge in Gefangenschaft 40f.
Züchtigungstellen 141
Zuckerrohr 23, 63, 67, 72, 82, 135, 215
Zusatzfütterung 38, 63

200 Seiten, durchgehend
4farbig illustriert
geb. mit Schutzumschlag

320 Seiten, durchgehend
4farbig illustriert
geb. mit Schutzumschlag

350 Seiten
s/w illustriert
geb. mit Schutzumschlag

215 Seiten
davon 8 Seiten
4farbig illustriert
geb. mit Schutzumschlag

208 Seiten
davon 48 Seiten
4farbig illustriert
geb. mit Schutzumschlag

184 Seiten
durchgehend 4farbig
und s/w illustriert
geb. mit Schutzumschlag

400 Seiten
mit zahlreichen
s/w Abbildungen
geb. mit Schutzumschlag

200 Seiten, durchgehend
4farbig illustriert
geb. mit Schutzumschlag

224 Seiten, durchgehend
4farbig illustriert
geb. mit Schutzumschlag

144 Seiten, durchgehend
s/w illustriert
geb. mit Schutzumschlag